5 開かれた数学
中村佳正・野海正俊 ［編集］

ベーテ仮説と組合せ論

国場敦夫 ［著］

朝倉書店

編 集 者

中村 佳正　京都大学大学院情報学研究科
野海 正俊　神戸大学大学院理学研究科

序

ハンス・ベーテ (Hans Albrecht Bethe, 1906 年 7 月 2 日–2005 年 3 月 6 日). 星におけるエネルギー生成機構の発見 (1967 年 Nobel 物理学賞) をはじめ，巨大な足跡を残した 20 世紀を代表する物理学者の一人である．90 歳を過ぎても創造的研究を続け，多くの物理学者，科学者の mentor として敬愛された．追悼の書 *Hans Bethe and his physics* (World Scientific 2006) には，「おそらく地球上の誰よりも深く水素原子のことを理解していた」(Freeman Dyson)，「量子物理学と核物理学を創設した最後の巨人」(Sydney Drell) など，多くの思い出が語られている．

Bethe が 1 次元 Heisenberg 模型の厳密解を発表したのは 1931 年であった．それは量子多体問題の最初の厳密解であると同時に，今日量子可積分系と呼ばれる分野が誕生した瞬間ともいえる．ドイツ語の原論文に，"Wir machen den Ansatz" として波動関数が導入されているためか，Bethe の方法は以後 Bethe ansatz として普及し，今日では超弦理論に至るまで応用の裾野を広げ威力を発揮し続けている．

元来 Bethe ansatz は，1 次元量子系のハミルトニアンあるいは 2 次元古典系の転送行列に対し，その固有値問題の解をある特徴的なフォーマットで与えるもので，エネルギースペクトルや相関関数など様々な物理量の解析を可能にする．原論文の定式化は，その後多くの研究により発展し，「代数的」，「解析的」，「熱力学的」など，様々な形態の Bethe ansatz へと進化を遂げている．

本書で紹介するのは，それらの中でも最も風変わりなバージョンで，組合せ論的 Bethe 仮説，またはより簡潔に **組合せ Bethe 仮説** (combinatorial Bethe ansatz) と呼ぶ．この呼称の由来については 1.1 節の末尾のコメントを参照されたい．それは「Bethe ansatz のなれの果て」とも言うべきもので，ヤング半標準盤や量子群の crystal，ソリトン・セルオートマトンといった組合せ論的な

対象に働く．より広い文脈では，物理のアイデアと組合せ論が交差する**物理的組合せ論** (physical combinatorics) の一つと位置付けることもできる．

「あの Bethe ansatz」がどうしてそのような世界と繋がるのかと不思議に思われる読者も少なくないであろう．その種は，計らずもがな，Bethe 自身の原論文にそっと蒔かれていたのである．巨人の足跡の深長さというべきであろう．ともあれ，それはやがて芽を出し，様々な養分を吸収して成長していった．その有様については序論 (1 章) の粗いスケッチに譲る．この章は例外的に後述の内容，キーワードを敢えて先取りして本書全般とその背景を概観するスタイルにした．2 章以降の構成についてもその最後に要約してある．

組合せ Bethe 仮説は，幾多のバージョンの Bethe ansatz の中でもおそらく最も知られていない．またそれを主題とした書物も Bethe の発見から 80 年になる今日まで洋書，和書を通じて出版されて来なかった．物理量の計算という本来の使命からは幾ばくか外れるためかもしれない．ただそのエッセンスは数学的な遊び心に響くものなので「開かれた数学」の趣旨からは遠く外れない，楽しい読み物にできるなら... そんな想いから，crystal (2 章) のエンドユーザーの一人に過ぎない著者が敢えて執筆するに至ったのが本書である．

読者としては主に意欲的な学部生から大学院生，分野の異なる研究者の方も想定した．Bethe ansatz の予備知識は全く要らない．sl_2 の初歩的な表現論，物理系の学生なら学部の量子力学で習う角運動量やスピンの合成，分解をやった経験があれば読み始めるに十分である．なるべく例に沿った説明にして，感じをつかむ事ができる様に配慮した．証明は概ね「手短に済んで理解の助けになるもの」という基準で含めた．それ以外の殆どには文献を付けてある．証明抜きでも話の流れの妨げにはならない．

本書には色々な組合せ論的操作，多項式，アルゴリズムが登場する．crystal グラフ，RSK 対応，組合せ R，1 次元状態和，Fermi 公式，KKR 全単射，箱玉系の時間発展等々．どれも格好のプログラミング対象である．読むのと並行して自前のプログラムで確認していけば，「行間」にある仔細まで会得，実感できる．また計算機にも上達して一挙両得である．練習問題は付けなかったが，演習としてはプログラミングがお勧めである．

本書の内容は，著者の日本数学会での企画特別講演「組合せ論的ベー

テ仮説」(2007 年 9 月 21 日東北大学．日本数学会ビデオアーカイブス http://mathsoc.jp/videos/ 収録) を増補したものになっている．今後訂正等があれば，書籍名等で検索すれば見つけられるウェブページにアップロードしていく予定でいる．

　最後になったが，本書の内容に関する御教示や共同研究をして下さった多くの方々，執筆の機会を与えて下さった中村佳正先生，野海正俊先生，出版に至るまで永い間多くのお世話になった朝倉書店の方々に，心より感謝申し上げる．

　　2011 年 5 月

　　　　　　　　　　　　　　　　　　　　　　　　　　　　　国 場 敦 夫

目　　次

第 1 章　序　　論 …… 1
　1.1　事の起こり：Bethe の洞察 …… 1
　1.2　半世紀を経た復活：ロシアより I をこめて …… 6
　1.3　組合せ論的逆散乱：ソリトン/string 対応 …… 9
　1.4　$q = 0$：Bethe 方程式の線形化 …… 11
　1.5　可積分な所以：小史 …… 14
　1.6　対称性を司るもの：量子群 …… 17
　1.7　パスを制御するもの：crystal …… 19
　1.8　アイデアの宝庫：角転送行列 …… 21
　1.9　本書の構成 …… 23

第 2 章　Crystal と組合せ R …… 24
　2.1　Crystal …… 24
　2.2　ヤング図，半標準盤と $U_q(sl_{n+1})$ crystal …… 30
　2.3　Robinson-Schensted-Knuth 対応 …… 36
　2.4　量子アフィン Lie 環の有限次元表現の crystal …… 44
　　2.4.1　Crystal B_l と B^k …… 45
　　2.4.2　Crystal $B^{k,l}$ …… 48
　2.5　組合せ R …… 50
　　2.5.1　定義と基本性質 …… 50
　　2.5.2　組合せ R のアルゴリズム …… 54
　　2.5.3　Z-不変性 …… 58
　　2.5.4　組合せ R の因子化 …… 59

第3章　パスと1次元状態和 62

- 3.1　諸種のパス 62
  - 3.1.1　非制限パス 62
  - 3.1.2　古典制限パス 63
  - 3.1.3　レベル制限パス 67
- 3.2　一様パスの1次元状態和 69
- 3.3　B_1 の場合の明示式 72
- 3.4　表現論的意味 78

第4章　Fermi 公式 86

- 4.1　非一様なパス 86
- 4.2　パスの energy 87
- 4.3　1次元状態和 91
- 4.4　Kostka-Foulkes 多項式 92
- 4.5　Fermi公式 96

第5章　Kerov-Kirillov-Reshetikhin 全単射 99

- 5.1　背景：Bethe 方程式とルート系 99
- 5.2　Rigged configuration 100
- 5.3　highest パスと rigged configuration の全単射 ϕ^*, ϕ_* 104
  - 5.3.1　削除と ϕ^* 105
  - 5.3.2　付加と ϕ_* 111
  - 5.3.3　証明 113
- 5.4　半標準盤と rigged configuration の全単射 116
- 5.5　KKR 全単射の諸性質 118
  - 5.5.1　R 不変性 118
  - 5.5.2　(co)charge と (co)energy 120
  - 5.5.3　highest と限らないパスへの拡張 121
  - 5.5.4　テンソル積の rigged configuration 122

第 6 章　超離散タウ関数 ……………………………………… 124
- 6.1　charge による定義 …………………………………………… 124
- 6.2　KKR 写像の区分線形公式 …………………………………… 126
- 6.3　行列式とタウ関数 ……………………………………………… 127
- 6.4　超離散広田・三輪方程式の証明 …………………………… 130

第 7 章　ソリトン・セルオートマトン …………………………… 133
- 7.1　箱玉系 …………………………………………………………… 133
  - 7.1.1　高橋・薩摩の箱玉系 ……………………………………… 133
  - 7.1.2　n 色箱玉系 ……………………………………………… 135
- 7.2　$U_q(\widehat{sl}_{n+1})$ crystal による定式化 …………………… 138
  - 7.2.1　状態と時間発展 …………………………………………… 138
  - 7.2.2　T_∞ の因子化 ………………………………………… 141
- 7.3　対称性と保存量 ………………………………………………… 144
- 7.4　ソリトン ………………………………………………………… 149
- 7.5　散乱規則 ………………………………………………………… 152
- 7.6　逆散乱法 ………………………………………………………… 157
  - 7.6.1　時間発展の線形化 ………………………………………… 157
  - 7.6.2　散乱データと rigged configuration …………………… 160
- 7.7　分配関数と Fermi 公式 ……………………………………… 162
- 7.8　超離散タウ関数と箱玉系 …………………………………… 164
  - 7.8.1　N ソリトン解 …………………………………………… 164
  - 7.8.2　角転送行列の類似 ………………………………………… 165
  - 7.8.3　T_∞ の双線形化 ……………………………………… 167
- 7.9　様々なソリトン・セルオートマトン ……………………… 168
  - 7.9.1　状態と時間発展の一般化 ………………………………… 169
  - 7.9.2　他のアフィン Lie 環への拡張 …………………………… 170
  - 7.9.3　反射壁のあるソリトン・セルオートマトン ………… 171
  - 7.9.4　組合せ論的 Yang 系 ……………………………………… 172

第8章 周期箱玉系 175
- 8.1 状態と時間発展 175
- 8.2 作用・角変数 178
  - 8.2.1 作用変数と等位集合 178
  - 8.2.2 角変数と時間発展 180
- 8.3 線形化と初期値問題の解 182
- 8.4 内部対称性と基本周期 184
- 8.5 トーラスとその多重度 186
- 8.6 $q=0$ での Bethe 根との関係 190
- 8.7 超離散 Riemann テータ関数による明示式 191

第A章 アフィン Lie 環,量子展開環,結晶基底 194
- A.1 アフィン Lie 環 194
- A.2 ルートデータ 194
- A.3 古典部分代数 196
- A.4 量子展開環 197
- A.5 結晶基底 198

文　献 201

索　引 207

序　論

ここでは次章以降の内容とその背景を，後述のキーワードを敢えて先取りして概観する．粗い記述なので，細かい式の確認や技術的な註よりも概要の把握を優先されたい．

1.1　事の起こり：Bethe の洞察

Unsere Methode liefert also alle Lösungen des Problems.
「我々の方法は問題の全ての解を与える」
Hans A. Bethe (1931)

次のハミルトニアンを持つ 1 次元量子スピン系を考えよう．

$$\mathcal{H} = \sum_{k=1}^{L}(\sigma_k^x \sigma_{k+1}^x + \sigma_k^y \sigma_{k+1}^y + \sigma_k^z \sigma_{k+1}^z - 1). \tag{1.1}$$

各サイト k に $v_1 = \begin{pmatrix}1\\0\end{pmatrix}$, $v_2 = \begin{pmatrix}0\\1\end{pmatrix}$ の 2 状態をとるスピンがあり，Pauli 行列

$$\sigma_k^x = \begin{pmatrix} 0 & 1 \\ 1 & 0 \end{pmatrix}_k, \quad \sigma_k^y = \begin{pmatrix} 0 & -i \\ i & 0 \end{pmatrix}_k, \quad \sigma_k^z = \begin{pmatrix} 1 & 0 \\ 0 & -1 \end{pmatrix}_k$$

が作用する．局在したスピンの集団として磁性体をモデルしたもので，スピン $\frac{1}{2}$ Heisenberg 鎖と呼ばれる．$\mathcal{H}$ は $2^L \times 2^L$ 行列である．但し周期境界条件 $\sigma_{L+1}^a = \sigma_1^a$ を課す．$\mathcal{H}$ の対角化は Bethe [9] により達成された．全状態空間 $(\mathbb{C}^2)^{\otimes L} = \bigoplus (\mathbb{C} v_{i_1} \otimes \cdots \otimes v_{i_L})$ のうち，v_2 が r 個，v_1 が $L-r$ 個の部分空間を W_r とすると，$\mathcal{H}$ の W_r での固有値は $\sum_{j=1}^{r} \frac{-8}{u_j^2+1}$ と与えられる[*1)]．但し $r \leq L/2$ とし，$u_1, \ldots, u_r$ は **Bethe 方程式**

[*1)] $\mathcal{H}$ は隣接スピンを $v_i \otimes v_j \mapsto 2(v_j \otimes v_i - v_i \otimes v_j)$ と変換するので，各 W_r ごとに作用する．

$$\left(\frac{u_j+i}{u_j-i}\right)^L = -\prod_{k=1}^{r}\frac{u_j-u_k+2i}{u_j-u_k-2i} \quad (j=1,\ldots,r) \tag{1.2}$$

の解である．$\{u_j\}$ は並び順を区別せずに **Bethe 根**と呼ぶ．Bethe 根から $\mathcal{H}$ の固有状態 $|u_1,\ldots,u_r\rangle \in W_r$ (**Bethe ベクトル**という) を作る事もできる．色々な固有状態は，色々な Bethe 根に由来する．では，全ての状態を得るには Bethe 根は何個必要だろうか[*1)]．

単純に考えると $\dim W_r = \binom{L}{r}$ 個であるが，以下の理由 (i), (ii) により実際には $b_r := \binom{L}{r} - \binom{L}{r-1}$ 個で足りる．

(i) $\mathcal{H}$ は $\boldsymbol{sl_2}$ **対称性**を持つ．実際 $S^a = \sum_{j=1}^{L}\sigma_j^a$ とおくと

$$[S^a,\mathcal{H}]=0,\quad [S^a,S^b]=2iS^c \quad (a,b,c \text{ は } x,y,z \text{ の巡回置換}) \tag{1.3}$$

が成り立つ．第 2 の関係式は sl_2 の定義関係式である．よって一般に $\mathcal{H}|h\rangle = h|h\rangle$ という固有状態があれば，$\mathcal{H}(S^a|h\rangle) = S^a(\mathcal{H}|h\rangle) = h(S^a|h\rangle)$ となるので，sl_2 の作用により次々と縮退した固有状態を作る事ができる．

(ii) $S^\pm = S^x \pm iS^y$ とおくと，Bethe ベクトルは $S^+|u_1,\ldots,u_r\rangle = 0$ を満たす，つまり sl_2 の**最高ウェイトベクトル** (S^z の固有値が極大の状態) である事が知られている [9, 19]．

(i), (ii) から，全状態空間 $(\mathbb{C}^2)^{\otimes L}$ を sl_2 の既約表現に分解した際，全ての最高ウェイトベクトルを Bethe ベクトルとして構成できれば十分である．他のベクトルは，S^- を次々と作用すれば得られる．W_r のうち，S^+ により 0 になる部分空間の次元は $\dim W_r - \dim(S^+ W_r) = \dim W_r - \dim W_{r-1} = b_r$ である．

あるいは次の様に考えてもよい．スピン $\frac{s}{2}$ 表現を V_s と書く．即ち S^z の固有値が s の最高ウェイトベクトルから S^- により生成される $(s+1)$ 次元既約表現である．全状態空間 $V_1^{\otimes L}$ における最高ウェイトベクトルは，既約表現と 1:1 対応するので，その**多重度** (**分岐係数**) に等しい数の Bethe 根があればよい．**Clebsch-Gordan 則** $V_s \otimes V_1 = V_{s+1} \oplus V_{s-1}\,(s \geq 1)$, $V_0 \otimes V_1 = V_1$ を逐次用いれば，次の既約分解が従う．

[*1)] 各 u_j も解 $\{u_j\}$ も Bethe 根と呼んでしまうが，解の数と u_j の数 r を混同されぬよう．

$$V_1^{\otimes L} = \bigoplus_{0 \le r \le L/2} b_r V_{L-2r}. \tag{1.4}$$

即ち，ダウンスピン r 個に対応する V_{L-2r} の多重度は確かに b_r である．

例 1.1 系のサイズ $L = 6$，ダウンスピンの数 $r = 3$ のとき，Bethe 方程式は

$$\left(\frac{u_1+i}{u_1-i}\right)^6 = \frac{(u_1-u_2+2i)(u_1-u_3+2i)}{(u_1-u_2-2i)(u_1-u_3-2i)},$$

$$\left(\frac{u_2+i}{u_2-i}\right)^6 = \frac{(u_2-u_1+2i)(u_2-u_3+2i)}{(u_2-u_1-2i)(u_2-u_3-2i)},$$

$$\left(\frac{u_3+i}{u_3-i}\right)^6 = \frac{(u_3-u_1+2i)(u_3-u_2+2i)}{(u_3-u_1-2i)(u_3-u_2-2i)}.$$

$b_3 = 5$ であり，実際次の 5 個の Bethe 根が見つかる．

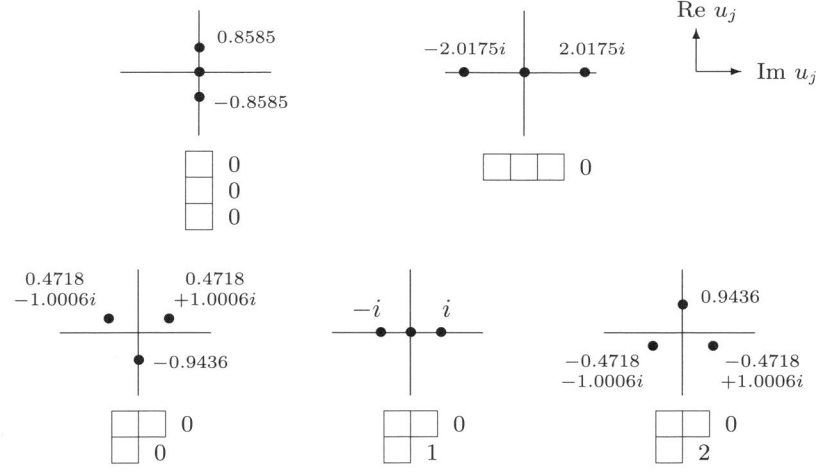

3 個の ● は u_1, u_2, u_3 を表す．実軸 (縦軸) について対称に，間隔ほぼ $2i$ で並んだ j 個の ● の組を，長さ j の **string** または j-string と呼ぶ．Bethe 根を string の集まりと見なし，j-string に長さ j の行を対応させ，**ヤング図** (configuration) として模式化した．下段の三つは 2-string と 1-string が 1 本ずつあるが，位置が異なる．それらの区別のため，ヤング図の各行に整数 (rigging) を付記した．この模式化が 5 章で登場する **rigged configuration** である．

次節でも更に説明する．rigging は string の「位置」(実部の値) に相当する量子数である．物理的には string はマグノンの束縛状態である．

「Bethe 根は string の集まりとして記述できる」という主張を **string 仮説**という．この言明は，その曖昧さを大目に見ても一般には正しくない事が知られている [17]．だが，Bethe の洞察力はそれを超越していた．string 仮説に基づき「Bethe 根を数えあげて」b_r に一致する事を証明してしまったのである．

定理 1.2 ([9])　次の等式が成立する．

$$b_r = \sum_{\{m_j\}} \prod_{j \geq 1} \binom{p_j + m_j}{m_j}, \quad (p_j = L - 2\sum_{k \geq 1} \min(j,k) m_k). \tag{1.5}$$

ここで和は $r = \sum_{j \geq 1} j m_j$ を満たす全ての非負整数の組 $\{m_j\}$ にわたる．

因子 $\prod_j \binom{p_j + m_j}{m_j}$ は「(j-string m_j 本からなる Bethe 根) の数」を表す．2項係数の積の和という構造は，Fermi 粒子の排他律に類似の選択則 (後述 (1.8)) に起因するので **Fermi 型和** と呼ばれる[*1]．例 1.1 は次の様に再現される．

$$5 = \underbrace{\binom{0+3}{3}}_{m_1=3} + \underbrace{\binom{0+1}{1}}_{m_3=1} + \underbrace{\binom{2+1}{1}\binom{0+1}{1}}_{m_1=m_2=1}.$$

等式 (1.5) は **Fermi 公式** (4.5 節) の最も簡単な例になっている．p_j は **vacancy** と呼ばれ，今後頻繁に言及される．例えば (4.25)，(5.3)，(8.9) 参照．$p_j \geq p_\infty = L - 2r \geq 0$ に注意しよう．

「Bethe 根の数」$= \prod_j \binom{p_j + m_j}{m_j}$ の「導出」を手短に紹介しておこう[*2]．まず Bethe 方程式 (1.2) の $\{u_j\}$ に，string 型の解

$$\bigcup_{j \geq 1} \bigcup_{1 \leq \alpha \leq m_j} \bigcup_{u_{j,\alpha} \in \mathbb{R}} \{u_{j,\alpha} + i(j+1-2s) + \epsilon_{j\alpha s} \mid 1 \leq s \leq j\} \tag{1.6}$$

を仮定して代入する．$u_{j,\alpha}$ は，α 番目の j-string の中心 (実部) であり，$\epsilon_{j\alpha s}$ は小さなゆがみを表す．s は string の内部座標だが，これについて Bethe 方程式の積をとり，$\frac{1}{2\pi} \log(左辺/右辺) \in \mathbb{Z}$ とおくと string 中心 $\{u_{j,\alpha}\}$ に対する方程式になる．$\epsilon_{j\alpha s}$ が十分小さければ，その具体形は，$(f_j(u_{j,1}), \ldots, f_j(u_{j,m_j})) \in \mathbb{Z}^{m_j}$

[*1]　Bethe は Roma に滞在して Fermi に多くの議論をしてもらったと謝辞で述べている．

[*2]　このパラグラフの内容は数学的に正当化できるものでないので，仔細を追う必要ない．

1.1 事の起こり：Bethe の洞察

または $(\mathbb{Z}+\frac{1}{2})^{m_j}$ という形に書ける．但し f_j は次で与えられる．

$$f_j(u) = L\theta_{j,1}(u) - \sum_{k\geq 1}\sum_{\beta=1}^{m_k}(\theta_{j,k-1}+\theta_{j,k+1})(u-u_{k,\beta}),$$

$$\theta_{j,k}(u) = \frac{1}{\pi}\sum_{s=1}^{\min(j,k)}\tan^{-1}\left(\frac{u}{|j-k|+2s-1}\right). \qquad (1.7)$$

ここで大胆にも string 中心の方程式の解 $\{u_{j,\alpha}\}$*1) は

$$f_j(-\infty)+\frac{1}{2}\leq I_{j,1}<\cdots<I_{j,m_j}\leq f_j(\infty)-\frac{1}{2} \qquad (1.8)$$

を満たす整数列または半奇数列 $\{I_{j,\alpha}\}$ と 1:1 に対応すると仮定してしまう．分枝 $-\frac{\pi}{2}\leq \tan^{-1}(u)\leq \frac{\pi}{2}$ をとると，$f_j(\pm\infty)=\pm(p_j+m_j)/2$ となり，(1.8) を満たす $\{I_{j,\alpha}\}$ は $\binom{p_j+m_j}{m_j}$ 個あるので (1.5) の右辺が得られる．

以上の議論はとても正当化できない．また Bethe ベクトルの独立性に関する考察を欠いており，完全性の問題に証明も反証も与えない．しかし Fermi 公式 (1.5) の麗しさは注目に値する．それは

$$\text{既約表現の多重度} = \text{Fermi 型和} \qquad (1.9)$$

という表現論的データの明示式であり，string 仮説の真偽に係わらず，数学的に完璧に証明される*2)．

Bethe が "Wir machen den Ansatz" と書いて固有ベクトルを仮設したためか，Bethe ansatz は Bethe 仮設と訳される事も多い*3)．本書では Bethe ansatz は string 仮説と併せて考えるので **Bethe 仮説**と呼ぶ．Bethe 仮説から生み出される不思議な組合せ論，**組合せ Bethe 仮説**を紹介するのが本書の主題である．Fermi 公式 (1.9) は Bethe 仮説の**組合せ論的完全性**と呼ばれる．

---

*1) $u_{j,1},\ldots,u_{j,m_j}$ の並び換えによる区別をしない．
*2) 多くの研究により今では全てのアフィン Lie 環に拡張され，後述の KKR の様な全単射を用いずに証明されている．手頃な概説は [54, sec. 13]．次節の q 類似は全てのアフィン Lie 環で予想され [27]，多くの場合に証明されている [52, 68, 71]．これは今のところ全単射を要する．
*3) *Hans Bethe and his Physics* (World Scientific 2006) の収録記事：C. N. Yang, Mo-Lin Ge, "Bethe's Hypothesis" によると，Yang 兄弟の共著論文 (1966) の題目で "Bethe's Hypothesis" と言及したのが初の命名とのこと．

1.2 半世紀を経た復活：ロシアより I をこめて

..., composition of our bijection with the Robinson-Schensted-Knuth correspondence may be viewed as a combinatorial version of the Bethe ansatz.

「我々の全単射と Robinson-Schensted-Knuth 対応の合成は Bethe 仮説の組合せ論的なバージョンとみなせる」

S.V. Kerov, A. N. Kirillov, N. Yu. Reshetikhin (1986)

旧ロシアの帝都 St. Petersburg が Leningrad と呼ばれていた時代の末期，Kerov, Kirillov, Reshetikhin は Fermi 型和の各項を可視化する対象物を発明した [50]．それが rigged configuration であり，既に例 1.1 で登場している．Bethe 根を模式化したもので，例えば ☐☐☐ 2 という行があれば，長さ 3 の string が「位置 2」にある事を表す．

一般の定義も同様で，自然数 L を固定し，升目の総数が $L/2$ 以下のヤング図 μ を **configuration** と呼ぶ[*1]．長さ j の行の多重度を m_j とし，p_j を (1.5) により定める．$p_j = L - 2$(第 1～j 列の升目の数) と覚えておくとよい．定義から $p_1 \geq p_2 \geq \cdots \geq p_\infty = L - 2|\mu| \geq 0$ である．μ の各行に整数を割り振る．各 j ごとに，それらが次の不等式を満たすとき **rigging** という．

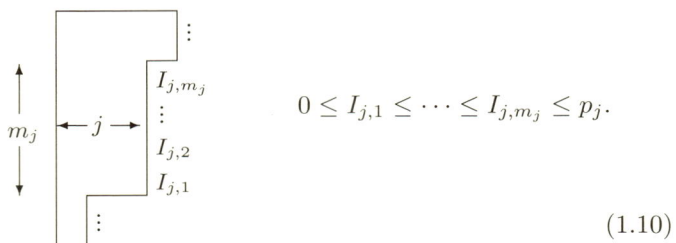

$$0 \leq I_{j,1} \leq \cdots \leq I_{j,m_j} \leq p_j.$$

(1.10)

rigging の割り振られた configuration を **rigged configuration** という．ヤング図 μ に $I = (I_{j,\alpha})$ をこめる所が特徴的で，(μ, I) 等と書く[*2]．条件 (1.10) は，(1.8) で $I_{j,\alpha}$ を $I_{j,\alpha} + \alpha +$ 定数と適宜再定義したものである．j ごとに独立

[*1] sl_2，スピン $\frac{1}{2}$ 以外の場合は，もう少し凝った言い方が必要になる．5.2 節参照．

[*2] 5.2 節では L の情報もこめて $((1^L), (\mu, I))$ としている．

な条件なので，$|\mu| = r$ となる rigged configuration の総数は Fermi 型和 (1.5) に等しい．

ここまで来れば Fermi 公式 (1.9) の左辺も可視化したい．例 1.1 の $b_3 = 5$ は，次の既約分解における V_0 の係数 (多重度) であった ((1.4) 参照)．

$$V_1^{\otimes 6} = V_6 \oplus 5V_4 \oplus 9V_2 \oplus 5V_0. \tag{1.11}$$

右辺の 4 種の既約表現を次の図の最右列に配置した[*1)]．V_1 のテンソル積を逐次 Clebsch-Gordan 則で既約分解していく過程は，$\emptyset$ から最右列に至る**パス**[*2)]に 1:1 対応する．故に既約表現の多重度はそれに至るパスの数に他ならない．

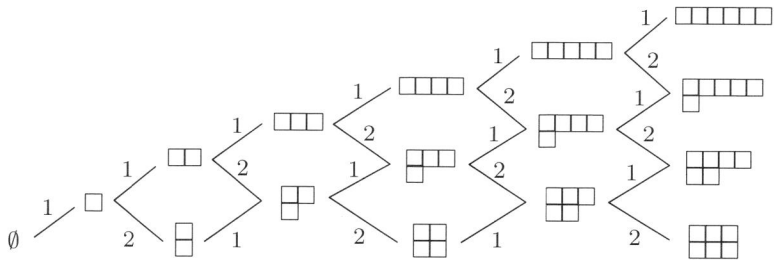

例えば (1.11) の 5 個の V_0 は，$\emptyset$ から ⊞ に至るパス

$$121212, \quad 111222, \quad 121122, \quad 112122, \quad 112212 \tag{1.12}$$

でラベルされる．各パスを $i_1 i_2 \ldots i_6$ とすると，$i_1 i_2 \ldots i_k (1 \le k \le 6)$ における (1 の個数) ≥ (2 の個数) を満たす．この性質を **highest** という．(3.10) 辺り参照．上図では，始点が $\emptyset$ のパスは終点が何処でも highest になる．一般に

$$b_r = \#\{1 \text{ が } L-r \text{ 個，} 2 \text{ が } r \text{ 個からなる highest パスの数}\}$$

が成り立つ．以上から，Fermi 公式 (1.5) は次の様に言い換えられる．

$$\#\{\text{rigged configuration}\} = \#\{\text{highest パス}\}.$$

[*1)]　sl_2 なのでヤング図で深さ 2 の部分は $\emptyset$ と見なす．また，例えば ⬜⬜ は V_2 と了解する．
[*2)]　図で基本ステップは右上 (1) か右下 (2) にだけ進む．

Kerov, Kirillov, Reshetikhin は両者の間の標準的な全単射を構成した[*1].

$$\begin{array}{c}\boxed{}\\\boxed{}\\\boxed{}\end{array}\!\!\!\!\begin{array}{c}0\\0\\0\end{array} \longleftrightarrow 121212 \qquad \boxed{}\,0 \longleftrightarrow 111222$$

$$\begin{array}{l}\boxed{}\\\boxed{}\end{array}\!\!\!\!\begin{array}{l}0\\0\end{array} \longleftrightarrow 121122 \qquad \begin{array}{l}\boxed{}\\\boxed{}\end{array}\!\!\!\!\begin{array}{l}0\\1\end{array} \longleftrightarrow 112122 \qquad \begin{array}{l}\boxed{}\\\boxed{}\end{array}\!\!\!\!\begin{array}{l}0\\2\end{array} \longleftrightarrow 112212$$

(1.13)

これが **KKR 全単射**の例であり，5 章で扱う．Bethe 仮説は Bethe 根から Bethe ベクトルをつくる処方箋である．(1.13) で → 向きの KKR 写像はその組合せ論版と解釈できる．その対応は次の表のとおり．適宜「 」付きで解釈されたい．パスは自然にスピンアップとダウンの並びと見なす．

Bethe 仮説	組合せ Bethe 仮説
Bethe 根	rigged configuration
Bethe ベクトル	(highest) パス
完全性	Fermi 公式
運動量	(co)charge

ここで **cocharge** とは rigged configuration (μ, I) 上の整数値関数 (5.38)

$$cc(m) + \sum_{j,\alpha} I_{j,\alpha}, \quad \left(cc(m) = \sum_{j,k} \min(j,k) m_j m_k, \ m = (m_j)_{j \geq 1}\right) \quad (1.14)$$

であり，Bethe ベクトルの運動量の組合せ論的類似である[*2]．cocharge の母関数は，Fermi 型和の **q 類似**

$$\sum_m q^{cc(m)} \prod_j \sum_I q^{I_{j,1}+\cdots+I_{j,m_j}} \stackrel{(1.10)}{=} \sum_m q^{cc(m)} \prod_j \begin{bmatrix} p_j + m_j \\ m_j \end{bmatrix}_q \quad (1.15)$$

を与える．$[\,\cdot\,]_q$ は **q 2 項係数**（定義は (3.31) の下）で，等式 (5.40) を用いた．

一方，分岐係数 b_r にも標準的な q 類似，**Kostka-Foulkes 多項式** (4.4 節) が知られている．こうして Fermi 公式は q 類似に持ち上がる (定理 4.5)[*3]．

[*1] 実際には highest パスの代わりに，それと等価な半標準盤との全単射であった．詳しくは 5.4 節．

[*2] $\frac{L}{2\pi i} \log$(並進作用素の固有値) を string 仮説で計算したもの．charge は $-$(cocharge) + 定数．正確には 5.5.2 項．

[*3] 現在では「Fermi 公式」は，むしろ q 類似を指す事が多い．分岐係数の q 類似の表現論的意味については 3.4 節参照．

Kirillov-Reshetikhin はこの様な q 版の Fermi 公式を sl_{n+1} の対称テンソル表現にまで一般化した [51]. KKR 全単射がデビュー早々に収めた華々しい成果である. では, 組合せ Bethe 仮説は何を「対角化」しているのだろう？

1.3 組合せ論的逆散乱：ソリトン/string 対応

The method can be used to predict exactly the "solitons", or solitary waves, which emerge from arbitrary initial conditions.

「その方法により任意の初期条件から発生するソリトン, 即ち孤立波を正確に予言できる」　　C. S. Gardner, J. M. Greene, M. D. Kruskal, R. M. Miura (1967)

1 と 2 からなる数列を考える. 1 は空箱, 2 は玉の入った箱と見なし, **箱玉系** [80] と呼ばれる 1 次元セルオートマトンを考えよう. 時間発展は玉の動きとして定義され (7.1 節), 非線形で複雑である. 例を見てみよう.

$$
\begin{aligned}
t &= 0 : 111222111121221112211111111111111 \\
t &= 1 : 111111222112112211122111111111111 \\
t &= 2 : 111111111212211122111221111111111 \\
t &= 3 : 111111111112112211222112211111111 \\
t &= 4 : 111111111111121112211221122211111 \\
t &= 5 : 111111111111112111122111221112221111
\end{aligned}
$$

十分遠方は空箱という状況を考える. 連なった玉の並びが**ソリトン**として振る舞う. $t=2$ では一見**振幅** 2 のソリトンが 4 個いるのは衝突の中間状態に過ぎず, 実際には振幅 1, 2, 2, 3 のソリトンがいる (正確な定義は 7.4 節). これらの状態は皆 highest パスである. そこで KKR 写像により rigged configuration に移り, 時間発展を観察しよう.

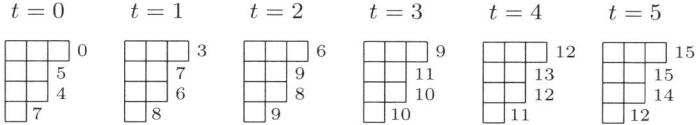

これによると configuration (ヤング図) は変化しない. つまり保存量 (**作用変数**) であり, 振幅のリスト 3, 2, 2, 1 を与える. 一方 rigging は線形に運動し,

ソリトンの位相 (**角変数**) の役割を果たす．ソリトンの振幅を表すヤング図と string の長さを表すヤング図は一致する．これを**ソリトン/string 対応**と呼ぶ．KKR 写像は，時間発展を**線形化**し，状態を作用・角変数，即ちソリトンの**振幅**と**位相**へ**変数分離**する．箱玉系の状態は左に空箱 1 を適宜付け加えれば常に highest パスにできる．よって KKR 写像で rigged configuration に変換し，線形な時間発展をさせた後に逆写像でパスに戻せば**初期値問題**が解けている．全単射なので，任意の状態をあまねく扱える事の保証付きである．

〈 箱玉系の逆散乱形式 〉

$$
\begin{array}{ccc}
\text{箱玉系の状態} & \xrightarrow{\text{KKR 写像}} & \text{rigged configuration} \\
\text{時間発展 (非線形)} \downarrow & & \downarrow \text{時間発展 (線形)} \\
\text{箱玉系の状態} & \xleftarrow[\text{逆 KKR 写像}]{} & \text{rigged configuration}
\end{array}
$$

この可換図はソリトン理論における最も画期的なアイデアの一つ，**逆散乱法** [1, 10, 23] を組合せ論的に実現している (7.6 節)．その意味で rigged configuration は**散乱データ**と言っても良い．Bethe 仮説が対角化を達成する様に，組合せ Bethe 仮説は線形化を果たす．

組合せ Bethe 仮説	箱玉系
string	ソリトン
configuration	振幅 (作用変数)
rigging	位相 (角変数)
KKR 全単射	順・逆散乱変換
charge	タウ関数

最後の行については 6 章と 7.8 節で解説する．玉が複数種ある箱玉系 (7 章) ではソリトンは**内部自由度**を持つが，上記の対応はほぼそのまま成立する．

解が，方程式あるいは模型に先立って登場する事は可積分系でしばしば起こる．箱玉系 (1990 年) を線形化するツールが KKR 全単射 (1986 年) として用意されていた事が認識されたのは 2002 年 [56] であった．改めて例 (1.13) を眺めると，ヤング図で指定されたとおりの振幅の箱玉ソリトンが，highest になる様に律儀に席を詰め合っている姿がジーンとくる．

1.4　$q=0$：Bethe 方程式の線形化

Bethe 根の数え上げを発見法的に用い，箱玉系に関する知見と系統的な指標公式が得られる状況がもう一つある．異方性のあるハミルトニアン

$$\mathcal{H}_{\text{XXZ}} = \sum_{k=1}^{L}(\sigma_k^x\sigma_{k+1}^x + \sigma_k^y\sigma_{k+1}^y + \frac{q+q^{-1}}{2}(\sigma_k^z\sigma_{k+1}^z - 1)) \quad (1.16)$$

を持つ量子スピン系，XXZ 鎖を考えよう．Heisenberg 鎖 (1.2) は等方的な場合 $q=1$ であり，XXX 鎖とも呼ばれる[*1)]．XXZ 鎖も Bethe 仮説により解かれる．周期境界条件の下で，Bethe 方程式は次で与えられる．

$$\left(\frac{\sin\pi(u_j+i\hbar)}{\sin\pi(u_j-i\hbar)}\right)^L = -\prod_{k=1}^{r}\frac{\sin\pi(u_j-u_k+2i\hbar)}{\sin\pi(u_j-u_k-2i\hbar)}. \quad (1.17)$$

但し $q=e^{-2\pi\hbar}$．$u_j \to \hbar u_j$ と置き換えて $\hbar \to 0$ とすると (1.2) が再現される．その意味で，前節までの話は $q=1$ における組合せ Bethe 仮説である．

ここでは $q=0$ を考えよう．$\{u_j\}$ が (1.6) と同様に string 達

$$\bigcup_{j\geq 1}\bigcup_{1\leq\alpha\leq m_j}\bigcup_{u_{j,\alpha}\in\mathbb{R}}\{u_{j,\alpha}+i(j+1-2s)\hbar+\epsilon_{j\alpha s}\mid 1\leq s\leq j\}$$

からなると仮定して (1.17) に代入し，$\hbar \to \infty$ とすると，$\{u_{j,\alpha}\}$ に対する **string 中心方程式** [53] が得られる[*2)]．

$$\sum_k\sum_{\beta=1}^{m_k}A_{j\alpha,k\beta}u_{k,\beta} \equiv \frac{1}{2}(p_j+m_j+1) \mod \mathbb{Z}, \quad (1.18)$$

$$A_{j\alpha,k\beta} = \delta_{jk}\delta_{\alpha\beta}(p_j+m_j) + 2\min(j,k) - \delta_{jk}. \quad (1.19)$$

p_j, m_j の定義は $q=1$ のときと同じである．(1.18) は線形 (!) 合同式であり，$q=1$ の場合に比して格段に扱い易い．その解 $\{u_{j,\alpha}\}$ の数え上げには以下の規則 (i)，(ii)，(iii) を設ける．

[*1)]　専門的註：この q は後出の量子群 U_q の変形パラメーターと同じ．「Fermi 公式の q 類似の q」は別物で，アフィン Lie 環の null ルート δ により $e^{-\delta}$ と書かれる指標の変数である．

[*2)]　導出に技術的仮定が要るが，以下の論旨はそれに依らない．

(i) $u_{j,\alpha} \in \mathbb{R}$ ではなく, $u_{j\alpha} \in \mathbb{R}/\mathbb{Z}$ と見なす. Bethe ベクトルが実際には $\exp(2\pi i u_{j,\alpha})$ という組合せにのみ依る事を反映させるため.

(ii) 各 j ごとに $u_{j,1}, \ldots, u_{j,m_j}$ を並び換えたものは解として同一視する. Bethe ベクトルがこれらについて対称である事を反映させるため.

(iii) 各 j ごとに $u_{j,1}, \ldots, u_{j,m_j}$ は $\mathbb{R}/\mathbb{Z}$ の元として相異なるものに限る. Fermi 公式でも採用された排他的選択則の相応条件として.

(i), (ii), (iii) をまとめて「$q=0$ での Bethe 根」を, (1.18) の解で

$$(u_{j,1},\ldots,u_{j,m_j}) \in ((\mathbb{R}/\mathbb{Z})^{m_j} - \Delta_{m_j})/\mathfrak{S}_{m_j} \quad (\text{各 } j \text{ ごとに})$$

を満たすものと定義する. ここで $\mathfrak{S}_k$ は k 次対称群, $\Delta_k = \{(v_1,\ldots,v_k) \in (\mathbb{R}/\mathbb{Z})^k \mid v_\alpha = v_\beta \text{ となる } \alpha \neq \beta \text{ がある } \}$ である. $q=0$ での Bethe 根の集合を

$$\mathcal{U}(\mu) = \{(u_{j,\alpha})_{j \geq 1, 1 \leq \alpha \leq m_j} \mid q=0 \text{ での Bethe 根} \} \quad (1.20)$$

と書く. ここで μ は $\{m_j\}$ に対応するヤング図 (1.10) である.

$q=0$ での Bethe 根は何個あるべきか. XXZ 鎖 (1.16) は sl_2 対称性を持たないので, 期待するのはダウンスピン r 個の部分空間 W_r の次元 $\binom{L}{r}$ である.

例 1.3 $r=1,2$ で期待通り次の等式が成り立つ ($L \geq 2r$).

$$\binom{L}{1} = |\mathcal{U}(\square)|, \qquad \binom{L}{2} = \overbrace{|\mathcal{U}(\square\square)|}^{L} + \overbrace{|\mathcal{U}(\stackrel{\square}{\square})|}^{L(L-3)/2}. \quad (1.21)$$

μ が $\square$ と $\square\square$ の場合は, (1.18) は $Lu_{1,1}$ または $Lu_{2,1} \equiv$ 定数 mod $\mathbb{Z}$ なので L 個あるのは明らか. $\stackrel{\square}{\square}$ の場合は $\vec{c}$ を定数ベクトルとして

$$\begin{pmatrix} L-1 & 1 \\ 1 & L-1 \end{pmatrix} \begin{pmatrix} u_{1,1} \\ u_{1,2} \end{pmatrix} \equiv \vec{c} \mod \mathbb{Z}^2$$

となる. $(\mathbb{R}/\mathbb{Z})^2$ での解の個数は係数行列の行列式 $L(L-2)$ である. ただし衝突 $u_{1,1} = u_{1,2}$ を含む. 衝突解は $Lu_{1,1} \equiv$ 定数を満たす事から L 個ある. これを差し引いて $\mathfrak{S}_2$ の同一視により 2 で割れば $(L(L-2)-L)/2 = L(L-3)/2$ を得る. この様に, 個数の勘定に (1.18) の右辺の具体形は影響しない.

この計算を系統的に実行した結果を引用しよう. $\mathcal{I} = \{i \mid m_i > 0\}$ とし,行列

$$F = (F_{i,j})_{i,j \in \mathcal{I}}, \quad F_{i,j} = \delta_{ij} p_j + 2\min(i,j) m_j \tag{1.22}$$

を準備する. $\mathcal{I} = \{i_1 < \cdots < i_g\}$ とおくと $p_{i_g} = L - 2|\mu|$ と $\det F = L p_{i_1} p_{i_2} \cdots p_{i_{g-1}}$ を確かめるのは易しい.

定理 1.4 ([53]) 次の等式が成り立つ $(L \geq 2r)^{*1)}$.

$$\binom{L}{r} = \sum_{\mu \, (|\mu|=r)} |\mathcal{U}(\mu)|, \tag{1.23}$$

$$|\mathcal{U}(\mu)| = \det F \prod_{i \in \mathcal{I}} \frac{1}{m_i} \binom{p_i + m_i - 1}{m_i - 1} = \frac{L}{p_{i_g}} \prod_{i \in \mathcal{I}} \binom{p_i + m_i - 1}{m_i}. \tag{1.24}$$

例えば $(L, r) = (6, 3)$ では次の様になる.

$$20 = \overbrace{|\mathcal{U}(\square)|}^{2} + \overbrace{|\mathcal{U}(\square\square\square)|}^{6} + \overbrace{|\mathcal{U}(\square)|}^{12}. \tag{1.25}$$

ダウンスピン r 個とは,表現論的には**ウェイト**, 即ち S^z の固有値を指定した部分空間 (**ウェイト空間**という) の事である. 等式 (1.23) は

$$\text{ウェイト空間の次元} = \text{Fermi 型和} \tag{1.26}$$

という主張であり,やはり string 仮説の真偽と関係なく証明される$^{*2)}$. これを Bethe 仮説の $\boldsymbol{q = 0}$ **における組合せ論的完全性**$^{*3)}$ という.

8 章では**周期箱玉系**を扱う. そこでもソリトンの振幅は保存量である. 振幅のリストを表すヤング図が μ となる周期箱玉系の状態の集合を $\mathcal{P}(\mu)$ とすると,後出の結果 (8.41) から次の等式が成り立つ事が分かる.

$$|\mathcal{U}(\mu)| = |\mathcal{P}(\mu)|. \tag{1.27}$$

$\mathcal{P}(\mu)$ を $(L, |\mu|) = (6, 3)$ の場合に列記してみる.

---

*1) 技術的註:$L \in \mathbb{C}$ への拡張がある. [54, sec. 13] 参照. また (1.24) の最後の書き換えは $p_{i_g} = L - 2r$ が 0 の場合には若干の改変が要る事が分かる.

*2) 勿論 (1.9) の Fermi 型和とは項が異なる. 多くの研究により (1.9) と (1.26) は任意のアフィン Lie 環で統一的に証明されている. [54, sec. 13] 参照. 等式 (1.5) と (1.23) は $\widehat{sl}_2$ に該当.

*3) (1.9) は $q = 1$ に対応. generic に変形された Bethe 方程式の完全性については [88] 参照.

$$\mathcal{P}(\boxed{}) = \{121212, 212121\},$$
$$\mathcal{P}(\boxed{\square\square\square}) = \{111222, 211122, 221112, 222111, 122211, 112221\},$$
$$\mathcal{P}(\boxed{}) = \{121122, 212112, 221211, 122121, 112212, 211221,$$
$$\qquad\qquad 112122, 211212, 221121, 122112, 212211, 121221\}. \tag{1.28}$$

個数が (1.25) と等しい事, (1.13) の highest パスを周期的にシフトしたものである事等が観察できる. 前節と同様に (1.27) はソリトン/string 対応を表すが, 今回は $q=0$ での組合せ Bethe 仮説と周期箱玉系が関与するのが特徴的である.(前節の箱玉系は遠方で空箱という境界条件であった.) 8 章において行列 F は**不変トーラス** (8.30) や**超離散 Riemann テータ関数** (8.46) に結び付く.

1.5 可積分な所以：小史

 ... it can be very useful to generalise a model to the point where one has functions (rather than constants) and their analyticity properties and functional relations with which to work, ...

「定数よりも関数を手にしてその解析性や関数方程式が使えるところまで模型を一般化すると大いに役立つことがある...」

Rodney J. Baxter (2007)

XXZ 鎖が解ける背景を枕に, 関連する小史を振り返る. 2 次元正方格子を考え, 各辺に $\{1,2\}$ の 2 状態をとるスピンを置く. 各頂点の周りの 16 通りの配位のうち, 6 個には以下の Boltzmann 重率を割り振り, それ以外は重率 0 とする.

$$
\begin{array}{cccccc}
1\!-\!\!\!\!-\!1 & 2\!-\!\!\!\!-\!2 & 2\!-\!\!\!\!-\!2 & 1\!-\!\!\!\!-\!1 & 2\!-\!\!\!\!-\!1 & 1\!-\!\!\!\!-\!2 \\
1-q^2 z & 1-q^2 z & q(1-z) & q(1-z) & z(1-q^2) & 1-q^2
\end{array}
\tag{1.29}
$$

z を**スペクトルパラメーター**と呼ぶ. 6 個の配置は, 北西と南東で 1 と 2 の数が等しいもの全部である[*1]. 格子上のスピン配置の Boltzmann 重率は各頂点

[*1] **6 頂点模型**と呼ばれる. 1,2 を分極と見なし, 局所的な電気的中性条件を満たす 2 次元の誘電体の模型と

の重率の積と定義する．$N \times L$ の周期境界条件での分配関数は

$$\Sigma \ \begin{array}{c}\xleftarrow{L}\\ \boxed{}\ \updownarrow N\end{array} = \mathrm{Tr}(T_1(z)^N), \quad T_1(z)^{\alpha_1,\ldots,\alpha_L}_{\beta_1,\ldots,\beta_L} = \sum \begin{array}{c}\alpha_1\ \alpha_2\ \cdots\ \alpha_L\\ \mid\mid\cdots\mid\\ \beta_1\ \beta_2\ \cdots\ \beta_L\end{array} \tag{1.30}$$

と書ける．ここで $\sum$ はスピン配置に関する和であり，併記された頂点はその重率の積を表すものと了解する．$T_1(z)$ は**転送行列**と呼ばれ，その要素（右図）は横線上のスピンについての和である[*1]．$z = 1$ での展開 $T_1(z) = T_1(1) + (z-1)T_1'(1) + \cdots$ は

$$T_1(z) = \cdots \text{（図）} \cdots + \sum_k \cdots \overset{k}{\text{（図）}} \cdots$$
$$= T_1(1)\left[1 + \frac{q(1-z)}{2(1-q^2)}(\mathcal{H}_{\mathrm{XXZ}} + 定数) + \cdots\right]$$

となる事が示せる．こうしてハミルトニアン $\mathcal{H}_{\mathrm{XXZ}}$ は転送行列の一部である事が分かるが，実はこの親玉が可換な 1 パラメーターの族を成す．

$$[T_1(z), T_1(w)] = 0. \tag{1.31}$$

よって一般に $T_1(z)$ の固有ベクトルは z に依らない．この事実がもたらす帰結は強力である．固有ベクトルの式 $T_1(z)\mathbf{v} = \lambda(z)\mathbf{v}$ を考えると，$\mathbf{v}$ が z に依らないので，固有値は $\lambda(z) = (T_1(z)$ の成分の線形結合$) = (z$ の多項式$)$ と結論される．一般の行列なら，成分が z の多項式であっても固有値は極めて複雑な関数になる．今の場合，固有値も多項式であるという稀な特典のため，例えば次数の分だけの零点の情報から本質的に決定できてしまう．Bethe 仮説をはじめ諸種の方法で模型が解けるのは，スペクトルパラメーターが入り，「行列の可換性が固有値の解析性に伝搬する」おかげといっても過言ではない[*2]．

では幸運な可換性 (1.31) の根拠は何であろうか．転送行列の構成要素 (1.29) に注目しよう．v_1, v_2 を $\mathbb{C}^2$ の基底とし，次の 4×4 行列を組む．

　　　　して考案された．E. Lieb, B. Sutherland により解かれた (1967)．詳しくは [7]．
　[*1] 周期境界条件から左右の端のスピンは揃えて和をとる．q は固定して $T_1(z, q)$ を $T_1(z)$ と書く．
　[*2] $[\mathcal{H}_{\mathrm{XXZ}}, T_1(z)] = 0$ であり，$T_1(z)$ の固有値も Bethe 方程式 (1.17) の根により与えられる．

$$R(z) : v_i \otimes v_j \mapsto \sum_{k,l} \left(i \underset{k}{\overset{j}{-z-}} l \right) v_k \otimes v_l. \tag{1.32}$$

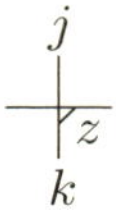

これを**量子 R 行列**または単に R 行列という[*1)]. z 依存性を角度の様に付記した. $R(z)$ は **Yang-Baxter 方程式**

$$(R(w) \otimes 1)(1 \otimes R(z))(R(z/w) \otimes 1) = (1 \otimes R(z/w))(R(z) \otimes 1)(1 \otimes R(w))$$

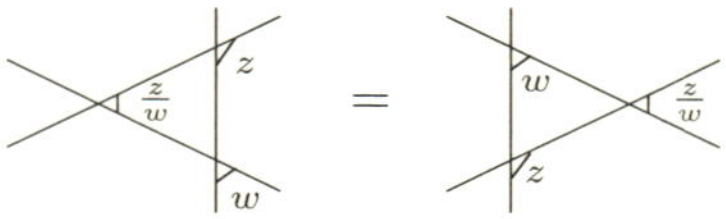

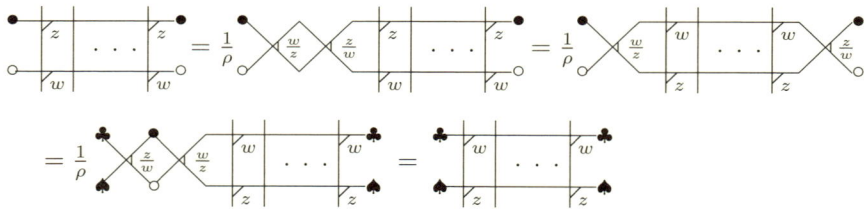

$$\tag{1.33}$$

を満たす. 内線上のスピンについては常に和をとるものと了解する. (1.33) は $\mathbb{C}^2 \otimes \mathbb{C}^2 \otimes \mathbb{C}^2$ 上の線形作用素としての関係式である. 可換性 $T_1(w)T_1(z) = T_1(z)T_1(w)$ は, これを繰り返し用いて次の様に示される.

最初と最後の $=$ は反転関係式 $R(z/w)R(w/z) = \rho\,\mathrm{id}$ による. 但し $\rho = (1 - q^2 z/w)(1 - q^2 w/z)$ である. 見かけ上離れているが周期境界条件のため揃えて和をとるスピンを記号 ●, ○, ♣, ♠ で示した.

Yang-Baxter 方程式は**量子可積分性**を象徴する最も基本的な関係式として知られる [37]. 最初の定式化は J. McGuire (1964) と C. N. Yang (1967) によるもので, デルタ関数相互作用する 1 次元の量子気体の散乱行列の整合条件として登場した. (1.32) を, 粒子 i, j が相対速度 $\log z$ で衝突して k, l に変化する過程の散乱振幅と読むのである. その後 R. J. Baxter による可換な転送行列法 [7] の主役として真価を発揮し, 8 頂点模型の解 (1972) に至る[*2)]. 今の設

[*1)] $\check{R}(z)$ と書く文献も多い. 詳しくは [38].
[*2)] 2 次元 Ising 模型の厳密解 (1944) において, L. Onsager も star-triangle 関係式 (Yang-Baxter 方程式の一形態) から本質的に可換な転送行列が従う事を認識していた. star-triangle 関係式の最古の

定でも Yang-Baxter 方程式は $T_1(z)$ の可換性を局所的な Boltzmann 重率の関係式に還元している．1970 年代末には M. Karowski や Zamolodchikov 双子兄弟 [102] らにより，因子化散乱理論が (1+1) 次元の相対論的設定で復活した．多体の散乱行列が 2 体の積になるという性質と特殊相対論の要請により，量子 sine-Gordon 模型をはじめ諸種の可積分な場の理論の散乱行列が決定された．Yang-Baxter 方程式は 3 体散乱の振幅が衝突の順序に依らない事を表し，因子化方程式とも呼ばれる．これら量子系の研究とソリトン理論 (古典可積分系) の発展に基づいて E. K. Sklyanin, L. A. Takhtajan, L. D. Faddeev らが提唱したのが**量子逆散乱法** (QISM) である [18, 76, 86]．1980 年前後の事で，Yang-Baxter 方程式という命名は Faddeev ら Leningrad 学派による．彼らは当時ソリトンの半古典的量子化と呼ばれた近似的処方箋を突破し，散乱データ (作用・角変数) の量子化に相当する演算子をあみ出して Bethe 仮説を代数的に定式化した．

一般に R 行列 (=Yang-Baxter 方程式の解) から可解格子模型を作る事ができる．R の系統的な構成，分類，特徴付けの試みは，展開環の楕円的変形 [75] や古典 R 行列の分類 [8] 等を経て**量子群**の発見 (V. G. Drinfel'd [15], M. Jimbo [36], 1985 年) に至る．

1.6 対称性を司るもの：量子群

Most of the definitions, constructions, examples, and theorems in this paper are inspired by the QISM.

「本論文の大部分の定義，構成，例，定理は QISM に啓発されている」

V. G. Drinfel'd (1987)

「量子群とは，リー群・リー環の概念のある種の拡張として，1985 年前後に導入された新しい数学的対象のことである」

M. Jimbo (1990)

量子群 $U_q = U_q(\widehat{sl}_2)^{*1)}$ は生成元 $e_i, f_i, q^{\pm h_i}$ $(i = 0, 1)$ と関係式 (A.4 節) に

記録は Brooklyn の技師 A. E. Kennelly [49] による電気回路の等価変換 (1899) とされている．

*1) アフィン Lie 環 $\widehat{sl}_2$ の展開環 $U(\widehat{sl}_2)$ (Universal enveloping algebra, 生成子の非可換多項式がなす代数) の q 変形 (量子展開環) という気持ちを表す記号．実際には群ではなく代数である．

より定義される [38]. 次の様に置くと定義関係式を満たす.

$$
\begin{aligned}
e_1 &= \begin{pmatrix} 0 & 1 \\ 0 & 0 \end{pmatrix}, & f_1 &= \begin{pmatrix} 0 & 0 \\ 1 & 0 \end{pmatrix}, & q^{\pm h_1} &= \begin{pmatrix} q^{\pm 1} & 0 \\ 0 & q^{\mp 1} \end{pmatrix}, \\
e_0 &= z\begin{pmatrix} 0 & 0 \\ 1 & 0 \end{pmatrix}, & f_0 &= z^{-1}\begin{pmatrix} 0 & 1 \\ 0 & 0 \end{pmatrix}, & q^{\pm h_0} &= \begin{pmatrix} q^{\mp 1} & 0 \\ 0 & q^{\pm 1} \end{pmatrix}.
\end{aligned} \quad (1.34)
$$

表現空間を $V_{1,z}$ と書き,基底を v_1, v_2 として $e_0 v_1 = z v_2$ 等と了解する.テンソル積 $V_{1,\alpha} \otimes V_{1,\beta}$ は U_q の 4 次元表現になる.生成元は (A.23) に従い,余積 $\Delta: U_q \to U_q \otimes U_q$ を介して作用する.例えば

$$
\begin{aligned}
e_0(v_1 \otimes v_1) &= (e_0 v_1) \otimes v_1 + (q^{h_0} v_1) \otimes (e_0 v_1) = \alpha v_2 \otimes v_1 + q^{-1} \beta v_1 \otimes v_2, \\
f_1(v_1 \otimes v_1) &= (f_1 v_1) \otimes (q^{-h_1} v_1) + v_1 \otimes (f_1 v_1) = q^{-1}(v_2 \otimes v_1 + q v_1 \otimes v_2), \\
f_1(v_2 \otimes v_1 + q v_1 \otimes v_2) &= (1+q^2) v_2 \otimes v_2, \quad f_1(v_2 \otimes v_2) = 0, \\
f_1(v_1 \otimes v_2 - q v_2 \otimes v_1) &= 0, \quad e_1(v_1 \otimes v_2 - q v_2 \otimes v_1) = 0.
\end{aligned} \quad (1.35)
$$

表現 $V_{1,\alpha} \otimes V_{1,\beta}$ と $V_{1,\beta} \otimes V_{1,\alpha}$ は一般に既約で同型であり[*1],

$$
\Delta(g) R = R \Delta(g) \quad (\forall g \in U_q) \quad (1.36)
$$

を満たす線形写像 $R: V_{1,\alpha} \otimes V_{1,\beta} \to V_{1,\beta} \otimes V_{1,\alpha}$ はスカラー倍を除いて一意的に定まる.これが (1.32), (1.29) の $R(z)$ で $z = \alpha/\beta$ としたものを再現する.実際,(1.36) で $g = q^{h_1}$ と選び,一般形 (1.32) を代入すると,行列要素は $\{k,l\} = \{i,j\}$ 以外は 0 である事が従う (ウェイト保存).そこで (1.29) の 6 通りの行列要素を未知数とし,g を他の生成元にとって (1.36) を要請すると (1.29) に与えた Boltzmann 重率が一斉のスカラー倍を除いて直ちに導かれる.

以上の話の高階スピン版として,$V_{1,z}$ を $(m+1)$ 次元既約表現 $V_{m,z}$ に拡張できる.例えば $V_{3,z} = \mathbb{C}v_{111} \oplus \mathbb{C}v_{112} \oplus \mathbb{C}v_{122} \oplus \mathbb{C}v_{222}$ の様に,$V_{m,z} = \oplus_x \mathbb{C}v_x$ と書き,基底のラベル $x = (x_1, x_2)$ を,1 が x_1 個,2 が x_2 個の並んだ**半標準盤** (2.2 節) と見なす.生成子は次の様に作用する.

$$
\begin{aligned}
e_1 v_x &= [x_2] v_{(x_1+1, x_2-1)}, & f_1 v_x &= [x_1] v_{(x_1-1, x_2+1)}, & q^{\pm h_1} &= q^{\pm(x_1-x_2)} v_x, \\
e_0 v_x &= z[x_1] v_{(x_1-1, x_2+1)}, & f_0 v_x &= z^{-1}[x_2] v_{(x_1+1, x_2-1)}, & q^{\pm h_0} &= q^{\mp(x_1-x_2)} v_x.
\end{aligned}
$$

[*1] $V_{1,\alpha} \otimes V_{1,\beta}$ が既約でないのは $\alpha/\beta = q^{\pm 2}$ だけである.但し q は 1 のべき根でないとする.

ここで $[x] = \frac{q^x - q^{-x}}{q - q^{-1}}$ である．(1.36) は $V_{m,\alpha} \otimes V_{n,\beta}$ と $V_{n,\beta} \otimes V_{m,\alpha}$ の同型に自然に拡張され，R 行列 $R_{m,n}(z)$ がスカラー倍を除いて定まる[*1]．ここでは $R_{m,1}(z)$ を与えておこう．$R_{1,1}(z)$ は (1.29) に帰着する．

$$R_{m,1}(z)(v_x \otimes v_j) = \sum_{k=1,2} \left(x \begin{array}{c} j \\ \hline z \\ k \end{array} y \right) v_k \otimes v_y, \qquad (1.37)$$

$$x \begin{array}{c} j \\ \hline z \\ k \end{array} y = \begin{cases} q^{m-x_k} - q^{x_k+1}z & j = k, \\ (1 - q^{2x_1})z & (j,k) = (2,1), \\ 1 - q^{2x_2} & (j,k) = (1,2). \end{cases} \qquad (1.38)$$

ここで $y_i = x_i + \delta_{ij} - \delta_{ik}$ である．横線と縦線上のスピンは $\frac{m}{2}, \frac{1}{2}$ という異方的な状況だが，(1.30) の右図と同様にこれを横につなげて転送行列 $T_m(z)$ を作る事ができる．$T_1(z), T_2(z), \ldots$ は皆同じ空間 $(\mathbb{C}^2)^{\otimes L}$ に作用し，Yang-Baxter 方程式により可換となる.

$$[T_m(z), T_n(w)] = 0. \qquad (1.39)$$

前節でスペクトルパラメーターの重要性を強調したが，本節でも (1.34) で e_0, f_0 に組み込まれ，本質的な働きをしている．実際，$U_q(\widehat{sl}_2)$ で生成子を $e_1, f_1, q^{\pm h_1}$ に限ると古典 Lie 環 sl_2 の量子展開環 $U_q(sl_2)$ になるが，(1.36) で g をこの $U_q(sl_2)$ に限ってしまうと R はスカラー倍を除いても一意的に決まらない．スペクトルパラメーターが存在・機能するのは，模型を司る $U_q(\widehat{sl}_2)$ の $\widehat{sl}_2$ が**アフィン Lie 環**である事が効いている．

1.7 パスを制御するもの：crystal

「しかし，驚くべきことに，$q = 0$ においては，このような基底が存在するのである」

M. Kashiwara (1992)

暫し Bethe 仮説から逸脱した様に思われたかもしれないが，実はもう一つの

[*1] (1.33) の 3 本線に l, m, n を付随させて一般化した Yang-Baxter 方程式 $(R_{n,l}(w) \otimes 1)(1 \otimes R_{m,l}(z))(R_{m,n}(z/w) \otimes 1) = (1 \otimes R_{m,n}(z/w))(R_{m,l}(z) \otimes 1)(1 \otimes R_{n,l}(w))$ を満たす．

主役に登場してもらうための準備を兼ねている．量子 R 行列 (1.37) で z を有限に保ち，$q \to 0$ としてみよう．0 でない Boltzmann 重率とそのスピン配置は $m=2$ では以下のものに限られる．

$$11 \overset{1}{\underset{1}{\text{—}}} 11 \quad 12 \overset{1}{\underset{2}{\text{—}}} 11 \quad 22 \overset{1}{\underset{2}{\text{—}}} 12 \quad 11 \overset{2}{\underset{1}{\text{—}}} 12 \quad 12 \overset{2}{\underset{1}{\text{—}}} 22 \quad 22 \overset{2}{\underset{2}{\text{—}}} 22$$
$$1 \qquad 1 \qquad 1 \qquad z \qquad z \qquad 1$$

北西のデータから南東への変化と見ると，集合 $B_2 = \{11, 12, 22\}$，$B_1 = \{1, 2\}$ の積集合の間に次の全単射 $B_2 \times B_1 \to B_1 \times B_2$ が得られる[*1]．

$$\begin{aligned} & 11 \cdot 1 \mapsto 1 \cdot 11, \quad 12 \cdot 1 \mapsto 2 \cdot 11, \quad 22 \cdot 1 \mapsto 2 \cdot 12, \\ & 11 \cdot 2 \mapsto 1 \cdot 12, \quad 12 \cdot 2 \mapsto 1 \cdot 22, \quad 22 \cdot 2 \mapsto 2 \cdot 22. \end{aligned} \quad (1.40)$$

この様に，適当な基底の下に量子 R 行列で $q=0$ とすると**全単射**になる．これを**組合せ R** といい，2.5 節で扱う．実際には 0 でない Boltzmann 重率 (z の整数冪となる) の情報も**局所 energy** H として併せて扱う．(1.40) は (2.59) で再登場するが，この例では Boltzmann 重率 $= z^{1-H}$ である．前節で述べた様に，z 依存性は大切なアフィンの情報であり，$q=0$ でも生き残って大いに活躍する事になる[*2]．

量子 R 行列は表現のテンソル積の順序を入れ換える同型 (1.36) として特徴付けられた．同様に組合せ R も，直積集合 $B_2 \times B_1$ と $B_1 \times B_2$ に備わったある構造の同等性として特徴付けられる．それが **crystal** [42, 46] であり，色つき矢印を持つグラフ (**crystal グラフ**) として表される (2.1 節)．後出の (2.52) と (2.53) を見られたい．両者はグラフの頂点の読み換えのもとに同じであり，その読み換え規則 (**crystal の同型**) が組合せ R (1.40) に他ならない．crystal グラフの頂点は表現空間の基底に対応し，矢印 $\overset{0}{\to}, \overset{1}{\to}$ は生成子 f_0, f_1 の作用の $q=0$ での姿を表す．これを**柏原作用素**と呼ぶ．

一般の $V_{m,z}$ や量子 R 行列 $R_{m,n}(z)$ でも同様の事実が成り立つ．表現空間 $V_{m,z}$ に対応してその crystal B_m があり，(2.50) の様に crystal グラフにより

[*1] 例えば 12 は半標準盤 $\boxed{1\,2}$ と了解する．(1.40) は単純な入れ換え $b \cdot c \mapsto c \cdot b$ でない事に注意．
[*2] Fermi 公式におけるパスの energy や，箱玉系の保存量，ソリトンの位相のずれの記述等に本質的役割を果たす．

表される.表現のテンソル積に対応して **crystal のテンソル積** $\otimes$(積集合に crystal 構造を入れたもの)が定義され,組合せ R は同型 $B_m \otimes B_n \to B_n \otimes B_m$ として定まる.スペクトルパラメーター z の情報は,B_m の各元に z の整数冪を付けた**アフィン crystal** $\mathrm{Aff}(B_m)$ (2.5 節) により取り入れられる.既約分解など,表現論のエッセンスの多くは crystal グラフの組合せ論に帰着される.本書に登場する crystal は全て半標準盤でラベルされ,初等的に扱えるものである.

改めて計算 (1.35) を見てみよう.$e_1, f_1, q^{\pm h_1}$ で生成される $U_q(sl_2)$ に限れば良く知られた既約分解 □⊗□ = ⊞ ⊕ ⊟ が起きている.3 重項と 1 重項の基底として以下のものがとれる.

$$\begin{aligned}
\boxed{}&: v_1 \otimes v_1, \quad v_2 \otimes v_1 + q v_1 \otimes v_2, \quad v_2 \otimes v_2, \\
\boxed{}&: v_1 \otimes v_2 - q v_2 \otimes v_1.
\end{aligned} \quad (1.41)$$

$q = 1$ では対称および反対称テンソルであるが,$q = 0$ では全て単項式となり,線形結合の無い世界,即ち組合せ論に帰着する.後出の (2.5) はその様子を表している.量子群の表現には $q = 0$ でこの様な著しい性質を持った基底,**結晶基底** (A.5 節) が極めて一般的に存在する [44, 45].結晶基底の組合せ論的構造を抽出して公理化したものが crystal である.

1.8 アイデアの宝庫:角転送行列

元々 $q \to 0$ というアイデアは,Baxter の**角転送行列法**に遡る [7].簡単のため再び 6 頂点模型を例にとる.角転送行列 $D(z) = (D(z)_{c,b})$ とは,その成分 $D(z)_{c,b}$ が下図の角領域の分配関数で与えられるものである.

$$\xrightarrow{q \to 0} z^{\sum_{k=0}^{L-1}(L-k)(1-H(b_k \otimes b_{k+1}))} \delta_{b,c}$$

$$= z^{\frac{L(L+1)}{2} - E(b_0 \otimes \cdots \otimes b_L)} \delta_{b,c}. \quad (1.42)$$

ここで $b = (b_k)$, $c = (c_k)$, $b_k, c_k \in \{1,2\}$ は境界条件を指定する $(b_0 = c_0)$. 角転送行列法によると，1 点関数[*1]は本質的に $\mathrm{Tr}(D(z)|_{q\to 0})$ とその部分和 (条件付き跡) の計算に帰着する [7]. (1.29) と (1.32) から $R(z)|_{q=0}(v_i \otimes v_j) = z^{1-H} v_i \otimes v_j$ となる事に注意しよう．ここで $H = H(\boxed{i} \otimes \boxed{j})$ は局所 energy で (2.71) で与えられる．従って $D(z)|_{q\to 0}$ は対角行列であり，その固有値は (1.42) の右側の様に求められる．最後の等号が**パスの energy** E の定義 (3.21), (4.8) の起源である[*2]. また，条件付き跡から諸種の多項式が生じる．それらは **1 次元状態和** (3.2 節, 4.3 節) と呼ばれ，表現論的な意味 [11] を持つ (3.4 節). Fermi 公式はあるクラスの 1 次元状態和の明示式である．7.8.2 項では，箱玉系における角転送行列の類似がソリトン理論の**タウ関数**の役割を果たす事を見る．

角転送行列	組合せ Bethe 仮説
(highest) パス	rigged configuration
energy	charge
1 次元状態和	Fermi 型和

標語的には $q \to 0$ は低温極限に相当し，模型は揺らぎを無くして基底状態に，量子群の表現は結晶基底に凍りつく．これを**結晶化** [45] という．箱玉系をはじめ，7, 8 章で扱うソリトン・セルオートマトンは結晶化した可解格子模型 [28, 21, 25] である．結晶化した世界では，様々なスピンの並びは $\boxed{1\,2} \otimes \boxed{1} \otimes \boxed{2} \otimes \boxed{1\,1\,2\,2}$ の様に，crystal のテンソル積 $B_{l_1} \otimes B_{l_2} \otimes \cdots \otimes B_{l_L}$ の元として表される．これが既に随所で言及したパスの正式な居所であり，諸々の考察の基礎となる．

KKR 全単射は highest パスと rigged configuration の全単射であり，1 次元状態和はパスの energy の母関数であり，箱玉系はパス上の動力学系である．パスの集合 $B_{l_1} \otimes \cdots \otimes B_{l_L}$ には crystal の構造が入り，柏原作用素やテンソル積の順序を入れ換える組合せ R により制御される．

[*1] (1.42) の図が 2 次元格子の南西部分としたとき，適当な境界条件下で $\lim_{L\to\infty} \sum_{k=1}^{L} (-1)^{b_k}$ の期待値のこと．(1.42) の式では $b_k = 1, 2$ を $\boxed{1}, \boxed{2}$ と了解して (2.71) を用いた．1 点関数自体の最終結果は，不思議なことに (1.42) の z に改めて q の冪を代入したものが用いられるので，z には依らず q のみの関数となる．なお，ここでの b_k は (1.4) の多重度と関係ない．

[*2] ハミルトニアンの固有値とは別物．本質的に charge と一致する．詳しくは 5.5.2 項．

1.9 本書の構成

本書では Bethe 仮説と crystal が織りなす組合せ論の一端を描く．序盤の 2–4 章では crystal 寄りの話，中盤の 5–6 章では組合せ Bethe 仮説を中心とした話，終盤の 7–8 章では両者を併せた展開として組合せ論におけるソリトンとも呼ぶべき話題を扱う．Lie 環は A 型 (sl_{n+1} 又は $\widehat{sl}_{n+1}$) に限定する．本書全体を通じて文字 n はこの意味 (ランク) にリザーブする．予備知識として sl_{n+1} の表現とヤング図にまつわる事項は必須ではないが，知っていれば馴染みやすい．2.2 節で手短に説明したが，詳しくは [61, 66, 77, 89] 等を参考にされたい．ソリトン [1, 10, 31, 62, 84, 90, 94] や可解格子模型 [7, 81, 85, 86] についても同様である．

興味や目的に応じて適宜拾い読みする事が可能である．既にこの序章で背景と全体の概説になっていると思われて相違ない．そこで言及されたキーワードを辿っていけば，より詳しい説明を後の章に見つける事ができるだろう．

概括的に言えば，crystal の基礎事項 (2 章) は，本書のほぼ全般で用いられる．一方 3, 4 章と 5 章以降はほぼ独立に読む事ができる．後者で必要なのはパスや charge の定義程度である．3.3 節，3.4 節はアフィン Lie 環の指標に関する計算であり，ある程度独立した内容と言える．また 8 章は最も奥まっているが，$n = 1$ 限定なので易しい．次章以降の内容依存性は概ね以下の様になる．

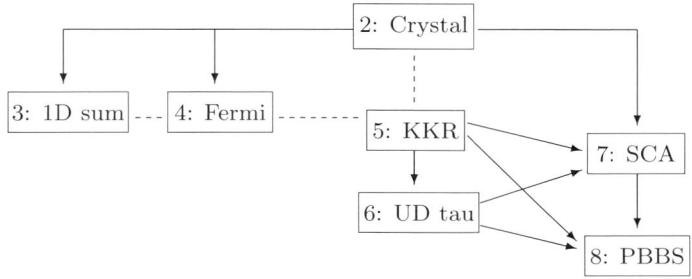

各章の内容を，表題の英訳の頭文字を適当にとって示した．crystal グラフと違って点線があるが，これは結ばれた章の相互依存性が比較的緩い事を表す．

第2章

Crystal と組合せ R

始めに量子群 $U_q(sl_{n+1})$ の crystal を例に沿って紹介する．ヤング図や半標準盤に関連した操作に親しもう．符号規則は特に有用である．後半はアフィンの場合 $U_q(\widehat{sl}_{n+1})$ を扱う．crystal B_l, $\mathrm{Aff}(B_l)$ と組合せ R は後の章で基本的役割を果たす．

2.1 Crystal

$U_q = U_q(sl_{n+1})$ の crystal の定義を与えよう．必要なのは添え字集合 $\bar{I} = \{1, 2, \ldots, n\}$, Cartan 行列 $C = (C_{ij})_{i,j \in \bar{I}}$, $C_{ij} = 2\delta_{ij} - \delta_{|i-j|,1}$, 基本ウェイト $\{\bar{\Lambda}_i | i \in \bar{I}\}$, 単純ルート $\{\alpha_i | i \in \bar{I}\}$, ウェイト格子 $\bar{P} = \oplus_{i \in \bar{I}} \mathbb{Z}\bar{\Lambda}_i$ である．これらの用語に馴染み無くても $\{\alpha_i\}$ と $\{\bar{\Lambda}_i\}$ は共に $\mathbb{R}^n$ の基底で，$\alpha_i = \sum_{j \in \bar{I}} C_{ij}\bar{\Lambda}_j$ の関係にあるものと思っておけば当座は十分である．補助的に，双対空間の基底として単純コルート $\{h_i | i \in \bar{I}\}$ と双線形形式 $\langle h_i, \bar{\Lambda}_j \rangle = \delta_{ij}$ を用いる[*1]．量子群 U_q の **crystal** とは集合 B と写像

$$\mathrm{wt}: B \to \bar{P}, \quad \tilde{e}_i, \tilde{f}_i : B \sqcup \{0\} \to B \sqcup \{0\}, \quad \varepsilon_i, \varphi_i : B \longrightarrow \mathbb{Z}_{\geq 0} \ (i \in \bar{I})$$

の集まりで，以下の性質を満たすものである．

1) $b \in B$ かつ $\tilde{e}_i b \in B$ ならば $\mathrm{wt}(\tilde{e}_i b) = \mathrm{wt}\, b + \alpha_i$.
2) $b \in B$ かつ $\tilde{f}_i b \in B$ ならば $\mathrm{wt}(\tilde{f}_i b) = \mathrm{wt}\, b - \alpha_i$.
3) $\varphi_i(b) = \max\{m \geq 0 | \tilde{f}_i^m b \neq 0\}$, $\varepsilon_i(b) = \max\{m \geq 0 | \tilde{e}_i^m b \neq 0\}$.
4) $\varphi_i(b) - \varepsilon_i(b) = \langle h_i, \mathrm{wt}\, b \rangle$.

[*1] U_q や結晶基底の定義 (付録 A) はここでは必要ない．詳しくは原論文 [42, 46] や成書 [3, 33] も参照されたい．

5) $\tilde{e}_i 0 = \tilde{f}_i 0 = 0$.

6) $b, b' \in B$ ならば $b' = \tilde{f}_i b$ と $b = \tilde{e}_i b'$ は同値.

wt b を b の**ウェイト**と呼ぶ. ウェイトの集合を強調する場合は $\bar{P}$-ウェイト crystal という. 4) は wt $b = \sum_{i \in \bar{I}} (\varphi_i(b) - \varepsilon_i(b))\bar{\Lambda}_i$ と同値である.

$\tilde{e}_i, \tilde{f}_i$ を**柏原作用素**という. その作用, 即ち 6) の状況を $b \xrightarrow{i} b'$ と表し, これを頂点 b から b' へ向かう「色」i の矢印と見立てれば, B は色つき有向グラフとして図示される. これを **crystal グラフ**という. crystal グラフの 1 つの頂点から色 i の矢印は 1 つ出るか ($\tilde{f}_i b \neq 0$), 出ていないか ($\tilde{f}_i b = 0$) のどちらかである. 同様に上の 6) により, 各頂点には色 i の矢印は 1 つ入るか ($\tilde{e}_i b \neq 0$), 入らないか ($\tilde{e}_i b = 0$) のどちらかである.

$U_q(sl_2)$ の例をあげる. $\alpha_1 = 2\bar{\Lambda}_1$ である.

$$B(\bar{\Lambda}_1): \boxed{1} \xrightarrow{1} \boxed{2} \qquad B(2\bar{\Lambda}_1): \boxed{1\,1} \xrightarrow{1} \boxed{1\,2} \xrightarrow{1} \boxed{2\,2} \tag{2.1}$$

$B(\bar{\Lambda}_1)$ では wt $\boxed{1}$ $=$ $-$wt $\boxed{2}$ $= \bar{\Lambda}_1$ であり, $B(2\bar{\Lambda}_1)$ では wt $\boxed{1\,1}$ $= -$wt $\boxed{2\,2}$ $= 2\bar{\Lambda}_1$, wt $\boxed{1\,2}$ $= 0$ である. $B(\bar{\Lambda}_1)$ と $B(2\bar{\Lambda}_1)$ は $U_q(sl_2)$ のベクトル表現, 2 階対称テンソル表現の結晶基底に由来する crystal である. crystal の名前 $B(\bar{\Lambda}_1), B(2\bar{\Lambda}_1)$ の引数 $\bar{\Lambda}_1, 2\bar{\Lambda}_1$ はこれら有限次元既約表現の最高ウェイト (2.2 節) を表している. また, 各元は半標準盤 (2.2 節) でラベルした.

$U_q(sl_3)$ の例をあげる. $\alpha_1 = 2\bar{\Lambda}_1 - \bar{\Lambda}_2, \alpha_2 = -\bar{\Lambda}_1 + 2\bar{\Lambda}_2$ である.

$$
\begin{array}{ll}
B(\bar{\Lambda}_1): \boxed{1} \xrightarrow{1} \boxed{2} & B(2\bar{\Lambda}_1): \boxed{1\,1} \xrightarrow{1} \boxed{1\,2} \xrightarrow{1} \boxed{2\,2} \\
\qquad\qquad\quad \downarrow 2 & \qquad\qquad\qquad\quad \downarrow 2 \qquad\quad \downarrow 2 \\
\qquad\qquad\quad \boxed{3} & \qquad\qquad\qquad \boxed{1\,3} \xrightarrow{1} \boxed{2\,3} \\
& \qquad\qquad\qquad\qquad\qquad\quad \downarrow 2 \\
B(\bar{\Lambda}_2): \boxed{\substack{1\\2}} \xrightarrow{2} \boxed{\substack{1\\3}} & \qquad\qquad\qquad\qquad\qquad \boxed{3\,3} \\
\qquad\qquad\quad \downarrow 1 & \\
\qquad\qquad\quad \boxed{\substack{2\\3}} &
\end{array}
\tag{2.2}
$$

ここでも crystal の元を半標準盤でラベルした．$B(\bar{\Lambda}_1), B(2\bar{\Lambda}_1), B(\bar{\Lambda}_2)$ は $U_q(sl_3)$ のベクトル表現, 2 階対称テンソル表現, 2 階反対称テンソル表現の結晶基底に由来する crystal であり，$\bar{\Lambda}_1, 2\bar{\Lambda}_1, \bar{\Lambda}_2$ はそれらの最高ウェイトである．

$i \in \bar{I}$ を 1 つ固定し，crystal グラフにおいて色 i の矢印で結ばれる部分を 1 つ取り出すと

$$b_0 \xrightarrow{i} b_1 \xrightarrow{i} \cdots \xrightarrow{i} b_l$$

というグラフになる．ここで, b_0 には色 i の入る矢印が無く $\tilde{e}_i b_0 = 0$ であり，b_l からは色 i の出る矢印が無く $\tilde{f}_i b_l = 0$ である．これを **i-列**という．このとき crystal の定義 3) の ε_i, φ_i は

$$\varepsilon_i(b_k) = k, \quad \varphi_i(b_k) = l - k$$

となる．一般に $\varepsilon_i(b)$ は b を通過する i-列において b から遡れる矢印の数であり，$\varphi_i(b)$ は b から進む事のできる矢印の数である．例えば (2.2) の $B(2\bar{\Lambda}_1)$ では $\boxed{1\,3}$ は長さ 2 の 1-列と長さ 2 の 2-列に属しており, $\varepsilon_1(\boxed{1\,3}) = 0, \varphi_1(\boxed{1\,3}) = 1, \varepsilon_2(\boxed{1\,3}) = 1, \varphi_2(\boxed{1\,3}) = 0$ である．

crystal グラフが描ければ，定義条件 5, 6) から $\tilde{f}_i, \tilde{e}_i$ の作用が分かる．また上記の様にして φ_i, ε_i が求められ，定義 4) から各元のウェイト wt も定められる．従って crystal グラフは crystal の全ての情報を担っている．

二つの crystal B と B' に対し，その**テンソル積** $B \otimes B'$ とは，積集合 $B \times B'$ に crystal の構造を入れたものである．即ち集合としては $B \otimes B' = \{b \otimes b' \mid b \in B, b' \in B'\}$ であり，ウェイトは $\mathrm{wt}(b \otimes b') = \mathrm{wt}\,b + \mathrm{wt}\,b'$ で定める．柏原作用素 $\tilde{e}_i, \tilde{f}_i : B \otimes B' \to (B \otimes B') \sqcup \{0\}$ は以下の規則で定義する．

$$\tilde{e}_i(b \otimes b') = \begin{cases} (\tilde{e}_i b) \otimes b' & \varphi_i(b) \geq \varepsilon_i(b') \text{ の場合}, \\ b \otimes (\tilde{e}_i b') & \varphi_i(b) < \varepsilon_i(b') \text{ の場合}, \end{cases} \quad (2.3)$$

$$\tilde{f}_i(b \otimes b') = \begin{cases} (\tilde{f}_i b) \otimes b' & \varphi_i(b) > \varepsilon_i(b') \text{ の場合}, \\ b \otimes (\tilde{f}_i b') & \varphi_i(b) \leq \varepsilon_i(b') \text{ の場合}. \end{cases} \quad (2.4)$$

ただし $0 \otimes b'$ と $b \otimes 0$ は 0 と解釈する．

先にあげた $U_q(sl_2)$ の crystal $B(\bar{\Lambda}_1)$ のテンソル積の crystal グラフは次の様になる．

$$B(\bar{\Lambda}_1) \otimes B(\bar{\Lambda}_1): \quad \boxed{1} \otimes \boxed{1} \xrightarrow{1} \boxed{2} \otimes \boxed{1} \xrightarrow{1} \boxed{2} \otimes \boxed{2}$$

$$\boxed{1} \otimes \boxed{2} \tag{2.5}$$

ここで (2.3), (2.4) から

$$\tilde{f}_1\left(\boxed{1} \otimes \boxed{2}\right) = \boxed{1} \otimes \tilde{f}_1\boxed{2} = \boxed{1} \otimes 0 = 0,$$
$$\tilde{e}_1\left(\boxed{1} \otimes \boxed{2}\right) = \tilde{e}_1\boxed{1} \otimes \boxed{2} = 0 \otimes \boxed{2} = 0$$

なので，$\boxed{1} \otimes \boxed{2}$ はそれだけで crystal をなし，$B(\bar{\Lambda}_1) \otimes B(\bar{\Lambda}_1)$ は二つの連結成分に分離する．同様に $B(\bar{\Lambda}_1) \otimes B(2\bar{\Lambda}_1)$ と $B(2\bar{\Lambda}_1) \otimes B(\bar{\Lambda}_1)$ の crystal グラフを描く．

$$B(\bar{\Lambda}_1) \otimes B(2\bar{\Lambda}_1): \quad \boxed{1} \otimes \boxed{1\,1} \xrightarrow{1} \boxed{2} \otimes \boxed{1\,1} \xrightarrow{1} \boxed{2} \otimes \boxed{1\,2} \xrightarrow{1} \boxed{2} \otimes \boxed{2\,2}$$

$$\boxed{1} \otimes \boxed{1\,2} \xrightarrow{1} \boxed{1} \otimes \boxed{2\,2} \tag{2.6}$$

$$B(2\bar{\Lambda}_1) \otimes B(\bar{\Lambda}_1): \quad \boxed{1\,1} \otimes \boxed{1} \xrightarrow{1} \boxed{1\,2} \otimes \boxed{1} \xrightarrow{1} \boxed{2\,2} \otimes \boxed{1} \xrightarrow{1} \boxed{2\,2} \otimes \boxed{2}$$

$$\boxed{1\,1} \otimes \boxed{2} \xrightarrow{1} \boxed{1\,2} \otimes \boxed{2} \tag{2.7}$$

一般に crystal B と B' に対し，全単射 $\psi: B \sqcup \{0\} \to B' \sqcup \{0\}$ で $\psi(0) = 0$ かつ全ての柏原作用素 $\tilde{e}_i, \tilde{f}_i$ と可換なものがあるとき，B と B' は**同型**であるといい，$B \simeq B'$ と書く．このとき B と B' の crystal グラフは頂点を ψ で名付け替えれば同じである．例えば上の (2.6) と (2.7) から $B(\bar{\Lambda}_1) \otimes B(2\bar{\Lambda}_1) \simeq B(2\bar{\Lambda}_1) \otimes B(\bar{\Lambda}_1)$

である．三つ以上の crystal のテンソル積は，規則 (2.3) と (2.4) を繰り返し適用する事により定義される．その際結合律 $(B \otimes B') \otimes B'' \simeq B \otimes (B' \otimes B'')$ が成り立つ．従って一般の多重テンソル積も括弧の付け方にはよらず全て同型な crystal になり，括弧を落として単に $B \otimes B' \otimes B''$ と書く．

符号規則： テンソル積 crystal の元 $b_1 \otimes b_2 \otimes \cdots \otimes b_L$ に対し，柏原作用素 $\tilde{e}_i, \tilde{f}_i$ を作用させると 0 になるか，さもなくば $\tilde{f}_i(b_1 \otimes b_2 \otimes \cdots \otimes b_L) = b_1 \otimes \cdots \otimes \tilde{f}_i b_k \otimes \cdots \otimes b_L$ という様にどこか 1 つの成分にあたる．その場所を定めるには (2.4) を繰り返し適用すればよいが，これは以下の「符号規則」として実践するのが便利である．crystal の元 b に対し，$\varepsilon_i(b)$ 個の $-$ 記号と $\varphi_i(b)$ 個の $+$ 記号を

$$\underbrace{- \cdots -}_{\varepsilon_i(b)} \underbrace{+ \cdots +}_{\varphi_i(b)} \tag{2.8}$$

の様に並べたものを **i-符号**という．たとえば先の $U_q(sl_3)$ の crystal $B(2\bar{\Lambda}_1)$ において，元 $\boxed{1\,3}$ の 1-符号は $+$ であり，2-符号は $-$ である．テンソル積の元 $b_1 \otimes \cdots \otimes b_L$ の i-符号は $b_1, \ldots, b_L$ の i-符号をこの順にならべたものとする．$U_q(sl_3)$ の crystal のテンソル積 $B(2\bar{\Lambda}_1) \otimes B(2\bar{\Lambda}_1) \otimes B(\bar{\Lambda}_1) \otimes B(2\bar{\Lambda}_1) \otimes B(\bar{\Lambda}_1) \otimes B(\bar{\Lambda}_1)$ の元とその符号の例をあげる．

$$\boxed{1\,2} \otimes \boxed{1\,3} \otimes \boxed{2} \otimes \boxed{2\,2} \otimes \boxed{1} \otimes \boxed{3} \tag{2.9}$$

	$\boxed{1\,2}$	$\boxed{1\,3}$	$\boxed{2}$	$\boxed{2\,2}$	$\boxed{1}$	$\boxed{3}$
1-符号	$-+$	$+$		$--$	$+$	
2-符号	$+$	$-$	$+$	$++$		$-$

一般に i-符号の並びから $+-$ の対（$-+$ ではない）を次々に消去していくと

$$\underbrace{- \cdots -}_{\alpha} \underbrace{+ \cdots +}_{\beta}$$

となる．α, β は非負整数．これを**簡約 i-符号**という．簡約 i-符号は $+-$ の消去の順序によらず一意的に定まる．上の例の簡約符号は

	$\boxed{1\,2}$	$\boxed{1\,3}$	$\boxed{2}$	$\boxed{2\,2}$	$\boxed{1}$	$\boxed{3}$
簡約 1-符号	$-$					
簡約 2-符号			$+$	$-$	$+$	

となる．一般に簡約 i-符号が $\underbrace{- \cdots -}_{\alpha} \underbrace{+ \cdots +}_{\beta}$ のとき，$\varepsilon_i = \alpha, \varphi_i = \beta$ であり，$\tilde{f}_i$ は最も左の $+$ を $-$ に変える．即ち最も左の $+$ に対応する成分に作用する．同様に $\tilde{e}_i$ の作用は最も右の $-$ を $+$ に変える．即ち最も右の $-$ に対応

する成分に作用する．簡約 i-符号に $+$ がなければ $\tilde{f}_i$ の作用で，$-$ がなければ $\tilde{e}_i$ の作用で 0 となる．特に簡約 i-符号が空 ($\alpha = \beta = 0$) の場合は $\tilde{e}_i$ でも $\tilde{f}_i$ の作用でも 0 となる．(2.9) の元を p と書き，以下に作用を具体的に書く．$\varepsilon_1(p) = 2, \varphi_1(p) = 1, \varepsilon_2(p) = 0, \varphi_2(p) = 2$ であり，

$$\tilde{e}_1 p = \boxed{1\,2} \otimes \boxed{1\,3} \otimes \boxed{2} \otimes \tilde{e}_1\boxed{2\,2} \otimes \boxed{1} \otimes \boxed{3}$$
$$= \boxed{1\,2} \otimes \boxed{1\,3} \otimes \boxed{2} \otimes \boxed{1\,2} \otimes \boxed{1} \otimes \boxed{3},$$
$$\tilde{f}_1 p = \boxed{1\,2} \otimes \boxed{1\,3} \otimes \boxed{2} \otimes \boxed{2\,2} \otimes \tilde{f}_1\boxed{1} \otimes \boxed{3}$$
$$= \boxed{1\,2} \otimes \boxed{1\,3} \otimes \boxed{2} \otimes \boxed{2\,2} \otimes \boxed{2} \otimes \boxed{3},$$

$$\tilde{e}_2 p = 0,$$
$$\tilde{f}_2 p = \boxed{1\,2} \otimes \boxed{1\,3} \otimes \tilde{f}_2\boxed{2} \otimes \boxed{2\,2} \otimes \boxed{1} \otimes \boxed{3}$$
$$= \boxed{1\,2} \otimes \boxed{1\,3} \otimes \boxed{3} \otimes \boxed{2\,2} \otimes \boxed{1} \otimes \boxed{3}. \tag{2.10}$$

符号規則を用いると，crystal のテンソル積 $b \otimes b' \in B \otimes B'$ に関して以下の式を導くのは容易である．

$$\varphi_i(b \otimes b') = \varphi_i(b') + (\varphi_i(b) - \varepsilon_i(b'))_+, \tag{2.11}$$
$$\varepsilon_i(b \otimes b') = \varepsilon_i(b) + (\varepsilon_i(b') - \varphi_i(b))_+, \tag{2.12}$$
$$\tilde{f}_i^m(b \otimes b') = \tilde{f}_i^{\min(m,s)}b \otimes \tilde{f}_i^{(m-s)_+}b', \; s = (\varphi_i(b) - \varepsilon_i(b'))_+, \tag{2.13}$$
$$\tilde{e}_i^m(b \otimes b') = \tilde{e}_i^{(m-t)_+}b \otimes \tilde{e}_i^{\min(m,t)}b', \; t = (\varepsilon_i(b') - \varphi_i(b))_+. \tag{2.14}$$

ただし $(x)_+ = \max(x, 0)$ という記号を用いた．

最後に **Weyl 群作用** [46] を導入しておく．Weyl 群自体については (2.77)，(3.37)，(3.43) 辺りの説明や [65] を参照されたい．crystal B の柏原作用素 $\tilde{f}_i, \tilde{e}_i$ を用いて**単純鏡映** $S_i : B \to B$ を

$$S_i b = \begin{cases} \tilde{f}_i^{\varphi_i(b) - \varepsilon_i(b)} b & \varphi_i(b) \geq \varepsilon_i(b) \text{ の場合,} \\ \tilde{e}_i^{\varepsilon_i(b) - \varphi_i(b)} b & \varphi_i(b) \leq \varepsilon_i(b) \text{ の場合} \end{cases} \tag{2.15}$$

と定義する．b の簡約 i-符号を (2.8) とすると $S_i b$ のそれは

$$\underbrace{-\cdots-}_{\varphi_i(b)}\underbrace{+\cdots+}_{\varepsilon_i(b)}$$

となる．crystal グラフを i-列 の集まりとみたとき S_i は各 i-列の中点に関して対称な位置にある元同士を交換する作用素であり，$S_i^2 = \mathrm{id}$ は明らか．S_i は Coxeter 関係式 (2.77) を満たし [46]，$\{S_i \mid i \in I\}$ は B への Weyl 群 $W(sl_{n+1})$ の作用を与える．r_i を $\bar{P}$ に働く単純鏡映とすると，$\mathrm{wt}(S_i b) = r_i(\mathrm{wt} b)$ が成り立つ．これを見るには crystal の公理 1)，2)，4) により (2.15) から $\mathrm{wt}(S_i b) = \mathrm{wt} b - \langle h_i, \mathrm{wt} b\rangle \alpha_i$ が従う事に注意して (3.37) と比べればよい．

形式的に $\tilde{e}_i^{-m} = \tilde{f}_i^m\,(m>0)$ として $\tilde{e}_i$ の負ベキを用いると，一般に

$$S_i(b \otimes c) = \tilde{e}_i^{(\varepsilon_i(b)-\varphi_i(c))_+ - (\varphi_i(b)-\varepsilon_i(c))_+} b \otimes \tilde{e}_i^{(\varepsilon_i(c)-\varphi_i(b))_+ - (\varphi_i(c)-\varepsilon_i(b))_+} c \tag{2.16}$$

と書く事ができる．特にテンソル積の成分の入れ換え $P(b \otimes c) = c \otimes b$ とは可換である事

$$S_i P = P S_i \tag{2.17}$$

がわかる．(2.9) の元 p については $S_1 p = \tilde{e}_1 p$，

$$S_2 p = \tilde{f}_2^2 p = \boxed{1\,2} \otimes \boxed{1\,3} \otimes \boxed{3} \otimes \boxed{2\,3} \otimes \boxed{1} \otimes \boxed{3}$$

となる．

2.2　ヤング図，半標準盤と $U_q(sl_{n+1})$ crystal

$U_q(sl_{n+1})$ のヤング図でラベルされる有限次元既約表現の crystal を記述しよう [47]．前節で挙げたのは $n=1,2$ の場合の簡単な例である．

ヤング図とは，有限個の升目の集まりで，左側と上が平らになる様に隙間なく並べられていて，行の長さが下に非増加のものである．例えば

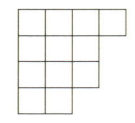

行の長さを用いてこれを $\lambda = (4,3,3,2)$ と表す．$|\lambda|$ は λ に含まれる升目の総数を表す．上の例では $|\lambda| = 4+3+3+2 = 12$ である．一般に自然数 N を自然数の和に分ける事を N の**分割**という．分割に使われる自然数は重複があってもよいが，並び順は区別しない．N の分割は $|\lambda| = N$ を満たすヤング図と 1 対 1 対応するので以下両者を同一視する．λ が N の分割である事を $\lambda \vdash N$ とも書く．λ が l 行からなるとき $\ell(\lambda) = l$ と書き，λ の**長さ**，または**深さ**という．λ の行と列を入れ換えて得られるヤング図を λ' と書き，λ の**転置**という．上の例では $\lambda' = (4,4,3,1)$ である．一般に $\lambda' = (\lambda'_1, \ldots, \lambda'_{l'})$ とすると $\ell(\lambda) = \lambda'_1$ である．

ヤング図が与えられたとき，その上の**半標準盤** (semistandard tableau，準標準盤ともいう) とは，各升目に自然数を，右に向かって非減少，下に向かって真に増加する様に割り当てたものである．たとえば

$$\begin{array}{|c|c|c|c|}\hline 1&1&2&4\\\hline 2&3&3\\\cline{1-3} 4&4&5\\\cline{1-3} 5&6\\\cline{1-2}\end{array}$$

半標準盤から数字を抜いて得られるヤング図をその半標準盤の **shape** という．ヤング図 λ に数字 $\{1, \ldots, n+1\}$ を入れて得られる半標準盤全体の集合を $\mathrm{SST}_{n+1}(\lambda)$ と書く．例えば

$$\mathrm{SST}_3((2,2)) = \left\{ \begin{array}{|c|c|}\hline 1&1\\\hline 2&2\\\hline\end{array}, \begin{array}{|c|c|}\hline 1&1\\\hline 2&3\\\hline\end{array}, \begin{array}{|c|c|}\hline 1&1\\\hline 3&3\\\hline\end{array}, \begin{array}{|c|c|}\hline 1&2\\\hline 2&3\\\hline\end{array}, \begin{array}{|c|c|}\hline 1&2\\\hline 3&3\\\hline\end{array}, \begin{array}{|c|c|}\hline 2&2\\\hline 3&3\\\hline\end{array} \right\}. \quad (2.18)$$

λ の深さが $n+2$ 以上であると $\mathrm{SST}_{n+1}(\lambda) = \emptyset$ となる．また，λ に深さ $n+1$ の列があると，半標準盤のその部分は常に $1, 2, \ldots, n+1$ を上から順に埋めたものになる．同じ数字が重複して登場しない半標準盤を**標準盤** (standard tableau) といい，数字 $1, 2, \ldots, |\lambda|$ からなる shape λ の標準盤の集合を $\mathrm{ST}(\lambda)$ と書く．

半標準盤 T に登場する数字 i の個数を m_i とし，T のウェイト $\mathrm{wt}(T)$ を

$$\mathrm{wt}(T) = (m_1, m_2, \ldots, m_{n+1}) \quad (2.19)$$

と定め，これをウェイト格子 $\bar{P}$ (A.16) の元

$$(m_1 - m_2)\bar{\Lambda}_1 + \cdots + (m_n - m_{n+1})\bar{\Lambda}_n \in \bar{P} \quad (2.20)$$

と同一視する．$\bar{P}$ の元を (2.20) の様に見立てようとすると差 $m_i - m_j$ しか定まらないが，T の shape λ が与えられた状況では条件 $m_1 + \cdots + m_{n+1} = |\lambda|$ と併せて (2.19) が回復できる．T に含まれる数字 i を何処か一つ $i+1$ にとり換えた T' も半標準盤とすると $(1 \leq i \leq n)$，ウェイトの変化は

$$\mathrm{wt}(T') - \mathrm{wt}(T) = \bar{\Lambda}_{i-1} - 2\bar{\Lambda}_i + \bar{\Lambda}_{i+1} = -\alpha_i \qquad (2.21)$$

となる．但し $\bar{\Lambda}_0 = \bar{\Lambda}_{n+1} = 0$ とおいた．従って，$\bar{P}$ に半順序 (高低)

$$\lambda \geq \mu \overset{\text{def}}{\longleftrightarrow} \lambda - \mu \in Q_+ := \sum_{i=1}^{n} \mathbb{Z}_{\geq 0} \alpha_i \qquad (2.22)$$

を導入すると，ウェイト最高の半標準盤は唯一，

1	1	1	1
2	2	2	
3	3	3	
4	4		

の様に，第 i 行が全て数字 i のものである．そのウェイトは半標準盤の shape $\lambda = (\lambda_1, \ldots, \lambda_{n+1})$ を用いて ($\bar{P}^+$ は支配的整ウェイトの集合 (A.16))

$$(\lambda_1 - \lambda_2)\bar{\Lambda}_1 + \cdots + (\lambda_n - \lambda_{n+1})\bar{\Lambda}_n \in \bar{P}^+ \qquad (2.23)$$

となる．これは λ の転置 $\lambda' = (\lambda'_1, \ldots, \lambda'_k)$ を用いると $\bar{\Lambda}_{\lambda'_1} + \cdots + \bar{\Lambda}_{\lambda'_k}$ と表される $(k = \lambda_1, \bar{\Lambda}_{n+1} = 0)$．(2.23) により，深さ n 以下のヤング図と 1:1 対応する支配的整ウェイトを同一視する．

量子群 $U_q(sl_{n+1})$ は生成元 $e_i, f_i, q^{\pm h_i}$ $(i \in \bar{I})$ と交換関係により定義される (付録 A.4)．$U_q(sl_{n+1})$ 加群 V の元 v が**最高ウェイト** $\kappa = (\kappa_1, \ldots, \kappa_n) \in \mathbb{C}^n$ を持つ**最高ウェイトベクトル**であるとは，$v \neq 0$ であって

(i) $V = U_q(sl_{n+1})v$, (ii) $e_i v_\lambda = 0$, $q^{h_i} v = q^{\kappa_i - \kappa_{i+1}} v$ $(\forall i \in \bar{I})$ (2.24)

が成り立つ事をいう $(\kappa_{n+1} = 0)$．最高ウェイトベクトルを持つ V を**最高ウェイト加群 (表現)** という．最高ウェイト $\kappa = (\kappa_1, \ldots, \kappa_n)$ を持つ既約最高ウェイト表現 $V(\kappa)$ は同型を除いて一意であり，それが有限次元になる必要十分条件は $\forall \kappa_i \in \mathbb{Z}$ かつ $\kappa_1 \geq \cdots \geq \kappa_n \geq 0$ である．こうして深さ n 以下のヤング図 $\lambda = (\lambda_1, \ldots, \lambda_n)$ に付随して (2.23) で $\lambda_{n+1} = 0$ とおいた支配的整 ウェイト

を持つ $U_q(sl_{n+1})$ の有限次元既約表現 $V(\lambda)$ が定まる．逆に $U_q(sl_{n+1})$ の任意の有限次元既約表現は $V(\lambda)$ に高々 $U_q(sl_{n+1})$ の自己同型による「ひねり」を合成したものに同値である事が知られている [38]．$V(\lambda)$ は，shape λ の半標準盤 T でラベルされるウェイト基底 v_T, $q^{h_i} v_T = q^{\langle h_i, \mathrm{wt}(T) \rangle} v_T$ を満たすもの，を持つ．最も簡単な $\lambda = \square = \bar{\Lambda}_1$ の場合は**ベクトル表現**，$\lambda = (l) = l\bar{\Lambda}_1$ の場合は l **階対称テンソル表現**，$\lambda = (1^k) = \bar{\Lambda}_k$ の場合は k **階反対称テンソル表現**（の q 類似）と呼ばれる．

$V(\lambda)$ の結晶基底に付随する crystal $B(\lambda)$ を記述しよう．後の便宜上，λ は深さ $n+1$ まで許す．$\lambda = (\lambda_1, \ldots, \lambda_n, \lambda_{n+1})$ に対して深さ $n+1$ 部分を削って得られるヤング図を $\tilde{\lambda} = (\lambda_1 - \lambda_{n+1}, \ldots, \lambda_n - \lambda_{n+1})$ と書くと，$B(\lambda)$ と $B(\tilde{\lambda})$ は $U_q(sl_{n+1})$ crystal として同型である事が分かる (本節の最後参照)．

まず集合として $B(\lambda) = \mathrm{SST}_{n+1}(\lambda)$ である．元 $T \in B(\lambda)$ のウェイトは (2.19) あるいは (2.20) で与えられる．柏原作用素 $\tilde{e}_i, \tilde{f}_i$ ($i \in \bar{I}$) は，まず $B(\square) = B(\bar{\Lambda}_1)$ の場合に以下の crystal グラフにより定める．

$$\boxed{1} \xrightarrow{1} \boxed{2} \xrightarrow{2} \cdots \xrightarrow{n} \boxed{n+1} \tag{2.25}$$

この $B(\bar{\Lambda}_1)$ を $\mathbf{B}$ と略記する．

$$\jmath : B(\lambda) \to \mathbf{B}^{\otimes |\lambda|} \tag{2.26}$$

を T の**日本語読み**と定義する．例えば

$$\begin{array}{l}\boxed{1}\boxed{1}\boxed{2}\boxed{4}\\ \boxed{2}\boxed{3}\boxed{3}\\ \boxed{4}\boxed{4}\boxed{5}\\ \boxed{5}\boxed{6}\end{array} \longmapsto \boxed{4} \otimes \boxed{2} \otimes \boxed{3} \otimes \boxed{5} \otimes \boxed{1} \otimes \boxed{3} \otimes \boxed{4} \otimes \boxed{6} \otimes \boxed{1} \otimes \boxed{2} \otimes \boxed{4} \otimes \boxed{5}.$$

このとき $\jmath(B(\lambda)) \cup \{0\}$ は柏原作用素 $\tilde{e}_i, \tilde{f}_i$ ($i \in \bar{I}$) で安定である (外に飛び出さない)．$B(\lambda)$ の $U_q(sl_{n+1})$ crystal としての構造は，日本語読み $\jmath$ を介して $\mathbf{B}^{\otimes |\lambda|}$ の crystal 構造から定まるものと一致する．例えば上の元に $\tilde{e}_3, \tilde{f}_3$ を作用させよう．前節に従って 3-符号は

$$\underset{-}{\boxed{4}} \otimes \underset{+}{\boxed{2}} \otimes \boxed{3} \otimes \boxed{5} \otimes \boxed{1} \otimes \underset{+}{\boxed{3}} \otimes \underset{-}{\boxed{4}} \otimes \boxed{6} \otimes \boxed{1} \otimes \boxed{2} \otimes \underset{-}{\boxed{4}} \otimes \boxed{5}.$$

であり，簡約 3-符号は左端の $-$ だけである．従って

$$\tilde{e}_3 \begin{array}{|c|c|c|c|} \hline 1 & 1 & 2 & 4 \\ \hline 2 & 3 & 3 & \\ \hline 4 & 4 & 5 & \\ \hline 5 & 6 & & \\ \hline \end{array} = \begin{array}{|c|c|c|} \hline 1 & 1 & 2 & 3 \\ \hline 2 & 3 & 3 & \\ \hline 4 & 4 & 5 & \\ \hline 5 & 6 & & \\ \hline \end{array}, \quad \tilde{f}_3 \begin{array}{|c|c|c|c|} \hline 1 & 1 & 2 & 4 \\ \hline 2 & 3 & 3 & \\ \hline 4 & 4 & 5 & \\ \hline 5 & 6 & & \\ \hline \end{array} = 0.$$

一般に crystal B, B' の間の写像 $\psi : B \cup \{0\} \to B' \cup \{0\}$ で全ての柏原作用素と可換な単射 ψ を B の B' への**埋め込み**という.$B(\lambda)$ から $\mathbf{B}^{\otimes|\lambda|}$ への埋め込みは,(2.26) の日本語読み $\jmath$ が唯一ではない.半標準盤内の北東にあるものほど先に読む,即ち $\mathbf{B}^{\otimes|\lambda|}$ の中では左寄りに登場する読み方は全て $B(\lambda)$ の $\mathbf{B}^{\otimes|\lambda|}$ への埋め込みを与える.この様な読み方を **admissible** という.$\jmath$ と異なる admissible な読み方の典型例は,アラビア語読みであり,各行内を右から左に,上の行から下の行へと読んでいく (ヘブライ語も同じ).例えば $U_q(sl_3)$ の $\mathbf{B}^{\otimes 4}$ crystal グラフは沢山の連結成分に分離するが,その中に以下の二つが含まれている.

$$\boxed{1} \otimes \boxed{2} \otimes \boxed{1} \otimes \boxed{2} \xrightarrow{2} \boxed{1} \otimes \boxed{3} \otimes \boxed{1} \otimes \boxed{2} \xrightarrow{2} \boxed{1} \otimes \boxed{3} \otimes \boxed{1} \otimes \boxed{3}$$
$$\downarrow 1 \qquad\qquad\qquad \downarrow 1$$
$$\boxed{2} \otimes \boxed{3} \otimes \boxed{1} \otimes \boxed{2} \xrightarrow{2} \boxed{2} \otimes \boxed{3} \otimes \boxed{1} \otimes \boxed{3}$$
$$\downarrow 1$$
$$\boxed{2} \otimes \boxed{3} \otimes \boxed{2} \otimes \boxed{3}$$

$$\boxed{1} \otimes \boxed{1} \otimes \boxed{2} \otimes \boxed{2} \xrightarrow{2} \boxed{1} \otimes \boxed{1} \otimes \boxed{3} \otimes \boxed{2} \xrightarrow{2} \boxed{1} \otimes \boxed{1} \otimes \boxed{3} \otimes \boxed{3}$$
$$\downarrow 1 \qquad\qquad\qquad \downarrow 1$$
$$\boxed{2} \otimes \boxed{1} \otimes \boxed{3} \otimes \boxed{2} \xrightarrow{2} \boxed{2} \otimes \boxed{1} \otimes \boxed{3} \otimes \boxed{3}$$
$$\downarrow 1$$
$$\boxed{2} \otimes \boxed{2} \otimes \boxed{3} \otimes \boxed{3}$$

これらは共に $U_q(sl_3)$ の crystal $B(\begin{array}{|c|c|}\hline & \\ \hline\end{array}) = B(2\bar{\Lambda}_2)$

2.2 ヤング図、半標準盤と $U_q(sl_{n+1})$ crystal

$$\begin{array}{ccccc}
\boxed{\begin{array}{cc}1&1\\2&2\end{array}} & \xrightarrow{2} & \boxed{\begin{array}{cc}1&1\\2&3\end{array}} & \xrightarrow{2} & \boxed{\begin{array}{cc}1&1\\3&3\end{array}} \\
& & \downarrow 1 & & \downarrow 1 \\
& & \boxed{\begin{array}{cc}1&2\\2&3\end{array}} & \xrightarrow{2} & \boxed{\begin{array}{cc}1&2\\3&3\end{array}} \\
& & & & \downarrow 1 \\
& & & & \boxed{\begin{array}{cc}2&2\\3&3\end{array}}
\end{array}$$

の日本語読みとアラビア語読みによる像であり，$U_q(sl_3)$ crystal として同型である．

ヤング図が一行だけの場合 $B(l\bar{\Lambda}_1)$ と一列だけの場合 $B(\bar{\Lambda}_k)$ の crystal グラフは特に単純である $(l \geq 1, 1 \leq k \leq n)$．半標準盤は数字 $1, \ldots, n+1$ の登場回数 $x_1, \ldots, x_{n+1}$ だけで指定できるので，集合としては

$$B(l\bar{\Lambda}_1) = \{b = (x_1, \ldots, x_{n+1}) \in \mathbb{Z}_{\geq 0}^{n+1} \mid x_1 + \cdots + x_{n+1} = l\}, \quad (2.27)$$
$$B(\bar{\Lambda}_k) = \{b = (x_1, \ldots, x_{n+1}) \in \{0,1\}^{n+1} \mid x_1 + \cdots + x_{n+1} = k\} \quad (2.28)$$

という記述ができる．どちらの crystal でも柏原作用素と ε_i, φ_i は

$$\begin{aligned}
\tilde{e}_i &: (x_i, x_{i+1}) \mapsto (x_i + 1, x_{i+1} - 1), \quad \varepsilon_i(b) = x_{i+1}, \\
\tilde{f}_i &: (x_i, x_{i+1}) \mapsto (x_i - 1, x_{i+1} + 1), \quad \varphi_i(b) = x_i
\end{aligned} \quad (2.29)$$

で指定される．ただし，x_i, x_{i+1} 以外は変化させない．また，この規則の適用結果が例えば $x_i < 0$ となって，上記の集合に属さなくなる場合は，作用の結果は 0 と解釈する．

ヤング図 $\lambda = (\lambda_1, \ldots, \lambda_l)$ の転置を $\lambda' = (k_1, \ldots, k_m)$ とする．$B(\lambda)$ を $\mathbf{B}^{\otimes |\lambda|}$ に埋め込む際，日本語読み (2.26) を 1 列読み終えるごとに区切れば埋め込み $B(\lambda) \hookrightarrow B(\bar{\Lambda}_{k_m}) \otimes \cdots \otimes B(\bar{\Lambda}_{k_1})$ が得られる．同様に，アラビア語読みを 1 行読み終えるごとに区切れば埋め込み $B(\lambda) \hookrightarrow B(\lambda_1 \bar{\Lambda}_1) \otimes \cdots \otimes B(\lambda_l \bar{\Lambda}_1)$ が得られる．これらの埋め込みにより，例えば (2.26) の下の元は

と写像され，$\tilde{e}_i, \tilde{f}_i$ の作用はどちらを用いて決定しても一致する．

$\lambda = (\lambda_1, \ldots, \lambda_n, \lambda_{n+1})$ に対して深さ $n+1$ 部分を削って得られるヤング図を $\tilde{\lambda} = (\lambda_1 - \lambda_{n+1}, \ldots, \lambda_n - \lambda_{n+1})$ とするとき $U_q(sl_{n+1})$ crystal として $B(\lambda) \simeq B(\tilde{\lambda})$ が成り立つ．実際，$\mathrm{SST}_{n+1}(\lambda)$ の元には $1, 2, \ldots, n+1$ を含む列が λ_{n+1} 本あるのでこれらを削除する事により同型 $\psi : B(\lambda) \xrightarrow{\sim} B(\tilde{\lambda})$ が得られる．削除される長方形部分のウェイト (2.20) は 0 で，その日本語読み $\left(\boxed{1} \otimes \cdots \otimes \boxed{n+1}\right)^{\otimes \lambda_{n+1}}$ の簡約符号は全て空なので $\tilde{e}_i, \tilde{f}_i$ は作用しない．

2.3 Robinson-Schensted-Knuth 対応

m を自然数とし，集合 $\{1, \ldots, m\}$ を $[m]$ と記す．半標準盤 T と自然数 r から $T \leftarrow r$ と書かれる新しい半標準盤を以下の様に帰納的に定義する．

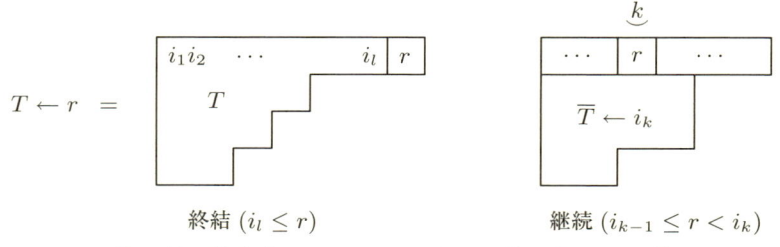

ここで T の第 1 行の数字を $i_1 \leq \cdots \leq i_l$ とし，第 2 行以下を $\overline{T}$ とした．終結は $T = \emptyset$ の場合を含む．継続の場合 r は $i_1, \ldots, i_l$ の中で，自分より大きい数字の中で最左にあるもの i_k をたたき出す (**row bumping**)．終結するまで row bumping を以下の行に繰り返す．この操作を (Schensted) **row insertion** という．例えば

同様に $r \to T$ と書かれる新しい半標準盤を以下の様に帰納的に定義する.

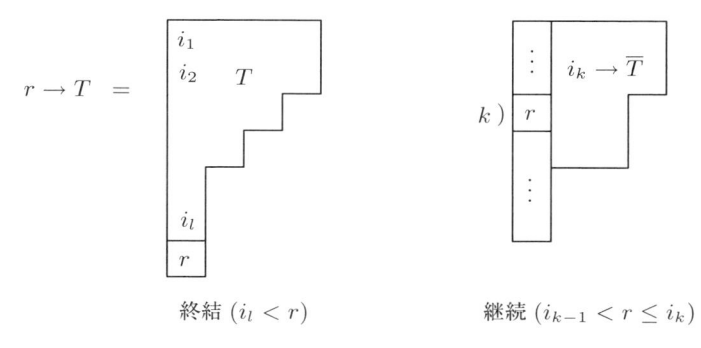

$r \to T =$
[図: 終結 ($i_l < r$) の場合と，継続 ($i_{k-1} < r \le i_k$) の場合]

終結 ($i_l < r$)   継続 ($i_{k-1} < r \le i_k$)

ここで，T の第 1 列の数字を $i_1 < \cdots < i_l$ とし，第 2 列以降を $\overline{T}$ とした. 終結の場合は $T = \emptyset$ を含む. 継続の場合，r は $i_1, \ldots, i_l$ の中で，自分以上の数字の中で最小のもの i_k をたたき出す (**column bumping**). 終結するまで column bumping を第 2 列以降に繰り返す. この操作を (Schensted) **column insertion** という. 例えば

$2 \to$ [盤: 1 1 2 3 4 / 2 2 3 5 / 4 4] $=$ [盤: 1 1 2 2 3 4 / 2 2 3 5 / 4 4]

row insertion と column insertion は

$$r \to (T \leftarrow s) = (r \to T) \leftarrow s \tag{2.30}$$

の意味で可換である事が示せる. 自然数の (重複も許した) 有限列を **word** という. word $w = w_1 w_2 \ldots w_m$ に対して

$$\begin{aligned} P(w) &= (\cdots ((\emptyset \leftarrow w_1) \leftarrow w_2) \leftarrow \cdots) \leftarrow w_m \\ &= w_1 \to (\cdots \to (w_{m-1} \to (w_m \to \emptyset)) \cdots) \end{aligned} \tag{2.31}$$

を w の **P-symbol** と呼ぶ. 第 2 の等号は (2.30) による. 例えば $w = 213432$ とすると row および column insertion から $P(w)$ ができる様子は以下のとおり[*1].

[*1] ここでの $\to$ は column insertion の意味ではなく，成長過程を順序づけるだけのもの.

$$\emptyset \to \boxed{2} \to \boxed{\begin{array}{c}1\ 3\\2\end{array}} \to \boxed{\begin{array}{c}1\ 3\\2\end{array}} \to \boxed{\begin{array}{c}1\ 3\ 4\\2\end{array}} \to \boxed{\begin{array}{c}1\ 3\ 3\\2\ 4\end{array}} \to \boxed{\begin{array}{c}1\ 2\ 3\\2\ 3\\4\end{array}}$$

$$\emptyset \to \boxed{2} \to \boxed{\begin{array}{c}2\\3\end{array}} \to \boxed{\begin{array}{c}2\\3\\4\end{array}} \to \boxed{\begin{array}{c}2\ 3\\3\\4\end{array}} \to \boxed{\begin{array}{c}1\ 2\ 3\\3\\4\end{array}} \to \boxed{\begin{array}{c}1\ 2\ 3\\2\ 3\\4\end{array}} \quad (2.32)$$

word $w = w_1 w_2 \ldots w_m$ のウェイトを $\mathrm{wt}(w) = (1\text{の登場回数}, 2\text{の登場回数}, \ldots)$ とすると明らかに $\mathrm{wt}(w) = \mathrm{wt}(P(w))$ であり，$w \mapsto P(w)$ はウェイトを保つ．(2.19) を見よ．次の補題は命題 7.13 の証明に用いられる．

補題 2.1 ([22] p33 Lem. 3) word w, w' は数字 $i_1 < \cdots < i_L$ から成り，$P(w) = P(w')$ を満たすとする．$\tilde{w}, \tilde{w}'$ は w, w' から $i_1, \ldots, i_p$ と $i_{L-q+1}, \ldots, i_L$ を取り除いた word とすると $P(\tilde{w}) = P(\tilde{w}')$ が成り立つ．

数字 r と半標準盤 T から row insertion で新たな半標準盤 $T' = (T \leftarrow r)$ が作られるが，逆に T' とそれに最後に追加された升目の情報から T と r を復元できる．実際，最後に追加された升目は第 k 行目の右端とし，その数字を r_k とすれば，それは第 $k-1$ 行目で r_k より真に小さい数字のうち最大のものに bump された事になる．従って k 行目の r_k から出発して第 $i-1$ 行で r_i より小さい数字で最大のものを r_{i-1} とし，それがある升目（複数ある場合は最も右のもの）を s_{i-1} とすると，T は T' で $s_1, s_2, \ldots, s_{k-1}$ の升目の数字を $r_2, r_3, \ldots, r_k$ に置き換え，もともと r_k の入っていた升目を除去すれば得られる．また $r = r_1$ である．これを**逆 row insertion** という．**逆 column insertion** も同様で，T' のうち最後に追加された升目の数字から出発してその左の列にある自分以下の数字で最大のものを追い出しながら順次左に進み，最後に第 1 列から追い出された数字 r とそのときの半標準盤を T とすれば $T' = (r \to T)$ となる．

半標準盤 T の日本語読みを $\jmath(T) = \boxed{i_1} \otimes \cdots \otimes \boxed{i_N} \in \mathbf{B}^{\otimes N}$ とするとき $w_{\mathrm{col}}(T) = i_N \ldots i_2 i_1$ を T の **column word** という．同様にアラビア語読みした数列を逆順に並べたものを **row word** といい $w_{\mathrm{row}}(T)$ と書く．例えば

$$T = \boxed{\begin{array}{c}1\ 2\ 5\\3\ 3\ 6\\4\end{array}} \qquad \begin{array}{l} w_{\mathrm{col}}(T) = 4\,3\,1\,3\,2\,6\,5 \\ w_{\mathrm{row}}(T) = 4\,3\,3\,6\,1\,2\,5 \end{array} \qquad (2.33)$$

半標準盤はその column word や row word をはじめ，一般の admissible な読みを逆順にして得られる word の P-symbol として復元される．

$$T = P(w_{\mathrm{col}}(T)) = P(w_{\mathrm{row}}(T)). \tag{2.34}$$

2 行からなる自然数の並び

$$\begin{pmatrix} u_1 u_2 \ldots u_N \\ v_1 v_2 \ldots v_N \end{pmatrix} \tag{2.35}$$

を **bi-word** という．bi-word が**辞書式順序**であるとは $u_1 \leq \cdots \leq u_N$ であり，$u_k = u_{k+1}$ となる k については $v_k \leq v_{k+1}$ が成り立つ事をいう．例えば

$$\begin{pmatrix} 123456 \\ 423123 \end{pmatrix}, \quad \begin{pmatrix} 11122334 \\ 11323132 \end{pmatrix}. \tag{2.36}$$

word は $v_1 v_2 \ldots v_N$ は $\begin{pmatrix} 1\ 2\ \cdots\ N \\ v_1 v_2 \ldots v_N \end{pmatrix}$ という特別な bi-word と同一視できる．また，対称群の元は更に $\{v_1, \ldots, v_N\} = \{1, \ldots, N\}$ を満たす状況，つまり数字に重複のない特別な word と同一視できる．

(2.35) を辞書式順序の bi-word ω とするとき，その P-symbol $P(\omega)$ と **Q-symbol** $Q(\omega)$ を以下の様に定義する．まず $P_1 = \boxed{v_1}$, $Q_1 = \boxed{u_1}$ とおく．P_k は P_{k-1} に v_k を row insertion したものとする．即ち $P_k = (P_{k-1} \leftarrow v_k)$．$P_k$ は P_{k-1} に新たに一つ升目が付け加わる．Q_k は，Q_{k-1} にそれと同じ位置に $\boxed{u_k}$ を付け加えたものとする．定義から，P_k と Q_k は同じ shape をもつ．また Q_k は半標準盤になる．このとき $P(\omega) = P_N$, $Q(\omega) = Q_N$ と定める．定義から $P(\omega)$ は第 2 行の word としての P-symbol $P(v_1 v_2 \ldots v_N)$ に他ならない．例えば (2.36) の右の bi-word $\begin{pmatrix} 11122334 \\ 11323132 \end{pmatrix}$ の P, Q-symbol が，(P_1, Q_1) から出発して最終的に (P_8, Q_8) として得られる様子は以下のとおり．

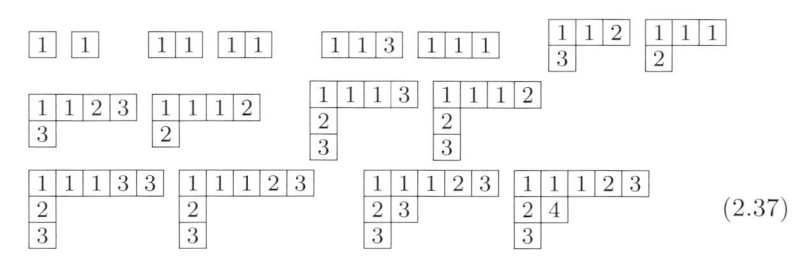

$$\tag{2.37}$$

Q-symbol は P-symbol の shape の成長履歴を記録しているので **recording tableau** とも呼ばれる. また明らかに $\mathrm{wt}(v_1\ldots v_N) = \mathrm{wt}(P(\omega))$, $\mathrm{wt}(u_1\ldots u_N) = \mathrm{wt}(Q(\omega))$ であり, $\omega \mapsto (P(\omega), Q(\omega))$ はウェイトを保つ.

定理 2.2 [Robinson-Schensted-Knuth(RSK) 対応] row insertion による対応

$$\{\text{辞書式順序の bi-word}\} \longrightarrow \bigsqcup_{\substack{\lambda \vdash N \\ \ell(\lambda) \le \min(r,s)}} \mathrm{SST}_r(\lambda) \times \mathrm{SST}_s(\lambda) \qquad (2.38)$$

$$\omega = \begin{pmatrix} u_1 \ldots u_N \\ v_1 \ldots v_N \end{pmatrix} \longmapsto (P(\omega), Q(\omega))$$

は全単射であり, $\mathrm{wt}(v_1\ldots v_N) = \mathrm{wt}(P(\omega))$, $\mathrm{wt}(u_1\ldots u_N) = \mathrm{wt}(Q(\omega))$ を満たす. ここで左辺は $v_1,\ldots, v_N \in [r]$, $1 = u_1 \le \cdots \le u_N = s$ を満たす辞書式順序の bi-word 全体の集合.

任意の word $w = v_1 v_2 \ldots v_N$ について bi-word $\omega = \begin{pmatrix} 1\ 2\ \ldots\ N \\ v_1 v_2 \ldots v_N \end{pmatrix}$ は辞書式順序である. その Q-symbol $Q(w)$ を $Q(w) = Q(\omega)$ により定めると, $Q(w)$ は標準盤になる. このとき定理 2.2 は以下に帰着する.

$$[r]^N \ni w \stackrel{\sim}{\longmapsto} (P(w), Q(w)) \in \bigsqcup_{\substack{\lambda \vdash N \\ \ell(\lambda) \le r}} \mathrm{SST}_r(\lambda) \times \mathrm{ST}(\lambda). \qquad (2.39)$$

ここでウェイトの保存 $\mathrm{wt}(w) = \mathrm{wt}(P(w))$ が成り立つ.

更に word $w = v_1 v_2 \ldots v_N$ が $1, 2, \ldots, N$ の置換であれば w は N 次対称群 $\mathfrak{S}_N$ の元と見なせる. このとき $P(w)$ も標準盤になり, (2.39) は以下に帰着する.

$$\mathfrak{S}_N \ni w \stackrel{\sim}{\longmapsto} (P(w), Q(w)) \in \bigsqcup_{\lambda \vdash N} \mathrm{ST}(\lambda) \times \mathrm{ST}(\lambda). \qquad (2.40)$$

1:1 対応 (2.39), (2.40) は **Robinson-Schensted (RS) 対応**と呼ばれる.

RSK 対応 (2.38) の例として, $\begin{pmatrix} 1\ 2\ 2\ 3 \\ v_1 \ldots v_4 \end{pmatrix}, 1 \le v_i \le 2$ ($r = 2, s = 3$) の形の全ての bi-word について対応する P, Q をリストする.

2.3 Robinson-Schensted-Knuth 対応

$\begin{pmatrix}1223\\1111\end{pmatrix} \mapsto \boxed{1|1|1|1}\ \boxed{1|2|2|3}$ $\begin{pmatrix}1223\\1121\end{pmatrix} \mapsto \boxed{\begin{smallmatrix}1|1|1\\2\end{smallmatrix}}\ \boxed{\begin{smallmatrix}1|2|2\\3\end{smallmatrix}}$

$\begin{pmatrix}1223\\1112\end{pmatrix} \mapsto \boxed{1|1|1|2}\ \boxed{1|2|2|3}$ $\begin{pmatrix}1223\\1221\end{pmatrix} \mapsto \boxed{\begin{smallmatrix}1|1|2\\2\end{smallmatrix}}\ \boxed{\begin{smallmatrix}1|2|2\\3\end{smallmatrix}}$

$\begin{pmatrix}1223\\1122\end{pmatrix} \mapsto \boxed{1|1|2|2}\ \boxed{1|2|2|3}$ $\begin{pmatrix}1223\\2221\end{pmatrix} \mapsto \boxed{\begin{smallmatrix}1|2|2\\2\end{smallmatrix}}\ \boxed{\begin{smallmatrix}1|2|2\\3\end{smallmatrix}}$

$\begin{pmatrix}1223\\1222\end{pmatrix} \mapsto \boxed{1|2|2|2}\ \boxed{1|2|2|3}$ $\begin{pmatrix}1223\\2111\end{pmatrix} \mapsto \boxed{\begin{smallmatrix}1|1|1\\2\end{smallmatrix}}\ \boxed{\begin{smallmatrix}1|2|3\\2\end{smallmatrix}}$

$\begin{pmatrix}1223\\2222\end{pmatrix} \mapsto \boxed{2|2|2|2}\ \boxed{1|2|2|3}$ $\begin{pmatrix}1223\\2112\end{pmatrix} \mapsto \boxed{\begin{smallmatrix}1|1|2\\2\end{smallmatrix}}\ \boxed{\begin{smallmatrix}1|2|3\\2\end{smallmatrix}}$

$\begin{pmatrix}1223\\2121\end{pmatrix} \mapsto \boxed{\begin{smallmatrix}1|1\\2|2\end{smallmatrix}}\ \boxed{\begin{smallmatrix}1|2\\2|3\end{smallmatrix}}$ $\begin{pmatrix}1223\\2122\end{pmatrix} \mapsto \boxed{\begin{smallmatrix}1|2|2\\2\end{smallmatrix}}\ \boxed{\begin{smallmatrix}1|2|3\\2\end{smallmatrix}}$

RSK 対応により $\begin{pmatrix}u_1...u_N\\v_1...v_N\end{pmatrix} \mapsto (P,Q)$ となるとき，上下逆転した $\begin{pmatrix}v_1...v_N\\u_1...u_N\end{pmatrix}$ を辞書式順序にした bi-word には (Q,P) が対応する．上の例の右下の bi-word を上下逆にした $\begin{pmatrix}2122\\1223\end{pmatrix}$ は辞書式順序にすると $\begin{pmatrix}1222\\2123\end{pmatrix}$ であり，その P-symbol は $\boxed{\begin{smallmatrix}1|2|3\\2\end{smallmatrix}}$，$Q$-symbol は $\boxed{\begin{smallmatrix}1|2|2\\2\end{smallmatrix}}$ である．

word を左の数字から row insertion しても右の数字から column insertion しても得られる P-symbol は同じであるが，その成長履歴は一般に同じではない．(2.31) と (2.32) を見よ．column insertion に準拠した RSK 対応は以下の様になる．まず bi-word $\begin{pmatrix}u_1u_2...u_N\\v_1v_2...v_N\end{pmatrix}$ が $u_1 \geq \cdots \geq u_N$ と，$u_i = u_{i+1}$ ならば $v_i \leq v_{i+1}$ を満たすとき，ここでは「**反辞書式**」順序であると呼ぼう．辞書式順序の逆順ではなく，第一行の条件だけが逆順になっている事に注意．それを忘れない様に「　」をつける．

$\omega = \begin{pmatrix}u_1u_2...u_N\\v_1v_2...v_N\end{pmatrix}$ を「反辞書式」順序の bi-word とするとき，その P-symbol $P(\omega)$ と Q-symbol $\tilde{Q}(\omega)$ を以下の様に定義する．まず $P_N = \boxed{v_N}$, $\tilde{Q}_N = \boxed{u_N}$ とおく．P_k は P_{k+1} に v_k を column insertion したものとする．即ち $P_k = (v_k \to P_{k+1})$．P_k は P_{k+1} に新たに一つ升目が付け加わる．$\tilde{Q}_k$ は，$\tilde{Q}_{k+1}$ にそれと同じ位置に $\boxed{u_k}$ を付け加えたものとする．定義から，P_k と $\tilde{Q}_k$ は同じ shape をもつ．また $\tilde{Q}_k$ は半標準盤になる．このとき $P(\omega) = P_1$, $\tilde{Q}(\omega) = \tilde{Q}_1$ と定める．$P(\omega)$ は第 2 行の word としての P-symbol $P(v_1v_2\ldots v_N)$ に他な

らず，row insertion に準拠した (2.38) のものと同じである．(2.31) を見よ．

定理 2.3 [RSK 対応 (その 2)]　column insertion による対応

$$\{ \text{「反辞書式」順序の bi-word} \} \longrightarrow \bigsqcup_{\substack{\lambda \vdash N \\ \ell(\lambda) \leq \min(r,s)}} \text{SST}_r(\lambda) \times \text{SST}_s(\lambda)$$

$$\omega = \begin{pmatrix} u_1 \ldots u_N \\ v_1 \ldots v_N \end{pmatrix} \longmapsto (P(\omega), \tilde{Q}(\omega)) \qquad (2.41)$$

は全単射であり，$\text{wt}(v_1 \ldots v_N) = \text{wt}(P(\omega))$，$\text{wt}(u_1 \ldots u_N) = \text{wt}(\tilde{Q}(\omega))$ を満たす．ここで左辺は $v_1, \ldots, v_N \in [r]$，$s = u_1 \geq \cdots \geq u_N = 1$ を満たす「反辞書式」順序の bi-word 全体の集合である[*1)]．

RSK 対応は $U_q(sl_{n+1})$ crystal $B(\mu_1 \bar{\Lambda}_1) \otimes \cdots \otimes B(\mu_L \bar{\Lambda}_1)$ の連結 (既約) 成分への分解を与える[*2)]．まず $N = \mu_1 + \cdots + \mu_L$ とおき，

$$B(\mu_1 \bar{\Lambda}_1) \otimes \cdots \otimes B(\mu_L \bar{\Lambda}_1) \longrightarrow \{ \text{「反辞書式」順序の bi-word} \}$$
$$b_1 \otimes \cdots \otimes b_L \longmapsto \begin{pmatrix} u_1 \ldots u_N \\ v_1 \ldots v_N \end{pmatrix} \qquad (2.42)$$

によって「反辞書式」順序の bi-word を作る．ここで $v_1 \ldots v_N$ は，日本語読み $\jmath(b_1) \otimes \cdots \otimes \jmath(b_L) \in \mathbf{B}^{\otimes N}$ を逆順にしたもので，(2.33) の自然な拡張である．また v_i が $\jmath(b_k)$ から来る数字のときに $u_i = k$ とする．例えば

$$\boxed{1\,2} \otimes \boxed{1\,3} \otimes \boxed{2} \otimes \boxed{2\,2} \otimes \boxed{1} \otimes \boxed{3} \longmapsto \begin{pmatrix} 654432211 \\ 312221312 \end{pmatrix}. \qquad (2.43)$$

(2.42) と column insertion による RSK 対応 (2.41) を合成すると全単射

$$B(\mu_1 \bar{\Lambda}_1) \otimes \cdots \otimes B(\mu_L \bar{\Lambda}_1) \longrightarrow \bigsqcup_{\substack{\lambda \vdash N \\ \ell(\lambda) \leq \min(n+1, L)}} \text{SST}_{n+1}(\lambda) \times \text{SST}(\lambda, \mu)$$

$$b_1 \otimes \cdots \otimes b_L \longmapsto (P, \tilde{Q}) \qquad (2.44)$$

が得られる．$\text{SST}(\lambda, \mu)$ は，$\text{SST}_L(\lambda)$ に属す半標準盤で数字 i を μ_i 個含むもののなす部分集合である．$\text{wt}(b_1 \otimes \cdots \otimes b_L) = \text{wt}(P)$ が成り立つ．1:1 対応

[*1)]　Q と $\tilde{Q}$ は Schützenberger の evacuation という操作で移りあう [22, sec. A.1]．
[*2)]　この現象は，$\forall \mu_k = 1$ の場合には，ベクトル表現のテンソル積 $V(\bar{\Lambda}_1)^{\otimes L}$ の既約成分の基底の極限 $q \to 0$ を計算する事により，crystal が登場する少し前に発見された [12]．

(2.44) により右辺に $U_q(sl_{n+1})$ crystal の構造が入るが，これに関して同型

$$B(\mu_1\bar{\Lambda}_1) \otimes \cdots \otimes B(\mu_L\bar{\Lambda}_1) \simeq \bigoplus_{\substack{\lambda \vdash N \\ \ell(\lambda) \leq \min(n+1,L)}} B(\lambda)^{\oplus |\mathrm{SST}(\lambda,\mu)|} \qquad (2.45)$$

が成り立つ[*1]．$B(\mu_1\bar{\Lambda}_1) \otimes \cdots \otimes B(\mu_L\bar{\Lambda}_1)$ の crystal グラフは前節で定義されたヤング図 λ でラベルされる連結成分 $B(\lambda)$ へ分解し，各 $B(\lambda)$ は Q-symbol $\tilde{Q} \in \mathrm{SST}(\lambda,\mu)$ でラベルされる分だけのコピーが現れる．柏原作用素は P-symbol を $P \in B(\lambda)$ とみなして $\tilde{e}_i(P,\tilde{Q}) = (\tilde{e}_iP,\tilde{Q})$, $\tilde{f}_i(P,\tilde{Q}) = (\tilde{f}_iP,\tilde{Q})$ と働く．これは $U_q(sl_{n+1})$ のテンソル積表現 $V(\mu_1\bar{\Lambda}_1) \otimes \cdots \otimes V(\mu_L\bar{\Lambda}_1)$ の既約表現への分解に対応し，$|\mathrm{SST}(\lambda,\mu)|$ は既約成分 $V(\lambda)$ の多重度を与える．

例えば (2.43) とそれに RSK 対応する $(P,\tilde{Q})$ への $\tilde{f}_2$ の作用は以下の様になる．

$$\boxed{1\,2} \otimes \boxed{1\,3} \otimes \boxed{2} \otimes \boxed{2\,2} \otimes \boxed{1} \otimes \boxed{3} \longmapsto \begin{array}{|c|c|c|c|c|}\hline 1&1&1&2&2\\\hline 2&2&3\\\cline{1-3} 3\\\cline{1-1}\end{array}\quad \begin{array}{|c|c|c|c|c|}\hline 1&1&2&4&5\\\hline 2&3&4\\\cline{1-3} 6\\\cline{1-1}\end{array}$$

$$\downarrow 2 \qquad\qquad\qquad\qquad\qquad\qquad \downarrow 2$$

$$\boxed{1\,2} \otimes \boxed{1\,3} \otimes \boxed{3} \otimes \boxed{2\,2} \otimes \boxed{1} \otimes \boxed{3} \longmapsto \begin{array}{|c|c|c|c|c|}\hline 1&1&1&2&3\\\hline 2&2&3\\\cline{1-3} 3\\\cline{1-1}\end{array}\quad \begin{array}{|c|c|c|c|c|}\hline 1&1&2&4&5\\\hline 2&3&4\\\cline{1-3} 6\\\cline{1-1}\end{array}$$

左側の $\tilde{f}_2$ の作用は (2.10) による．右側では P-symbol のみに作用している．

もう一つの例として $U_q(sl_2)$ crystal $B(\bar{\Lambda}_1) \otimes B(2\bar{\Lambda}_1) \otimes B(\bar{\Lambda}_1)$ の全ての元に column insertion の RSK (2.44) を適用して得られる $P,\tilde{Q}$ をリストする．

[*1] ここでの $\oplus$ は交わりのない和集合を表す．

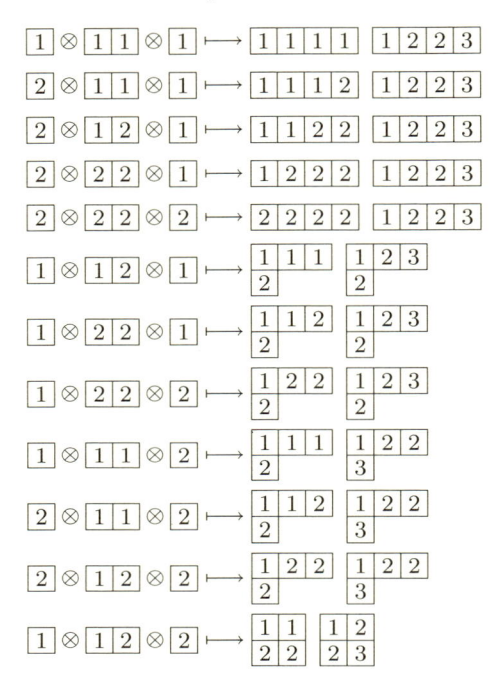

$\boxed{1}\otimes\boxed{1\,1}\otimes\boxed{1} \longmapsto \boxed{1\,1\,1\,1}\;\;\boxed{1\,2\,2\,3}$

$\boxed{2}\otimes\boxed{1\,1}\otimes\boxed{1} \longmapsto \boxed{1\,1\,1\,2}\;\;\boxed{1\,2\,2\,3}$

$\boxed{2}\otimes\boxed{1\,2}\otimes\boxed{1} \longmapsto \boxed{1\,1\,2\,2}\;\;\boxed{1\,2\,2\,3}$

$\boxed{2}\otimes\boxed{2\,2}\otimes\boxed{1} \longmapsto \boxed{1\,2\,2\,2}\;\;\boxed{1\,2\,2\,3}$

$\boxed{2}\otimes\boxed{2\,2}\otimes\boxed{2} \longmapsto \boxed{2\,2\,2\,2}\;\;\boxed{1\,2\,2\,3}$

$\boxed{1}\otimes\boxed{1\,2}\otimes\boxed{1} \longmapsto \boxed{\begin{smallmatrix}1\,1\,1\\2\end{smallmatrix}}\;\;\boxed{\begin{smallmatrix}1\,2\,3\\2\end{smallmatrix}}$ (approximately)

これに対応する $U_q(sl_2)$ 加群の既約分解は通常以下の様に表記される.

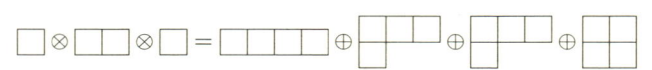

$$\boxed{}\otimes\boxed{}\otimes\boxed{} = \boxed{} \oplus \boxed{\begin{smallmatrix}\;\;\;\\\;\;\;\end{smallmatrix}} \oplus \boxed{\begin{smallmatrix}\;\;\;\\\;\;\;\end{smallmatrix}} \oplus \boxed{\begin{smallmatrix}\;\;\\\;\;\end{smallmatrix}}$$

次元は $2\times 3\times 2 = 5+3+3+1$ である.

2.4 量子アフィン Lie 環の有限次元表現の crystal

これまで古典単純 Lie 環 sl_{n+1} に付随する量子群の crystal を扱ってきたが, 本節では可解格子模型への応用上重要な量子アフィン Lie 環 $U_q = U_q(\widehat{sl}_{n+1})$ の場合を考える. 関する基本事項については付録 A を参照のこと. 本節で必要となるのは添え字集合 $I = \{0, 1, \ldots, n\}$, 基本ウェイト $\{\Lambda_i\}_{i \in I}$, 単純ルート $\{\alpha_i\}_{i \in I}$ (A.11), ウェイト格子 $P_{cl} = \oplus_{i \in I} \mathbb{Z}\Lambda_i$ (A.10) などである. U_q の crystal の定義は 2.1 節で $\bar{I}, \bar{\Lambda}_i, \bar{P}$ を形式的に I, Λ_i, P_{cl} と読み替えればよい. 以下では U_q のあるクラスの有限次元表現の P_{cl}-ウェイト crystal $B^{k,l}$ を導入

2.4 量子アフィン Lie 環の有限次元表現の crystal

する.

2.4.1 Crystal B_l と B^k

まず簡単な $B_l (l \geq 1)$ と $B^k (1 \leq k \leq n)$ を導入する. U_q の添え字集合 I は $\mathbb{Z}_{n+1}$ とみなすのが自然である. 実際 B_l, B^k は (2.27), (2.28) の $B(l\bar{\Lambda}_1), B(\bar{\Lambda}_k)$ で $i \in \{1,\ldots,n\}$ を単に $i \in I = \mathbb{Z}_{n+1}$ に延長したものになっている.

$$\begin{aligned}
&B_l = \{b = (x_1,\ldots,x_{n+1}) \in (\mathbb{Z}_{\geq 0})^{n+1} \mid x_1 + \cdots + x_{n+1} = l\}, \\
&B^k = \{b = (x_1,\ldots,x_{n+1}) \in \{0,1\}^{n+1} \mid x_1 + \cdots + x_{n+1} = k\}, \\
&\tilde{e}_i b = (\ldots, x_i + 1, x_{i+1} - 1, \ldots), \quad \tilde{f}_i b = (\ldots, x_i - 1, x_{i+1} + 1, \ldots), \\
&\varepsilon_i(b) = x_{i+1}, \quad \varphi_i(b) = x_i.
\end{aligned} \quad (2.46)$$

Weyl 群の単純鏡映 $S_i (i \in \mathbb{Z}_{n+1})$ は B_l, B^k 上でともに

$$S_i : (\ldots, x_i, x_{i+1}, \ldots) \mapsto (\ldots, x_{i+1}, x_i, \ldots) \quad (2.47)$$

で与えられる. $B_1 = B^1$ である. これまでと同様に B_l と B^k の元 $(x_1,\ldots,x_{n+1})$ を, それぞれ $\mathrm{SST}_{n+1}((l))$ と $\mathrm{SST}_{n+1}((1^k))$ の半標準盤で数字 i が x_i 個入ったものとして表示する. 次の記号は今後頻繁に用いられる.

$$u_l = \boxed{1\;1\;\cdots\;1} = (l, 0, \ldots, 0) \in B_l. \quad (2.48)$$

最も簡単な B_1 の crystal グラフは次の様になる.

$$\boxed{1} \xrightarrow{1} \boxed{2} \xrightarrow{2} \cdots \xrightarrow{n} \boxed{n+1} \quad \text{(with } 0 \text{ arrow from } \boxed{n+1} \text{ to } \boxed{1}\text{)} \quad (2.49)$$

(2.25) に比べて $\tilde{f}_0$ の矢印が追加されている.

$U_q(\widehat{sl}_2)$ の例をあげる. $I = \{0,1\}$, $\alpha_1 = -\alpha_0 = 2\Lambda_1 - 2\Lambda_0$ である.

$$B_1 : \quad \boxed{1} \;\substack{0 \\ \longleftrightarrow \\ 1}\; \boxed{2} \qquad B_2 : \quad \boxed{1\;1} \;\substack{0 \\ \longleftrightarrow \\ 1}\; \boxed{1\;2} \;\substack{0 \\ \longleftrightarrow \\ 1}\; \boxed{2\;2} \quad (2.50)$$

B_1 では wt$\boxed{1}$ = $-$wt$\boxed{2}$ = $\Lambda_1 - \Lambda_0$ であり，B_2 では wt$\boxed{1\,1}$ = $-$wt$\boxed{2\,2}$ = $2\Lambda_1 - 2\Lambda_0$, wt$\boxed{1\,2}$ = 0 である．これらの crystal グラフは (2.1) と (2.2) に 0-矢印を追加したものになっている．テンソル積 $B_1 \otimes B_1$ の crystal グラフは以下の様になる．

$$B_1 \otimes B_1: \quad \begin{array}{c} \boxed{2}\otimes\boxed{1} \\ {}^1\nearrow \quad \searrow^1 \\ \boxed{1}\otimes\boxed{1} \qquad\qquad \boxed{2}\otimes\boxed{2} \\ {}_0\searrow \quad \nearrow_0 \\ \boxed{1}\otimes\boxed{2} \end{array} \qquad (2.51)$$

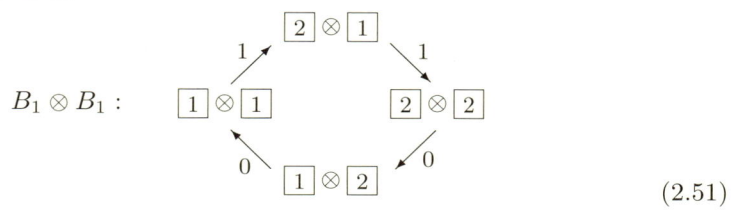

$B(\bar\Lambda_1) \otimes B(\bar\Lambda_1)$ の crystal グラフ (2.5) と比べて 0-矢印が追加され，連結なグラフになっている．同様に $B_1 \otimes B_2$ と $B_2 \otimes B_1$ の crystal グラフを描く．

$$B_1 \otimes B_2: \quad \begin{array}{c} \boxed{2}\otimes\boxed{1\,1} \overset{1}{\underset{0}{\rightleftarrows}} \boxed{2}\otimes\boxed{1\,2} \\ {}^1\nearrow \qquad\qquad\qquad\qquad \searrow^1 \\ \boxed{1}\otimes\boxed{1\,1} \qquad\qquad\qquad\qquad \boxed{2}\otimes\boxed{2\,2} \\ {}_0\searrow \qquad\qquad\qquad\qquad \nearrow_0 \\ \boxed{1}\otimes\boxed{1\,2} \overset{1}{\underset{0}{\rightleftarrows}} \boxed{1}\otimes\boxed{2\,2} \end{array} \qquad (2.52)$$

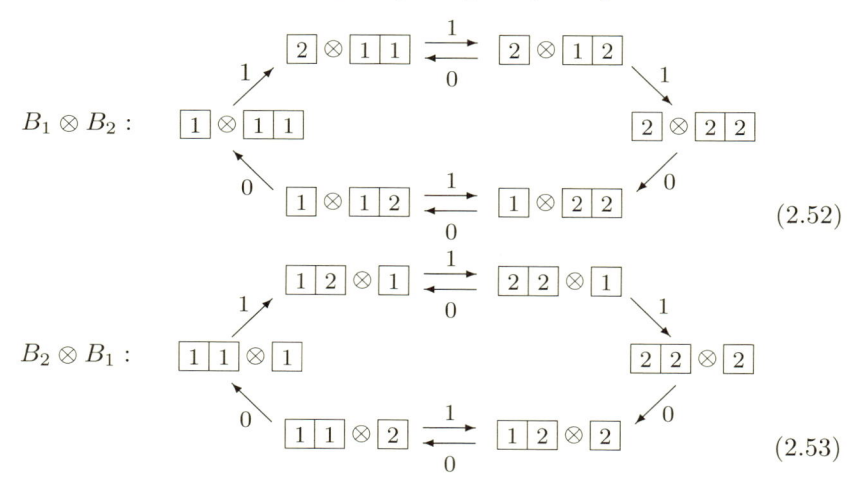

$$B_2 \otimes B_1: \quad \begin{array}{c} \boxed{1\,2}\otimes\boxed{1} \overset{1}{\underset{0}{\rightleftarrows}} \boxed{2\,2}\otimes\boxed{1} \\ {}^1\nearrow \qquad\qquad\qquad\qquad \searrow^1 \\ \boxed{1\,1}\otimes\boxed{1} \qquad\qquad\qquad\qquad \boxed{2\,2}\otimes\boxed{2} \\ {}_0\searrow \qquad\qquad\qquad\qquad \nearrow_0 \\ \boxed{1\,1}\otimes\boxed{2} \overset{1}{\underset{0}{\rightleftarrows}} \boxed{1\,2}\otimes\boxed{2} \end{array} \qquad (2.53)$$

ここで 0-矢印を消したものは $B(2\bar\Lambda_1) \otimes B(\bar\Lambda_1)$, $B(\bar\Lambda_1) \otimes B(2\bar\Lambda_1)$ の crystal グラフ (2.6), (2.7) に一致する．3 重テンソル積 $B_1 \otimes B_1 \otimes B_1$ の crystal グラフは次の様になる．

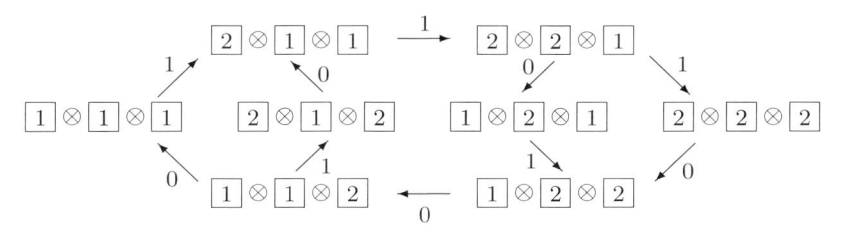

2.4 量子アフィン Lie 環の有限次元表現の crystal

$$\boxed{1}\otimes\boxed{1}\otimes\boxed{1} \quad \boxed{2}\otimes\boxed{1}\otimes\boxed{1} \xrightarrow{1} \boxed{2}\otimes\boxed{2}\otimes\boxed{1} \quad \boxed{2}\otimes\boxed{2}\otimes\boxed{2}$$

(crystal graph diagram with arrows labeled 0, 1 connecting the tensor products:
$\boxed{1}\otimes\boxed{1}\otimes\boxed{1}$, $\boxed{2}\otimes\boxed{1}\otimes\boxed{1}$, $\boxed{2}\otimes\boxed{1}\otimes\boxed{2}$, $\boxed{1}\otimes\boxed{2}\otimes\boxed{1}$, $\boxed{2}\otimes\boxed{2}\otimes\boxed{1}$, $\boxed{2}\otimes\boxed{2}\otimes\boxed{2}$, $\boxed{1}\otimes\boxed{1}\otimes\boxed{2}$, $\boxed{1}\otimes\boxed{2}\otimes\boxed{2}$)

0-矢印を消すと $U_q(sl_2)$ 加群の既約分解 $\square\otimes\square\otimes\square = \square\square\square \oplus \square\square/\square \oplus \square\square/\square$ に対応する 3 個の連結成分に分離する.

$U_q(\widehat{sl_3})$ の例をあげる $I = \{0,1,2\}$, $\alpha_1 = -\Lambda_0 + 2\Lambda_1 - \Lambda_2$, $\alpha_2 = -\Lambda_1 + 2\Lambda_2 - \Lambda_0$, $\alpha_0 + \alpha_1 + \alpha_2 = 0$ である. B_1, B_2, B^2 の crystal グラフは次の様になる. (2.2) と比較されたい.

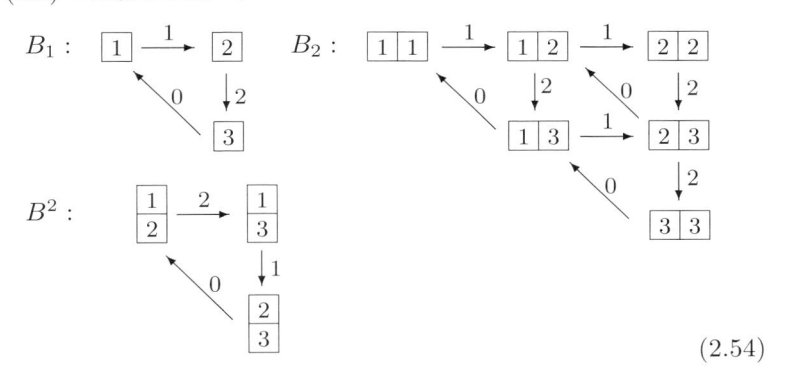

$B_1:$ $\boxed{1} \xrightarrow{1} \boxed{2} \xrightarrow{2} \boxed{3}$ (with 0 arrow back)

$B_2:$ $\boxed{1\,1} \xrightarrow{1} \boxed{1\,2} \xrightarrow{1} \boxed{2\,2}$, $\boxed{1\,3} \xrightarrow{1} \boxed{2\,3}$, $\boxed{3\,3}$ (with arrows 0, 2)

$B^2:$ $\boxed{\begin{array}{c}1\\2\end{array}} \xrightarrow{2} \boxed{\begin{array}{c}1\\3\end{array}} \xrightarrow{1} \boxed{\begin{array}{c}2\\3\end{array}}$ (with 0 arrow)

(2.54)

テンソル積の符号規則の例として (2.9) を考えよう. これを $B_2 \otimes B_2 \otimes B_1 \otimes B_2 \otimes B_1 \otimes B_1$ の元とみなして p と呼ぶ. B_2, B_1 は色 $i=1,2$ については $B(2\bar\Lambda_1), B(\bar\Lambda_1)$ と同じなので $\tilde{e}_i, \tilde{f}_i$ $(i=1,2)$ の作用は (2.10) で与えられる. 一方 p の 0-符号は

$$\underset{-}{\boxed{1\,2}} \otimes \underset{-+}{\boxed{1\,3}} \otimes \boxed{2} \otimes \boxed{2\,2} \otimes \underset{-}{\boxed{1}} \otimes \underset{+}{\boxed{3}}$$

となるので $\varepsilon_0(p) = 2, \varphi_0(p) = 1$ であり, $\tilde{e}_0, \tilde{f}_0$ は次の様に作用する.

$$\tilde{e}_0 p = \boxed{1\,2} \otimes \tilde{e}_0 \boxed{1\,3} \otimes \boxed{2} \otimes \boxed{2\,2} \otimes \boxed{1} \otimes \boxed{3}$$
$$= \boxed{1\,2} \otimes \boxed{3\,3} \otimes \boxed{2} \otimes \boxed{2\,2} \otimes \boxed{1} \otimes \boxed{3},$$
$$\tilde{f}_0 p = \boxed{1\,2} \otimes \boxed{1\,3} \otimes \boxed{2} \otimes \boxed{2\,2} \otimes \boxed{1} \otimes \tilde{f}_0\boxed{3}$$
$$= \boxed{1\,2} \otimes \boxed{1\,3} \otimes \boxed{2} \otimes \boxed{2\,2} \otimes \boxed{1} \otimes \boxed{1}.$$

2.4.2 Crystal $B^{k,l}$

一般の $1 \leq k \leq n$, $l \geq 1$ について $U_q(\widehat{sl}_{n+1})$ crystal $B^{k,l}$ を与えよう [43, 74]. 前節のものを $B^{1,l} = B_l$, $B^{k,1} = B^k$ として含む. $B^{k,l}$ は集合としては $k \times l$ の長方形型ヤング図 (l^k) 上の文字 $1, \ldots, n+1$ からなる半標準盤の集合 $\mathrm{SST}_{n+1}((l^k))$ に等しい. $B^{k,l}$ は $U_q(sl_{n+1})$ crystal としては $B(l\bar{\Lambda}_k)$ に等しい. 即ち $B^{k,l}$ の crystal グラフのうち, 色 $i = 1, 2, \ldots, n$ の矢印は, 日本語読み (2.26) (あるいは一般の admissible な読み) による $\mathbf{B}^{\otimes kl}$ への埋め込みによって決定される. ここで $\mathbf{B} = B(\bar{\Lambda}_1)$ は $U_q(sl_{n+1})$ のベクトル表現の crystal (2.25) である. 例えば $B^{3,4}$ の元

$$b = \begin{array}{|c|c|c|c|} \hline 1 & 1 & 2 & 3 \\ \hline 2 & 3 & 4 & 5 \\ \hline 4 & 5 & 5 & 6 \\ \hline \end{array}$$

を日本語読みして符号規則を適用すれば

$$\tilde{e}_1 b = \begin{array}{|c|c|c|c|} \hline 1 & 1 & 1 & 3 \\ \hline 2 & 3 & 4 & 5 \\ \hline 4 & 5 & 5 & 6 \\ \hline \end{array},\ \tilde{f}_1 b = \begin{array}{|c|c|c|c|} \hline 1 & 2 & 2 & 3 \\ \hline 2 & 3 & 4 & 5 \\ \hline 4 & 5 & 5 & 6 \\ \hline \end{array},\ \tilde{e}_2 b = \begin{array}{|c|c|c|c|} \hline 1 & 1 & 2 & 2 \\ \hline 2 & 3 & 4 & 5 \\ \hline 4 & 5 & 5 & 6 \\ \hline \end{array},\ \tilde{f}_2 b = \begin{array}{|c|c|c|c|} \hline 1 & 1 & 2 & 3 \\ \hline 3 & 3 & 4 & 5 \\ \hline 4 & 5 & 5 & 6 \\ \hline \end{array}$$

および $\tilde{e}_3 b = \tilde{f}_3 b = 0$ を得る. 残る $\tilde{e}_0, \tilde{f}_0$ の作用は

$$\tilde{e}_0 = \mathrm{pr}^{-1} \circ \tilde{e}_1 \circ \mathrm{pr}, \quad \tilde{f}_0 = \mathrm{pr}^{-1} \circ \tilde{f}_1 \circ \mathrm{pr} \qquad (2.55)$$

と与えられる. ここで $\mathrm{pr} : B^{k,l} \to B^{k,l}$ は **promotion** と呼ばれ [74], 以下に説明する jeu-de taquin を用いて定義される. これは $\widehat{sl}_{n+1}$ の Dynkin 図の巡回的自己同型に対応する写像であり, pr^{n+1} は恒等写像となる.

jeu-de taquin: まず半標準盤の文字 $n+1$ を消して空の升目にする. 次に, 空の升目とその真上か左の升目を入れ換えて空以外は半標準盤となる様にする. このやり方は一意的である. これを繰り返すと空の升目はヤング図の左上に行き着く. 上の b で $n = 5$ としてこの様子を示すと

2.4 量子アフィン Lie 環の有限次元表現の crystal   49

$$\begin{array}{|c|c|c|c|}\hline 1&2&3\\\hline 2&3&4&5\\\hline 4&5&5\\\hline\end{array} \to \begin{array}{|c|c|c|c|}\hline 1&1&2&3\\\hline 2&3&4\\\hline 4&5&5&5\\\hline\end{array} \to \begin{array}{|c|c|c|c|}\hline 1&1&2&3\\\hline 2&3&&4\\\hline 4&5&5&5\\\hline\end{array} \to \begin{array}{|c|c|c|c|}\hline 1&1&2&3\\\hline 2&&3&4\\\hline 4&5&5&5\\\hline\end{array} \to \begin{array}{|c|c|c|c|}\hline 1&1&2&3\\\hline &2&3&4\\\hline 4&5&5&5\\\hline\end{array} \to \begin{array}{|c|c|c|c|}\hline &1&2&3\\\hline 1&2&3&4\\\hline 4&5&5&5\\\hline\end{array}$$

空の升目が左上に行き着いたらそれに 0 を入れた後, 全ての文字を一斉に 1 だけ増やす. この結果得られる半標準盤が pr の像である. 今の例では

$$\mathrm{pr}(b) = \begin{array}{|c|c|c|c|}\hline 1&2&3&4\\\hline 2&3&4&5\\\hline 5&6&6&6\\\hline\end{array}$$

となる. 文字 $n+1$ が複数ある場合, それらは半標準盤の第 $n+1$ 行目に右詰めになっている. これらのうち最も左のものから順に上の手続きを実行する. 文字 $n+1$ が無い場合は単に全ての文字を一斉に 1 増やす操作に帰着する. pr^{-1} も同様である. まず半標準盤の文字 1 の入った升目を空の升目にする. 次に, 空の升目をその真下か右の升目と入れ換えて空以外は半標準盤となる様にする. このやり方は一意的である. これを繰り返すと空の升目はヤング図の右下に行き着く. その状態で空の升目に $n+2$ をいれた後, 全ての文字を一斉に 1 だけ減らす. 文字 1 が複数ある場合, それらは半標準盤の第 1 行目に左詰めになっている. これらのうち最も右のものから順に上の手続きを実行する. 文字 1 が無い場合は単に全ての文字を一斉に 1 減らす操作に帰着する. jeu-de taquin については [22] も参照のこと. $B_l = B^{1,l}$ と $B^k = B^{k,1}$ の場合には pr は半標準盤の文字を $\mathrm{mod}\, n+1$ で 1 増やす操作となり, (2.46) のラベル $(x_1, \ldots, x_{n+1})$ では全ての i について一斉に $x_i \to x_{i-1}$ と置き換えればよい.

$\mathrm{pr}^{\pm 1}$ と (2.55) から $\tilde{e}_0$ と $\tilde{f}_0$ の作用が定まる. 上の例では

$$\tilde{e}_0 b = \begin{array}{|c|c|c|c|}\hline 1&2&2&3\\\hline 3&4&5&5\\\hline 4&5&6&6\\\hline\end{array}, \quad \tilde{f}_0 b = 0.$$

以上で $B^{k,l}$ の crystal グラフの記述が完結した. 一般に $\tilde{f}_i(\tilde{e}_i)$ は作用して 0 になるか, さもなくば何処か一箇所の数字 i を $i+1$ ($i+1$ を i) に変える. この事自体は $i = 0$ でも数字を $\mathbb{Z}_{n+1}$ で解釈すれば成立する. wt, ε_i, φ_i は crystal の定義 3), 4) から定められる.

$b \in B^{k,l}$ に対して P_{cl} (A.10) の元

を導入すると，これらは常にレベルが一致する．即ち $\langle c, \varphi(b)\rangle = \langle c, \varepsilon(b)\rangle$ が成り立つ．実際，$k=1$ または $l=1$ の場合は任意の元 $b \in B^{k,l}$ が $\langle c, \varepsilon(b)\rangle = l$ を満たす事が容易に確認できる．(2.46) を見よ．crystal の定義 (2.1 節) の 4) は $\mathrm{wt}\, b = \varphi(b) - \varepsilon(b)$ と書けるが，これは常にレベル 0 となる．従って $\mathrm{wt}\, B^{k,l}$ を sl_{n+1} 型のウェイト格子 $\bar{P}$ (A.16) の部分集合とみなす事ができて

$$\mathrm{wt}\, B^{k,l} = \mathrm{wt}\, B(l\bar{\Lambda}_k) \subset l\bar{\Lambda}_k + \sum_{i \in \bar{I}} \mathbb{Z}_{\leq 0} \alpha_i \tag{2.57}$$

が成立する．特に最高ウェイト $l\bar{\Lambda}_k$ を持つ元は唯一であり，例えば

$$u_{k,l} := \begin{array}{|c|c|c|c|} \hline 1 & 1 & 1 & 1 \\ \hline 2 & 2 & 2 & 2 \\ \hline 3 & 3 & 3 & 3 \\ \hline \end{array} \in B^{k,l} \quad (k=3, l=4) \tag{2.58}$$

の様に，第 i 行目に全て数字 i を入れた半標準盤である．

2.5 組合せ R

2.5.1 定義と基本性質

量子 R 行列の「$q \to 0$ 極限」は組合せ R と呼ばれる全単射になる．組合せ R は Yang-Baxter 方程式の集合論的な解を与え，Fermi 公式やソリトン・セルオートマトンにおいて中心的な役割をはたす．

前節では crystal $B^{k,l}$ が導入された．ここでは簡単のため，$B = B^{k,l}, B' = B^{k',l'}$ と書く．すると，$B \otimes B'$ と $B' \otimes B$ の crystal グラフはともに連結であり，同型 $\iota : B \otimes B' \xrightarrow{\sim} B' \otimes B$ が一意的に存在する．例えば $U_q(\widehat{sl}_2)$ で (2.52) と (2.53) の比較から同型 $\iota : B_2 \otimes B_1 \simeq B_1 \otimes B_2$ は以下の様に与えられる事が分かる．

2.5 組合せ R

$$\boxed{1\,1}\otimes\boxed{1}\simeq\boxed{1}\otimes\boxed{1\,1}\;(H=1),\quad \boxed{1\,1}\otimes\boxed{2}\simeq\boxed{1}\otimes\boxed{1\,2}\;(H=0),$$
$$\boxed{1\,2}\otimes\boxed{1}\simeq\boxed{2}\otimes\boxed{1\,1}\;(H=1),\quad \boxed{1\,2}\otimes\boxed{2}\simeq\boxed{1}\otimes\boxed{2\,2}\;(H=0),$$
$$\boxed{2\,2}\otimes\boxed{1}\simeq\boxed{2}\otimes\boxed{1\,2}\;(H=1),\quad \boxed{2\,2}\otimes\boxed{2}\simeq\boxed{2}\otimes\boxed{2\,2}\;(H=1) \tag{2.59}$$

ここで H は後述の局所 energy の値である．

一般に同型 $\iota : B \otimes B' \xrightarrow{\sim} B' \otimes B$ は，ウェイト一致の要請から決まる $\iota(u_{k,l} \otimes u_{k',l'}) = u_{k',l'} \otimes u_{k,l}$ から出発し[*1]，柏原作用素との可換性 $\tilde{e}_i \iota(b \otimes b') = \iota(\tilde{e}_i(b \otimes b')), \tilde{f}_i \iota(b \otimes b') = \iota(\tilde{f}_i(b \otimes b'))$ と連結性から一意的に定まる．$B \otimes B'$ と $B' \otimes B$ の crystal グラフは頂点を ι で名づけ換えれば一致する．この様な全単射の背景には B, B' を crystal に持つ U_q 加群とそのテンソル積に働く量子 R 行列がある．

P_{cl}-ウェイト crystal $B = B^{k,l}$ の**アフィン化** $\mathrm{Aff}(B)$ を導入しよう．これは無限集合 $\{b[d] \mid d \in \mathbb{Z}, b \in B\} = B \times \mathbb{Z}$ に柏原作用素を

$$\tilde{e}_i(b[d]) = (\tilde{e}_i b)[d - \delta_{i0}], \quad \tilde{f}_i(b[d]) = (\tilde{f}_i b)[d + \delta_{i0}] \tag{2.60}$$

により導入し，ウェイトを $\mathrm{wt}\, b[d] = \mathrm{wt}\, b - d\delta \in P$ (A.4) と定める事により得られる P-ウェイト crystal である．ここで δ は null ルートであり，P_{cl} は P の部分集合と見なしている．これらについては A.2 節を見よ[*2]．d を $b[d]$ の**モード**と呼ぶ．形式的に**スペクトルパラメーター** z を用いて $z^d b$ と記す文献もある．前者の記法では $\tilde{e}_i b[d]$ が $(\tilde{e}_i b)[d]$ と $\tilde{e}_i(b[d])$ のどちらを指すのか紛らわしい．一方後者の記法ではこれらを $z^d \tilde{e}_i b$ と $\tilde{e}_i z^d b$ として識別できるがモードが z の肩に追いやられて小さくなる．この事情から本書では二つの記法を適宜併用する．

P_{cl}-ウェイト crystal B と P-ウェイト crystal $\mathrm{Aff}(B)$ の対比を強調するときは，前者を**古典 crystal**[*3] 後者を**アフィン crystal** と呼ぶ．古典 crystal の

[*1] $u_{k,l}$ (2.58) に限らずより一般に支配的 extremal と呼ばれる元のテンソル積を基点にできる．
[*2] (2.60) の d は本質的に (A.1)–(A.4) の d の固有値の (-1) 倍である．
[*3] $\widehat{sl}_{n+1}$ は既にアフィンであり，$\tilde{e}_0, \tilde{f}_0$ も入っているが，P_{cl} では null ルート δ が 0 扱いされるので，紛らわしいが「古典」がつく．2.2 節で扱った $U_q(sl_{n+1})$ 加群の crystal $B(\lambda)$ は $\bar{P}$-ウェイト crystal である．

同型 $\iota : B \otimes B' \xrightarrow{\sim} B' \otimes B$ はアフィン crystal の同型 $\mathrm{Aff}(B) \otimes \mathrm{Aff}(B') \xrightarrow{\sim}$ $\mathrm{Aff}(B') \otimes \mathrm{Aff}(B)$ に持ち上がる．これを**組合せ R** という．(ι だけでも組合せ R と呼び，ι を R とも書く．)

$$R : \mathrm{Aff}(B) \otimes \mathrm{Aff}(B') \longrightarrow \mathrm{Aff}(B') \otimes \mathrm{Aff}(B)$$
$$b[d] \otimes b'[d'] \longmapsto \tilde{b}'[d' - H(b \otimes b')] \otimes \tilde{b}[d + H(b \otimes b')], \quad (2.61)$$

ここでモード d, d' は任意の整数であり，$\tilde{b}' \otimes \tilde{b} = \iota(b \otimes b')$ は古典 crystal の同型 $\iota : B \otimes B' \xrightarrow{\sim} B' \otimes B$ による．$H(b \otimes b')$ は**局所 energy** と呼ばれ，付加定数の自由度を除くと以下の漸化式から定められる．

$$H(\tilde{e}_i(b \otimes b')) = \begin{cases} H(b \otimes b') + 1 & i = 0, \ \varphi_0(b) \geq \varepsilon_0(b'), \ \varphi_0(\tilde{b}') \geq \varepsilon_0(\tilde{b}), \\ H(b \otimes b') - 1 & i = 0, \ \varphi_0(b) < \varepsilon_0(b'), \ \varphi_0(\tilde{b}') < \varepsilon_0(\tilde{b}), \\ H(b \otimes b') & \text{それ以外}. \end{cases}$$
$$(2.62)$$

勿論これは $\tilde{e}_i(b \otimes b') \neq 0$ のときのみ意味を持つ．(2.3) によれば，(2.62) は次の漸化式と同値である．

$$H(\tilde{e}_i(b\otimes b')) = \begin{cases} H(b \otimes b') + \delta_{i0} & \tilde{e}_i(b \otimes b') = \tilde{e}_i b \otimes b', \ \tilde{e}_i(\tilde{b}' \otimes \tilde{b}) = \tilde{e}_i \tilde{b}' \otimes \tilde{b}, \\ H(b \otimes b') - \delta_{i0} & \tilde{e}_i(b \otimes b') = b \otimes \tilde{e}_i b', \ \tilde{e}_i(\tilde{b}' \otimes \tilde{b}) = \tilde{b}' \otimes \tilde{e}_i\tilde{b}, \\ H(b \otimes b') & \text{それ以外}. \end{cases}$$
$$(2.63)$$

漸化式 (2.63) は組合せ R と柏原作用素との可換性から導かれる．実際 $h = H(b \otimes b')$ とおき，例えば (2.63) の最初の場合の条件を仮定すると (2.60) から

$$\begin{array}{ccc} b[d] \otimes b'[d'] & \simeq & \tilde{b}'[d' - h] \otimes \tilde{b}[d + h] \\ \tilde{e}_i \downarrow & & \downarrow \tilde{e}_i \\ (\tilde{e}_i b)[d - \delta_{i0}] \otimes b'[d'] & & (\tilde{e}_i \tilde{b}')[d' - h - \delta_{i0}] \otimes \tilde{b}[d + h] \end{array}$$

となるが，これが可換図となるためには右下の元が $(\tilde{e}_i\tilde{b}')[d'-h']\otimes\tilde{b}[d-\delta_{i0}+h']$ と一致しなければならない．但し (2.61) から $h' = H(\tilde{e}_i b \otimes b') = H(\tilde{e}_i(b \otimes b'))$ である．この事から漸化式 $h' = h + \delta_{i0}$ が従う．(2.63) の他の場合も同様であ

る．$B = B'$ の場合は ι は $\iota(b \otimes b') = b \otimes b'$ と自明化するが，H は非自明である．但しその漸化式 (2.62), (2.63) の場合分けは単純化する．

$R_{B,B'} : \mathrm{Aff}(B) \otimes \mathrm{Aff}(B') \to \mathrm{Aff}(B') \otimes \mathrm{Aff}(B)$ と書くと定義により

$$R_{B,B'} R_{B',B} = \mathrm{id} \quad (\text{反転関係式}) \tag{2.64}$$

が成立する．特に $\mathrm{Aff}(B) \otimes \mathrm{Aff}(B')$ 上の局所 energy を $H_{B,B'}$ と書くと，$B \otimes B' \ni b \otimes b' \simeq \tilde{b}' \otimes \tilde{b} \in B' \otimes B$ のとき $H_{B,B'}(b \otimes b') = H_{B',B}(\tilde{b}' \otimes \tilde{b})$ が成り立つ．H には付加定数の不定性があるが，以下の Yang-Baxter 方程式はその選択によらずに成立する．

量子 R 行列が Yang-Baxter 方程式を満たす事と結晶基底の存在から組合せ R の Yang-Baxter 方程式が従う．

定理 2.4 (Yang-Baxter 方程式) $\mathrm{Aff}(B) \otimes \mathrm{Aff}(B') \otimes \mathrm{Aff}(B'')$ から $\mathrm{Aff}(B'') \otimes \mathrm{Aff}(B') \otimes \mathrm{Aff}(B)$ への写像として以下の等式が成り立つ．

$$(R \otimes 1)(1 \otimes R)(R \otimes 1) = (1 \otimes R)(R \otimes 1)(1 \otimes R).$$

組合せ R の作用 $R : z^d x \otimes z^e y \mapsto z^{e-h} \tilde{y} \otimes z^{d+h} \tilde{x}$ $(H(x \otimes y) = h)$ を

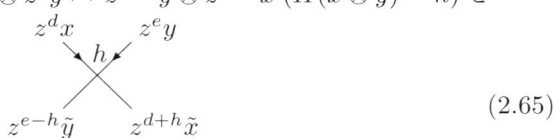

$$\begin{array}{cc} z^d x & z^e y \\ \searrow h \swarrow & \\ z^{e-h} \tilde{y} & z^{d+h} \tilde{x} \end{array} \tag{2.65}$$

と図示しよう．但し $h, x, y, \tilde{x}, \tilde{y}$ やそのモード部分，矢印は適宜略したり，この図を適当に回転して書く事もある．各線に crystal が付随する．Yang-Baxter 方程式は以下の様になる．

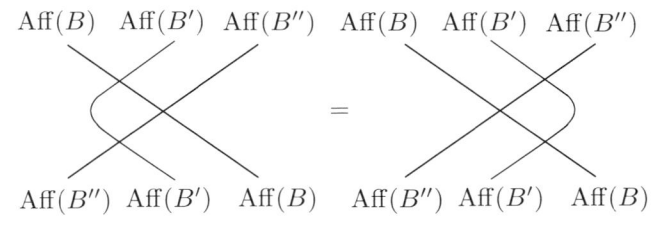

$$\begin{array}{c} \mathrm{Aff}(B) \quad \mathrm{Aff}(B') \quad \mathrm{Aff}(B'') \\ \diagdown \diagup \diagdown \diagup \\ \diagup \diagdown \diagup \diagdown \\ \mathrm{Aff}(B'') \quad \mathrm{Aff}(B') \quad \mathrm{Aff}(B) \end{array} = \begin{array}{c} \mathrm{Aff}(B) \quad \mathrm{Aff}(B') \quad \mathrm{Aff}(B'') \\ \diagdown \diagup \diagdown \diagup \\ \diagup \diagdown \diagup \diagdown \\ \mathrm{Aff}(B'') \quad \mathrm{Aff}(B') \quad \mathrm{Aff}(B) \end{array}$$

例に馴染むため，まず R を具体的に求めるアルゴリズムを説明しよう．

2.5.2 組合せ R のアルゴリズム

組合せ R が一意的に存在する事は重要であるが,それが $B \otimes B'$ と $B' \otimes B$ の crystal グラフから原理的に決定できるという事に定義以上の内容は無い.一方で,与えられた元 $z^d b \otimes z^{d'} b' \in \mathrm{Aff}(B) \otimes \mathrm{Aff}(B')$ の像,即ち $\iota(b \otimes b')$ と $H(b \otimes b')$ を決定するアルゴリズムあるいは明示式は理論的にも応用上も興味深く,RSK 対応の一般化,幾何 crystal,ソリトン方程式の超離散化等と関係する.ここでは一般の $B^{k,l} \otimes B^{k',l'}$ の場合に RSK 対応による R の特徴づけ [74] と $k = k' = 1$ の場合のアルゴリズム [64] を紹介しよう.

半標準盤 T, T' に対し,その**積** $T \cdot T'$ を以下の様に定義する.

$$\begin{aligned} T \cdot T' &= (\cdots((T \leftarrow i_1) \leftarrow i_2) \leftarrow \cdots) \leftarrow i_{N'} \\ &= j_1 \to (\cdots \to (j_{N-1} \to (j_N \to T')) \cdots) \end{aligned} \quad (2.66)$$

ここで,$w_{\mathrm{row}}(T') = i_1 i_2 \ldots i_{N'}$ は T' の row word であり,$w_{\mathrm{col}}(T) = j_1 j_2 \ldots j_N$ は T column word である.これらの定義については (2.33) を見よ.両者が一致するのは性質 (2.30) による.第 1 行を $T \leftarrow w_{\mathrm{row}}(T')$,第 2 行を $w_{\mathrm{col}}(T) \to T'$ と書く.例えば)

$$\begin{array}{c}\boxed{\begin{array}{cc}2&2\\3&4\\4&5\end{array}} \cdot \boxed{\begin{array}{ccc}1&2&2\\2&4&5\end{array}} = \boxed{\begin{array}{cc}2&2\\3&4\\4&5\end{array}} \leftarrow 245122 = 432542 \to \boxed{\begin{array}{ccc}1&2&2\\2&4&5\end{array}} = \boxed{\begin{array}{cccc}1&2&2&2\\2&4&4&5\\3&5\\4\end{array}}\end{array}$$
(2.67)

crystal $B^{k,l}$ の元を $k \times l$ 型の半標準盤と同一視すると,同型

$$\begin{array}{ccc} B^{k,l} \otimes B^{k',l'} & \to & B^{k',l'} \otimes B^{k,l} \\ b \otimes c & \mapsto & \tilde{c} \otimes \tilde{b} \end{array} \quad (2.68)$$

と局所 energy $H : B^{k,l} \otimes B^{k',l'} \to \mathbb{Z}$ は以下の定理により決定される.

定理 2.5 ([74]) (2.68) の必要十分条件は半標準盤の積が $c \cdot b = \tilde{b} \cdot \tilde{c}$ を満たす事である.また,局所 energy の値 $H(b \otimes c)$ は,半標準盤 $c \cdot b = \tilde{b} \cdot \tilde{c}$ のうち,第 $\max(l, l')$ 列より真に右側にある升目の数に等しい.ただし H は最大値が $\min(l, l') \min(k, k')$ となる様に規格化されたものとする[*1].

[*1] この規格化は $k = k' = 1$ の場合は後述の winding 数に一致する.

例えば半標準盤の積

$$\begin{array}{|c|c|c|}\hline 2&2&2\\\hline 4&4&5\\\hline\end{array} \cdot \begin{array}{|c|c|}\hline 1&2\\\hline 2&4\\\hline 3&5\\\hline\end{array} = \begin{array}{|c|c|c|c|c|}\hline 1&2&2&2&2\\\hline 2&4&4&5\\\cline{1-4} 3&5\\\cline{1-2} 4\\\cline{1-1}\end{array}$$

は (2.67) と一致するので

$$B^{2,3} \otimes B^{3,2} \ni \begin{array}{|c|c|c|}\hline 1&2&2\\\hline 2&4&5\\\hline\end{array} \otimes \begin{array}{|c|c|}\hline 2&2\\\hline 3&4\\\hline 4&5\\\hline\end{array} \simeq \begin{array}{|c|c|}\hline 1&2\\\hline 2&4\\\hline 3&5\\\hline\end{array} \otimes \begin{array}{|c|c|c|}\hline 2&2&2\\\hline 4&4&5\\\hline\end{array} \in B^{3,2} \otimes B^{2,3} \quad (2.69)$$

であり, $H=3$ となる. この様に, crystal の元のテンソル積と半標準盤の積は順序が逆になる[*1)].

$B^{k,l} \otimes B^{k',l'}$ を $U_q(sl_{n+1})$ crystal とみなし, (2.26) の様に日本語読みやアラビア語読みを介して, 既約表現の crystal $B(\lambda)$ に埋め込む ($|\lambda|=kl+k'l'$). その際 $b \otimes c$ の像が半標準盤 $c \cdot b$ であり, $\tilde{c} \otimes \tilde{b}$ の像が半標準盤 $\tilde{b} \cdot \tilde{c}$ なので, これらは一致する必要がある. また, 長方形型のヤング図 Y,Y' の特殊事情として, 付随する $U_q(sl_{n+1})$ 加群のテンソル積 $V(Y) \otimes V(Y')$ の既約成分は全て多重度が 1 である. 従って, $c \cdot b = \tilde{b} \cdot \tilde{c}$ は $b \otimes c$ と $\tilde{c} \otimes \tilde{b}$ が $U_q(sl_{n+1})$ crystal の同型で移りあう事の十分条件でもあり, $U_q(\widehat{sl}_{n+1})$ crystal としての同型をも定める. 半標準盤 $P = c \cdot b$ が与えられたとき, $P = \tilde{b} \cdot \tilde{c}$ を満たす $\tilde{b} \in B^{k,l}, \tilde{c} \in B^{k',l'}$ は逆 row insertion あるいは逆 column insertion により求める事ができる [68].

ここでは簡単な場合として $x \otimes y \in B_k \otimes B_l$ の組合せ R による像を決定する便利な手続きを紹介する. 本書で今後扱う状況はこれで十分である. (2.46) の様に, $x=(x_1,\ldots,x_{n+1}), y=(y_1,\ldots,y_{n+1})$ と与えられたとする. $(n+1)$ 個の升目を縦に並べ, 上から i 行目に x_i 個のドット● を入れる事により $x=(x_1,\ldots,x_{n+1})$ を図示する. y も同様に図示して x の図の右側に並べ 2 列にする. 例えば $x=(3,2,1,1), y=(2,2,0,1)$ の場合, 以下の図の (i).

[*1)] この逆転は確かに紛らわしい. それを避けるためか, Schilling や Shimozono の多くの論文では, crystal のテンソル積の規約をオリジナルのものから改変している.

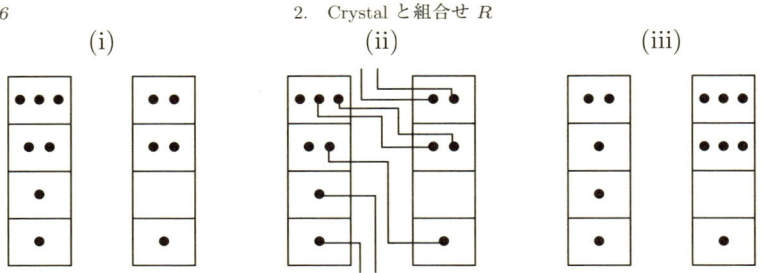

定理 2.6 ([64]) 同型 $B_k \otimes B_l \to B_l \otimes B_k$ ($k \geq l$) と局所 energy は以下の手続き (1)–(4) で定められる.

(1) 右の列から任意のドットを 1 つ, 例えば $\bullet_a$ を選び左の列のドット $\bullet'_a$ とつなぐ. (つないだ線を H-線と呼ぶ.) $\bullet'_a$ は $\bullet_a$ より高い位置にあるものの中で最も低いものとする. 左の列に $\bullet_a$ より高い位置にドットが無い場合は $\bullet'_a$ は最も低い位置にあるドットとする. 後者の場合は H-線やそれで結ばれるドット対が **winding** であると言う.

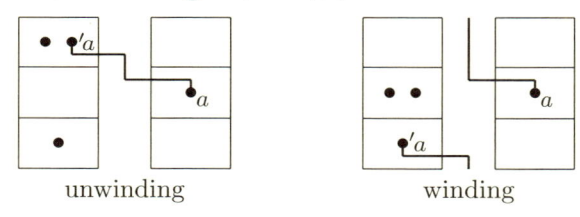

(2) 手順 (1) をまだ結ばれてないドットについて繰り返す. (上図 (ii).)

(3) 同型 $B_k \otimes B_l \to B_l \otimes B_k$ は, 左列で H-線に結ばれなかった $(k-l)$ 個のドットを右列に水平に移動する事により得られる. (上図 (iii).)

(4) 局所 energy の値は winding 対の個数 (**winding 数**) である.

$k < l$ の場合も同様である. $B_k \otimes B_l$ に対応する図の左の列からドットを選び, 右の列でそれより低い位置にあるドットの中で最も高い位置にあるものとつなぐ (**unwinding**). その様なドットが右の列に無ければ最も高いドットとつなぐ (winding). この様な対を k 組つくると, 右の列には対を成していないドットが $(l-k)$ 個残る. 同型はそれらを左の列に水平に移動する事により得られ, 局所 energy の値は winding 数である.

H-線の描き方はドットを選ぶ順序に依存するが, 同型と局所 energy の値はそ

れに依らない. $k = l$ の場合,同型は自明 $x \otimes y \xmapsto{\sim} x \otimes y$ になるが,$H(x \otimes y)$ の値は x, y に依る. 本書では今後ほぼ $B_l, \mathrm{Aff}(B_l)$ とそのテンソル積しか登場しない. そこで以上の規則に合わせ, $B_k \otimes B_l$ 上の局所 energy H は

$$\text{本書全体を通じて } H = \text{winding 数} \qquad (2.70)$$

と規格化する. 従って $0 \leq H \leq \min(k,l)$ である. 上の例では $(3,2,1,1) \otimes (2,2,0,1) \simeq (2,1,1,1) \otimes (3,3,0,1)$, 半標準盤で書くと $\boxed{1112234} \otimes \boxed{11224} \simeq \boxed{11234} \otimes \boxed{1112224}$ であり[*1], $H = 2$ である. また (2.59) が定理 2.6 の適用結果と一致する事も確認できる. スペクトルパラメーター z を用いた記法では $R : z^d \boxed{12} \otimes z^{d'} \boxed{1} \mapsto z^{d'-1} \boxed{2} \otimes z^{d+1} \boxed{11}$ 等となる. 最も簡単な局所 energy は $B_1 \otimes B_1$ 上のもので,以下で与えられる.

$$H(\boxed{i} \otimes \boxed{j}) = \begin{cases} 0 & i < j, \\ 1 & i \geq j. \end{cases} \qquad (2.71)$$

定理 2.6 の組合せ R には区分線形関数による明示式 [25, 97] がある. $x = (x_1, \ldots, x_{n+1}) \in B_k$, $y = (y_1, \ldots, y_{n+1}) \in B_l$ とおくと同型 $\iota : x \otimes y \xmapsto{\sim} \tilde{y} \otimes \tilde{x}$ と $H(x \otimes y)$ は k と l の大小に依らず次の様に表される.

$$\tilde{x}_i - x_i = y_i - \tilde{y}_i = Q_i(x \otimes y) - Q_{i-1}(x \otimes y), \qquad (2.72)$$

$$Q_i(x \otimes y) = \min\{\sum_{j=1}^{m-1} x_{i+j} + \sum_{j=m+1}^{n+1} y_{i+j} \mid 1 \leq m \leq n+1\}, \qquad (2.73)$$

$$H(x \otimes y) = \min(k, l) - Q_0(x \otimes y). \qquad (2.74)$$

ただし添え字は皆 $\mathbb{Z}/(n+1)\mathbb{Z}$ の元と了解する. (2.74) で $Q_0(x \otimes y)$ は **unwinding 数** (unwinding な H-線の数) である.

例 2.7 $U_q(\widehat{sl}_4)$ のアフィン crystal $\mathrm{Aff}(B_4) \otimes \mathrm{Aff}(B_3) \otimes \mathrm{Aff}(B_1)$ の元

$$z^d \boxed{2234} \otimes z^e \boxed{114} \otimes z^f \boxed{3} \qquad (2.75)$$

に Yang-Baxter 方程式の両辺を作用させると以下の様になる.

[*1] 今後スペース節約のため,例えば半標準盤 $\boxed{1\,2\,4}$ を $\boxed{124}$ などと適宜略して書く. $U_q(\widehat{sl}_{124})$ の crystal B_1 の元などと思わぬよう.

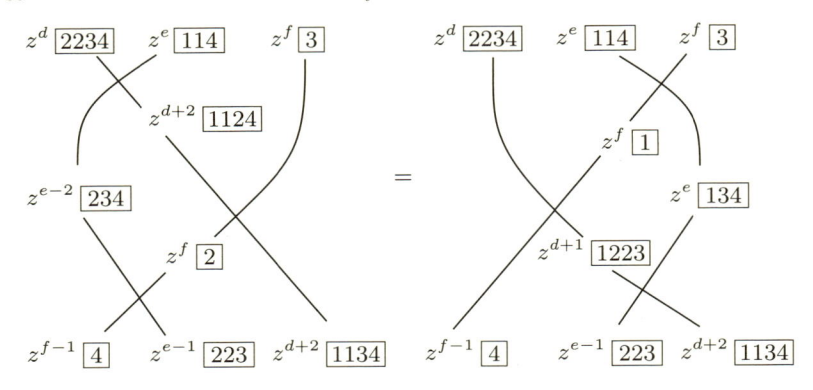

58   2. Crystal と組合せ R

Yang-Baxter 方程式は，モード (z の冪) の一致も含んでいる事に注意しよう．

2.5.3 Z-不変性

モードを度外視して Yang-Baxter 方程式の始状態，中間状態，終状態を

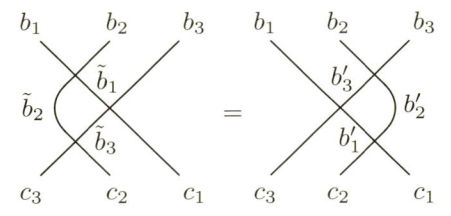

とすると，次の関係式が成り立っている．

$$b_1 \otimes (b_2 \otimes b_3) \simeq (\tilde{b}_2 \otimes \tilde{b}_3) \otimes c_1, \quad (\tilde{b}_2 \otimes \tilde{b}_1) \otimes b_3 \simeq c_3 \otimes (c_2 \otimes c_1),$$
$$b_1 \otimes (b'_3 \otimes b'_2) \simeq (c_3 \otimes c_2) \otimes c_1, \quad (b_1 \otimes b_2) \otimes b_3 \simeq c_3 \otimes (b'_1 \otimes b'_2).$$

縦に並んだ二つの式を見比べられたい．( ) の中身は同型 R で写りあう．それらに b_1 を左から打ち込むと右に抜けるものは常に c_1 であり，b_3 を右から打ち込むと左に抜けるのは c_3 である．つまり同型で写りあう元は，ブラックボックスとして外から観測する限り同じ働きをする．Yang-Baxter 方程式の御利益として，この様な性質が一挙に一般化される事が図式的に容易に見てとれる．例えば以下の図は Yang-Baxter 方程式により写りあうので，$b_2 \otimes b_3 \otimes b_4$ を同型によりどう変換しても b_1 を左から打ち込めば抜けるのは c_1 である．

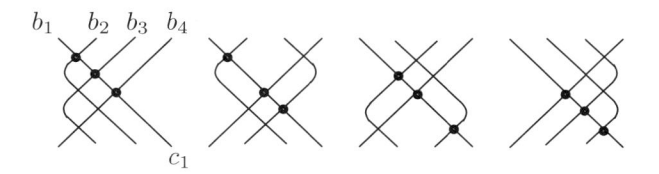

更に，各図で三つの ● に対応する局所 energy の和は一致する．アフィンのモードを含めて，$z^d b_1 \otimes (\cdots) \simeq (\cdots) \otimes z^{d+\delta} c_1$ としたとき，和は外線の情報だけで定まる δ に等しいからである．

以上の性質は，可解格子模型の **Z-不変性** [6] と呼ばれる性質の組合せ論的類似になっており，今後随所で活用される．

2.5.4 組合せ R の因子化

$U_q(\widehat{sl}_{n+1})$ の crystal B_l に対し，$\sigma : B_l \to B_l$ を (2.46) の記号で

$$\sigma : (x_1, x_2, \ldots, x_{n+1}) \mapsto (x_2, \ldots, x_{n+1}, x_1) \tag{2.76}$$

により定める．半標準盤による表示では数字 i を $\mod n+1$ で 1 減らす作用であり，2.4.2 項の promotion pr の逆 $\sigma = \mathrm{pr}^{-1}$ である．テンソル積 $B_{l_1} \otimes \cdots \otimes B_{l_L}$ に対しても $\sigma(b_1 \otimes \cdots \otimes b_L) = \sigma(b_1) \otimes \cdots \otimes \sigma(b_L)$ により自然に拡張する．$\widehat{sl}_{n+1}$ の Dynkin 図の巡回対称性を反映して柏原作用素は $\sigma \tilde{f}_i \sigma^{-1} = \tilde{f}_{i-1}, \sigma \tilde{e}_i \sigma^{-1} = \tilde{e}_{i-1} (i \in \mathbb{Z}_{n+1})$ を満たす．単純鏡映 S_i (2.15) も同様で，**拡大アフィン Weyl 群** $\widetilde{W}(\widehat{sl}_{n+1}) = \langle S_i (i \in \mathbb{Z}_{n+1}), \sigma \rangle$ の定義関係式

$$S_i^2 = 1, \quad S_i S_{i+1} S_i = S_{i+1} S_i S_{i+1}, \quad \sigma^{n+1} = 1, \quad \sigma S_i = S_{i-1} \sigma \tag{2.77}$$

を満たす．(2.47) と (2.76) から，任意の $i \in \mathbb{Z}_{n+1}$ について

$$B_l \text{ 上では} \quad \sigma S_{i+1} S_{i+2} \cdots S_{i+n} = \mathrm{id}_{B_l} \tag{2.78}$$

が成り立つ[*1)]．しかし一般に B_l のテンソル積への作用は非自明である．

任意の crystal B, B' について $P : B' \otimes B \to B \otimes B'$ を単純な入れ換え

$$P(x \otimes y) = y \otimes x \tag{2.79}$$

[*1)] P_{cl} への作用としては $\Lambda_{i-1} - \Lambda_i$ だけの平行移動になっている．

と定める．(2.17) から $S_i P = P S_i$ であり，また明らかに $\sigma P = P \sigma$ が成り立つ．

同型 $B_l \otimes B_{m_j} \xrightarrow{\sim} B_{m_j} \otimes B_l$ を繰り返し適用すれば B_l と $B = B_{m_1} \otimes \cdots \otimes B_{m_L}$ のテンソル積の順序を入れ換える組合せ R

$$R : B_l \otimes B \xrightarrow{\sim} B \otimes B_l$$

が得られる．例えば $\widehat{sl}_3$ で $B = B_2 \otimes B_1 \otimes B_1$ のとき，

$$\boxed{11123} \otimes (\boxed{33} \otimes \boxed{1} \otimes \boxed{2}) \simeq (\boxed{12} \otimes \boxed{3} \otimes \boxed{1}) \otimes \boxed{11233} \tag{2.80}$$

であり，(2.65) に従って図示すると以下の様になる．

$$\begin{array}{ccccccc}
& & 33 & & 1 & & 2 \\
11123 & \longrightarrow & 11333 & \longrightarrow & 11133 & \longrightarrow & 11233 \\
& & \downarrow & & \downarrow & & \downarrow \\
& & 12 & & 3 & & 1
\end{array}$$

この様な設定は後にソリトン・セルオートマトンで現れる．例えば (7.10) 参照．

R は l が十分大きいとき，ある漸近領域で単純鏡映 S_i の積に因子化する．

定理 2.8 ([29] Th. 2) $B = B_{l_1} \otimes \cdots \otimes B_{l_L}$ とする．任意の $(x_1, \ldots, x_{n+1}) \otimes p \in B_l \otimes B$ について，$x'_i = x_i + M \delta_{ia}$ $(a \in \mathbb{Z}_{n+1})$ とおくと，ある自然数 M_0 が存在して $M \geq M_0$ ならば $(x'_1, \ldots, x'_{n+1}) \otimes p \in B_{l+M} \otimes B$ への組合せ R の作用 $B_{l+M} \otimes B \to B \otimes B_{l+M}$ は以下で与えられる．

$$R = P \sigma S_{a+1} S_{a+2} \cdots S_{a+n}. \tag{2.81}$$

(2.78) で注意した様に，$\sigma S_{a+1} S_{a+2} \cdots S_{a+n}$ は拡大アフィン Weyl 群の平行移動に対応する元であり，単独の crystal B_l 上では自明である．上の R は本質的にこれがテンソル積 $B_{l+M} \otimes (B_{l_1} \otimes \cdots \otimes B_{l_L})$ 上でどれだけ非自明かを計る目安となっている．

(2.80) では $\boxed{11123}$ に 1 が多く含まれるが，実際 $a=1$ の $R = \sigma P S_2 S_0$ が成り立つ (既に漸近領域に入っている) 事が以下の様に確認できる．

2.5 組合せ R

$$\boxed{11123}\otimes\boxed{33}\otimes\boxed{1}\otimes\boxed{2}\overset{S_0}{\longmapsto}\boxed{11233}\otimes\boxed{33}\otimes\boxed{1}\otimes\boxed{2}$$
$$\overset{S_2}{\longmapsto}\boxed{11223}\otimes\boxed{23}\otimes\boxed{1}\otimes\boxed{2}$$
$$\overset{\sigma}{\longmapsto}\boxed{11233}\otimes\boxed{12}\otimes\boxed{3}\otimes\boxed{1}$$
$$\overset{P}{\longmapsto}\boxed{12}\otimes\boxed{3}\otimes\boxed{1}\otimes\boxed{11233}.$$

注意 2.9 上の例でもそうであるが,定理 2.8 で問題とする漸近領域では S_i は常に $\tilde{e}_i$ のベキとして働く.実際,最初 x'_a が非常に大きい (半標準盤では数字 a が沢山ある) ので $S_{a+n}=S_{a-1}$ は $\tilde{e}_{a-1}^{N}\,(N\gg 1)$ として作用し,その結果,半標準盤の数字 $a-1$ が非常に多くなる.よって次の S_{a-2} もまた $\tilde{e}_{a-2}^{N'}\,(N'\gg 1)$ として働き,以後も同様である.

特に $u_{l+M}=(l+M,0,\ldots,0)\in B_{l+M}$ ((2.48) 参照) に対して (2.81) により $R(u_{l+M}\otimes p)=\tilde{p}\otimes\tilde{u}\in B\otimes B_{l+M}$ となったとすると,$\tilde{e}_i$ の符号規則から $\tilde{p}$ は

$$\tilde{p}=\sigma\tilde{e}_{a+1}^{\max}\tilde{e}_{a+2}^{\max}\cdots\tilde{e}_{a+n}^{\max}p \qquad (2.82)$$

で与えられる.ここで一般に $\tilde{e}_i^{\max}b=\tilde{e}_i^{\varepsilon_i(b)}b$ という記法を用いた.

第3章

パスと1次元状態和

本章以降では主に crystal B_l (2.4.1 項) を扱う. テンソル積 $B_{l_1} \otimes \cdots \otimes B_{l_L}$ の元 $b_1 \otimes \cdots \otimes b_L$ を長さ L のパスと呼ぶ. $l_1 = \cdots = l_L$ の場合を一様パス, そうでない場合を非一様パスという. 非一様パスは 4 章で扱う事にし, 本章では専ら一様パスを考察する.

3.1 諸種のパス

3.1.1 非制限パス

ウェイトを指定したパスの集合を

$$\mathcal{P}(B_l^{\otimes L}, \lambda) = \{p \in B_l^{\otimes L} \mid \text{wt}(p) = \lambda\} \quad (\lambda \in \bar{P}) \tag{3.1}$$

と書く. ここで $\text{wt}(b_1 \otimes \cdots \otimes b_L) = \text{wt}\, b_1 + \cdots + \text{wt}\, b_L$ である. B_l の元のウェイトは $\lambda \in \bar{P}$ でラベルされる ((2.57) 辺り参照). ウェイト以外に指定された条件がないパスを**非制限パス**と呼ぶ.

例 3.1 $U_q(\widehat{sl}_2)$ で B_1 (2.50) の場合. $B_1 = \boxed{1} \overset{1}{\underset{0}{\rightleftarrows}} \boxed{2}$ で, ウェイトは $\text{wt}\,\boxed{1} = -\text{wt}\,\boxed{2} = \bar{\Lambda}_1 = \Lambda_1 - \Lambda_0$ であった. 長さ 3 のパスをウェイトごとにリストする.

$$\mathcal{P}(B_1^{\otimes 3}, 3\bar{\Lambda}_1) = \{\boxed{1} \otimes \boxed{1} \otimes \boxed{1}\},$$
$$\mathcal{P}(B_1^{\otimes 3}, \bar{\Lambda}_1) = \{\boxed{1} \otimes \boxed{1} \otimes \boxed{2},\ \boxed{1} \otimes \boxed{2} \otimes \boxed{1},\ \boxed{2} \otimes \boxed{1} \otimes \boxed{1}\},$$
$$\mathcal{P}(B_1^{\otimes 3}, -\bar{\Lambda}_1) = \{\boxed{1} \otimes \boxed{2} \otimes \boxed{2},\ \boxed{2} \otimes \boxed{1} \otimes \boxed{2},\ \boxed{2} \otimes \boxed{2} \otimes \boxed{1}\},$$
$$\mathcal{P}(B_1^{\otimes 3}, -3\bar{\Lambda}_1) = \{\boxed{2} \otimes \boxed{2} \otimes \boxed{2}\}$$

3.1 諸種のパス　　　　　　　　　　　　63

一般に $\mathcal{P}(B_1^{\otimes L}, k\bar{\Lambda}_1)$ は $k \equiv L \mod 2$ のときのみ $\emptyset$ でなく $\frac{L+k}{2}$ 個の $\boxed{1}$ と $\frac{L-k}{2}$ 個の $\boxed{2}$ のあらゆる順序のテンソル積 $\binom{L}{(L+k)/2}$ 個からなる. $\mathcal{P}(B_1^{\otimes 4}, 0)$ は以下のとおり.

パス	1122	1212	1221	2112	2121	2211
E	4	2	3	5	4	6

ここで例えば 1122 は $\boxed{1} \otimes \boxed{1} \otimes \boxed{2} \otimes \boxed{2}$ を表す. 今後 $B_1^{\otimes L}$ の元については適宜この様な表記を用いる. 後述の energy E (3.21) を併記した.

例 3.2 $U_q(\widehat{sl}_3)$. $B_1 = \{\boxed{1}, \boxed{2}, \boxed{3}\}$ の crystal グラフは (2.54) に与えた. それによると $\mathrm{wt}\,\boxed{i} = \Lambda_i - \Lambda_{i-1} = \bar{\Lambda}_i - \bar{\Lambda}_{i-1}$ である. ただし添え字は mod 3 で考える. よって例えば $\mathcal{P}(B_1^{\otimes 4}, \bar{\Lambda}_1)$ は $\boxed{1} \otimes \boxed{1} \otimes \boxed{2} \otimes \boxed{3}$ の順序を入れ替えたもの全体からなる.

パス	E	パス	E	パス	E	パス	E	パス	E	パス	E
1123	3	1213	2	1231	1	1132	4	1312	2	1321	3
2113	5	2131	4	2311	3	3112	5	3121	4	3211	6

一般に $U_q(\widehat{sl}_{n+1})$ で

$$\widehat{i} = \mathrm{wt}\,\boxed{i} = \bar{\Lambda}_i - \bar{\Lambda}_{i-1} \quad (1 \leq i \leq n+1) \tag{3.2}$$

とおくと, 非制限パス $\mathcal{P}(B_1^{\otimes L}, \sum_{i=1}^{n+1} k_i \widehat{i})$ は $\overbrace{1,\ldots,1}^{k_1}\ldots\overbrace{n+1,\ldots,n+1}^{k_{n+1}}$ を勝手な順序に並べたものとして表され, その個数は $\frac{L!}{k_1!\cdots k_{n+1}!}$ に等しい.

3.1.2　古典制限パス

付録 A で導入した添え字集合 $\bar{I} = \{1, \ldots, n\}$ (A.12), $\bar{P}^+ = \sum_{i \in \bar{I}} \mathbb{Z}_{\geq 0} \bar{\Lambda}_i$ (A.16) を用いる. $\bar{\xi} \in \bar{P}^+$ と $b \in B_l$ に対し,

$$(\bar{\xi}, b) \text{ は 古典許容} \Leftrightarrow \varepsilon_i(b) \leq \langle h_i, \bar{\xi}\rangle \quad (\forall i \in \bar{I}) \tag{3.3}$$

と定義する. (A.3) から $\langle h_i, \bar{\xi}\rangle$ は $\bar{\xi}$ の中の $\bar{\Lambda}_i$ の係数の事である.

$\bar{\xi}, \bar{\eta} \in \bar{P}^+$ とし, $\bar{\xi}$ から $\bar{\eta}$ に至る**古典制限パス**の集合を

$$\mathcal{P}_+(B_l^{\otimes L}, \bar{\xi}, \bar{\eta}) = \{b_1 \otimes \cdots \otimes b_L \in B_l^{\otimes L} \mid \text{(古典制限条件)}\} \qquad (3.4)$$

と定義する．ここで (古典制限条件) は以下の様に指定される．

$$\bar{\xi}_{k-1} + \operatorname{wt} b_k = \bar{\xi}_k \ (1 \leq k \leq L), \quad \bar{\xi}_0 = \bar{\xi}, \ \bar{\xi}_L = \bar{\eta},$$
$$(\bar{\xi}_{k-1}, b_k) \text{ は 古典許容}. \qquad (3.5)$$

(2.57) で見た様に $\operatorname{wt} b_k$ はレベル 0 なので，$\bar{\xi}$ を始点として積算ウェイトの列

$$\bar{\xi}, \ \bar{\xi} + \operatorname{wt} b_1, \ \bar{\xi} + \operatorname{wt} b_1 + \operatorname{wt} b_2, \ldots, \ \bar{\xi} + \operatorname{wt} b_1 + \cdots + \operatorname{wt} b_L$$

はウェイト格子 $\bar{P}$ 上の行程 $\bar{\xi} = \bar{\xi}_0, \bar{\xi}_1, \ldots, \bar{\xi}_L = \bar{\eta}$ となる．このとき全ての $\bar{\xi}_k$ は $\bar{P}^+$ に留まる．これは以下の不等式による．

$$\langle h_i, \bar{\xi}_k \rangle = \langle h_i, \bar{\xi}_{k-1} \rangle + \varphi_i(b_k) - \varepsilon_i(b_k) \geq \varphi_i(b_k) \geq 0 \ (i \in \bar{I}). \qquad (3.6)$$

ここで crystal の定義 4) (2.1 節) から $\langle h_i, \operatorname{wt} b_k \rangle = \varphi_i(b_k) - \varepsilon_i(b_k)$ である事と条件 (3.3) を用いた．

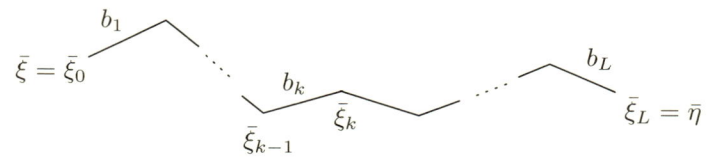

例 3.3 $U_q(\widehat{sl}_2)$ で $l = 1$ としよう．$\varepsilon_1(\boxed{1}) = 0, \varepsilon_1(\boxed{2}) = 1$ と $\langle h_1, \bar{\Lambda}_1 \rangle = 1$ に注意すると，$\bar{\xi} = j\bar{\Lambda}_1 \ (j \geq 0)$ に対して $(\bar{\xi}, \boxed{1})$ は常に古典許容であり，$(\bar{\xi}, \boxed{2})$ も $j = 0$ 以外は古典許容である．よって積算ウェイトが $\bar{\xi}_{k-1} = 0$ となった場合だけ $b_k = \boxed{1}$ に限るとしたものが古典制限パスである．例えば $\bar{\xi} = 2\bar{\Lambda}_1$ から $\bar{\eta} = \bar{\Lambda}_1$ への古典制限パスは下図の左の ● から斜め 45° の実線に沿って進み右の ● に至る行程として表される．その際古典許容の条件から点線を通るものが禁じられる．

3.1 諸種のパス

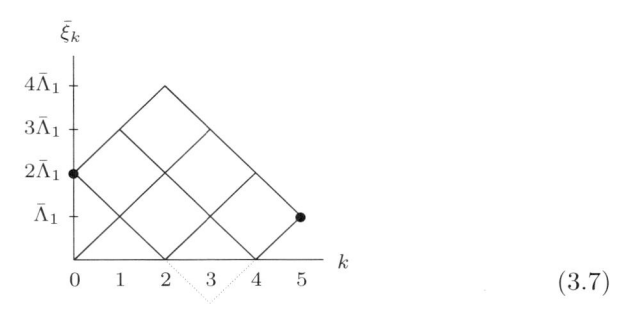

(3.7)

$\bar{\xi}_{k-1}$ と $\bar{\xi}_k$ の間の右上へのステップが $b_k = \boxed{1}$ に, 右下へのステップが $b_k = \boxed{2}$ に対応する. 図から $\mathcal{P}_+(B_1^{\otimes 5}, 2\bar{\Lambda}_1, \bar{\Lambda}_1)$ は以下の 9 個の古典制限パスからなる.

パス	11222	12122	12221	12212	21212	22112	21122	21221	22121
E	7	4	6	5	6	9	8	7	8

energy (3.21) を併記した. 同様に $\mathcal{P}_+(B_1^{\otimes 5}, 0, \bar{\Lambda}_1)$ を表にする.

パス	11122	11221	11212	12112	12121
E	8	7	6	5	4

例 5.5 には $\mathcal{P}_+(B_1^{\otimes 8}, 0, 0)$ のパスの一部が挙げられている.

例 3.4 $U_q(\widehat{sl}_3)$ で $l=1$ としよう. 非制限パスは例 3.2 で扱った. crystal グラフから $i \in \bar{I} = \{1,2\}$ に対し $\varepsilon_i \neq 0$ となるのは $\varepsilon_1(\boxed{2}) = \varepsilon_2(\boxed{3}) = 1$ だけである. 一方 $\bar{\xi}_{k-1} = j_1\bar{\Lambda}_1 + j_2\bar{\Lambda}_2$ とすると $(\bar{\xi}_{k-1}, b_k)$ が古典許容 という条件 (3.3) は $\varepsilon_1(b_k) \leq j_1, \varepsilon_2(b_k) \leq j_2$ となる. よって j_1, j_2 は常に非負で, 特に $j_1 = 0$ のときは $b_k = \boxed{1},\boxed{3}$, $j_2 = 0$ のときは $b_k = \boxed{1},\boxed{2}$ に限定したものが古典制限パスとなる. (3.2) の記号 $\widehat{i}$ と (A.18) に与えた $\bar{\Lambda}_i$ の表示を用いると $\widehat{i} = \epsilon_i - \epsilon$ であり, $\widehat{1}, \widehat{2}, \widehat{3}$ は長さが等しく平面上で互いに 120 度をなす. よってウェイトの列 $\bar{\xi}_0, \bar{\xi}_1, \ldots, \bar{\xi}_L$ は三角格子上を各ステップ $\widehat{1}, \widehat{2}, \widehat{3}$ のいずれかに沿って $\bar{\xi}$ から $\bar{\eta}$ まで進む行程として表される.

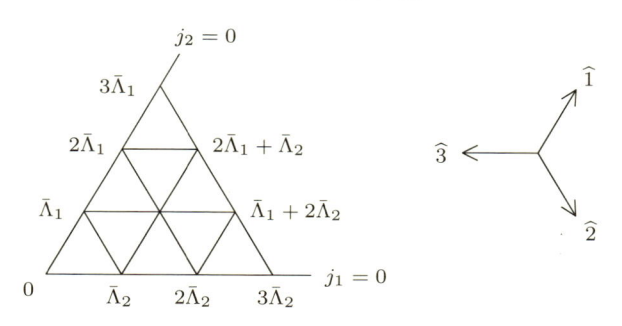

$j_1 \geq 0$ かつ $j_2 \geq 0$ の領域 $\bar{P}^+$ にとどまるのが古典制限パスである．上図は (3.7) の様に「k 軸」が入った図ではない事に注意．例えば例 3.2 の非制限パスのうち 0 から $\bar{\Lambda}_1$ への古典制限パスとなるのは以下のものだけである．

$$\mathcal{P}_+(B_1^{\otimes 4}, 0, \bar{\Lambda}_1) = \{1123, 1213, 1231\}. \tag{3.8}$$

以上の例から推察される様に $U_q(\widehat{sl}_{n+1})$ 一般でも $b \in B_1$ の場合は $(\bar{\xi}, b)$ が古典許容 (3.3) であるには $\bar{\xi} + \mathrm{wt}\, b \in \bar{P}^+$ が必要十分である．従って古典制限パスは

$$\mathcal{P}_+(B_1^{\otimes L}, \bar{\xi}, \bar{\eta}) = \{b_1 \otimes \cdots \otimes b_L \mid \bar{\xi}_k \in \bar{P}^+ \ (0 < k < L), \bar{\xi}_L = \bar{\eta}\} \tag{3.9}$$

という単純な記述を持つ．ここで (3.5) に従って $\bar{\xi}_k = \bar{\xi} + \mathrm{wt}(b_1 \otimes \cdots \otimes b_k)$ とおいた．特に $\bar{\xi} = 0$ の場合には

$p = \boxed{i_1} \otimes \cdots \otimes \boxed{i_L} \in \mathcal{P}_+(B_1^{\otimes L}, 0, \bar{\eta})$

$$\Leftrightarrow \begin{cases} \#_1\{i_1, \ldots, i_k\} \geq \#_2\{i_1, \ldots, i_k\} \geq \cdots \geq \#_{n+1}\{i_1, \ldots, i_k\} \ (1 \leq k \leq L), \\ \mathrm{wt}(p) = \bar{\eta} \end{cases}$$

$$\tag{3.10}$$

が成り立つ．ここで $\#_a\{i_1, \ldots, i_k\}$ は $i_1, \ldots, i_k$ の中の a の登場回数を表す．第一の性質を **highest** と呼ぶ．これは $\varepsilon_i(p) = 0 \ (\forall i \in \bar{I})$ と同値であり，符号規則からも容易に導ける．

$l > 1$ の場合には，$\bar{\xi}_k \in \bar{P}^+$ は古典制限条件 (3.5) の必要条件であるが一般には十分条件ではない．例 3.7 参照のこと．

3.1.3 レベル制限パス

$r \in \mathbb{Z}_{\geq 0}$ を固定する.付録 A で導入した記号 $I = \{0, 1, \ldots, n\}$, $P_r^+ = \{\sum_{i \in I} m_i \Lambda_i \mid m_i \in \mathbb{Z}_{\geq 0}, \sum_{i \in I} m_i = r\}$ を用いる. $\xi \in P_r^+$ と $b \in B_l$ に対し

$$(\xi, b) \text{ は許容} \Leftrightarrow \varepsilon_i(b) \leq \langle h_i, \xi \rangle \ (\forall i \in I) \tag{3.11}$$

と定義する. (A.3) から $\langle h_i, \xi \rangle$ は ξ の中の Λ_i の係数の事である. ξ の古典部分 ((A.13) 辺り参照) を $\bar{\xi}$ とすると (ξ, b) が許容ならば $(\bar{\xi}, b)$ は古典許容である. (3.11) を i について和をとると

$$l = \sum_{i \in I} \varepsilon_i(b) \leq \sum_{i \in I} \langle h_i, \xi \rangle = r$$

となる.ここで左の等号は (2.46) に,右の等号は $\xi \in P_r^+$ による.従って $r < l$ であると (ξ, b) は許容になり得ないので以下 $r \geq l$ と仮定する.

$\xi, \eta \in P_r^+$ について,ξ から η にいたる**レベル r 制限パス**の集合を

$$\mathcal{P}_+^{(r)}(B_l^{\otimes L}, \xi, \eta) = \{b_1 \otimes \cdots \otimes b_L \in B_l^{\otimes L} \mid (\text{レベル } r \text{ 制限条件})\} \tag{3.12}$$

と定義する.ここで (レベル r 制限条件) は ξ, η により以下の様に指定される.

$$\begin{aligned}&\xi_{k-1} + \operatorname{wt} b_k = \xi_k \ (1 \leq k \leq L), \quad \xi_0 = \xi, \ \xi_L = \eta, \\ &(\xi_{k-1}, b_k) \text{ は 許容}.\end{aligned} \tag{3.13}$$

このとき $\xi_1, \ldots, \xi_{L-1} \in P_r^+$ となる事は (3.6) と同様に確認できる.

非制限パス (3.1),古典制限パス (3.4) の定義と比較すると,$\xi, \eta \in P_r^+$ の古典部分を $\bar{\xi}, \bar{\eta}$ とすれば $\eta - \xi = \bar{\eta} - \bar{\xi}$ であり,

$$\mathcal{P}_+^{(r)}(B_l^{\otimes L}, \xi, \eta) \subseteq \mathcal{P}_+(B_l^{\otimes L}, \bar{\xi}, \bar{\eta}) \subseteq \mathcal{P}(B_l^{\otimes L}, \eta - \xi) \tag{3.14}$$

が成り立つ.$\xi \in P_r^+$ は $\xi = \bar{\xi} + r\Lambda_0$, $\bar{\xi} \in \bar{P}$ と書ける.よって $\bar{\xi}$ を固定して $r \to \infty$ とすると,(ξ, b) が許容である条件 (3.11) のうち $i = 0$ は自明化し,$(\bar{\xi}, b)$ が古典許容という条件 (3.3) に帰着する.故に

$$\lim_{r \to \infty} \mathcal{P}_+^{(r)}(B_l^{\otimes L}, \xi, \eta) = \mathcal{P}_+(B_l^{\otimes L}, \bar{\xi}, \bar{\eta}). \tag{3.15}$$

例 3.5 $U_q(\widehat{sl}_2)$ で $l = 1$ の場合.古典制限パスは例 3.3 で扱った. P_r^+ の元

$\xi = (r-j)\Lambda_0 + j\Lambda_1$ $(0 \le j \le r)$ に対して (ξ, b) が 許容 という条件は $\varepsilon_1(b) \le j$ かつ $\varepsilon_0(b) \le r - j$ である．最初の条件は古典制限条件と同じで，$j = 0$ ならば $b = \boxed{1}$ である．後半の条件は $\varepsilon_0(\boxed{1}) = 1, \varepsilon_0(\boxed{2}) = 0$ に注意すると，$j = r$ ならば $b = \boxed{2}$ となる．よって例えば $r = 2$ とすると，$2\Lambda_0$ または $2\Lambda_1$ から $\Lambda_0 + \Lambda_1$ へのレベル制限パスは以下の様に図示される．

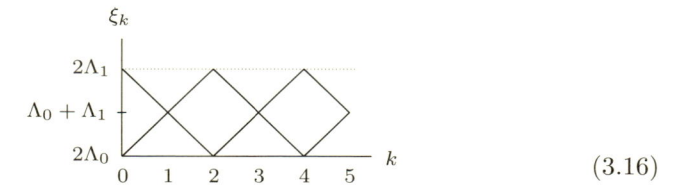

$$\tag{3.16}$$

これは (3.7) をレベル 2 で切断した図になっており，

$$\mathcal{P}_+^{(2)}(B_1^{\otimes 5}, 2\Lambda_1, \Lambda_0 + \Lambda_1) = \{21212, 22112, 21221, 22121\}, \tag{3.17}$$
$$\mathcal{P}_+^{(2)}(B_1^{\otimes 5}, 2\Lambda_0, \Lambda_0 + \Lambda_1) = \{11212, 12112, 11221, 12121\} \tag{3.18}$$

となる．これは例 3.3 の古典制限パスの部分集合である．

例 3.6 $U_q(\widehat{sl}_3)$ で $l = 1$ の場合．古典制限パスは例 3.4 で扱った．P_r^+ の元 $\xi = (r - j_1 - j_2)\Lambda_0 + j_1\Lambda_1 + j_2\Lambda_2$ に対して (ξ, b) が 許容 という条件は $(\bar{\xi}, b)$ が古典許容かつ $\varepsilon_0(b) \le r - j_1 - j_2$ である．よって古典制限パスで，更に $j_1 + j_2 = r$ の場合に $b \ne \boxed{1}$ を満たせばよい．結局 (3.13) の後で述べた条件 $\xi_1, \ldots, \xi_{L-1} \in P_r^+$ はレベル r 制限パスであるための十分条件でもある事が分かる．例えば $r = 2$ では $\mathcal{P}_+^{(2)}(B_1^{\otimes L}, \xi, \eta)$ は図

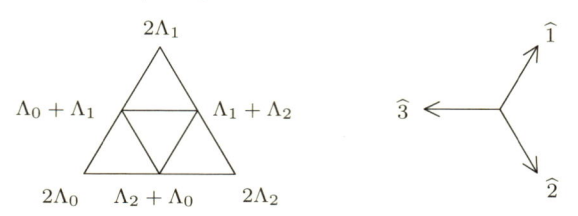

の上を ξ から η まで $\widehat{1}, \widehat{2}, \widehat{3}$ のいずれかに沿って L ステップ進む行程として表される．例えば $\mathcal{P}_+^{(2)}(B_1^{\otimes 5}, \Lambda_0 + \Lambda_1, \Lambda_1 + \Lambda_2)$ は以下のパスからなる．

パス	12231	12321	12312	23112	23121	21231	21321	21312
E	4	3	2	5	4	5	7	6

以上の例から推察される様に $U_q(\widehat{sl}_{n+1})$ 一般でも $b \in B_1$ の場合は (ξ, b) が 許容 (3.11) であるには $\xi + \mathrm{wt}\, b \in P_r^+$ が必要十分である．従ってレベル r の制限パスは以下の様な単純な記述を持つ．

$$\mathcal{P}_+^{(r)}(B_1^{\otimes L}, \xi, \eta) = \{b_1 \otimes \cdots \otimes b_L \mid \xi_k \in P_r^+ \ (0 < k < L),\ \xi_L = \eta\}. \quad (3.19)$$

ここで (3.13) に従って $\xi_k = \xi + \mathrm{wt}(b_1 \otimes \cdots \otimes b_k)$ とおいた．

例 3.7 $U_q(\widehat{sl}_2)$ で l 一般の場合．$\xi = (r-j)\Lambda_0 + j\Lambda_1 \in P_+^{(r)}$ とする．(2.46) の表記で $b = (x_1, x_2) \in B_l$ に対し，(ξ, b) が 許容である条件 (3.11) は $x_1 \leq r-j$, $x_2 \leq j$ である．このとき $\xi + \mathrm{wt}\, b = (r-j')\Lambda_0 + j'\Lambda_1$ とすると $j' = j + x_1 - x_2$ である．$x_1 - x_2 \in \{l, l-2, \ldots, -l\}$ と併せてこれらを j と j' の条件に翻訳すると以下の様になる．(特に $0 \leq j, j' \leq r$ が従う．)

$$j + j' \in \{l, l+2, \ldots, 2r-l\}, \quad j - j' \in \{-l, -l+2, \ldots, l\}. \quad (3.20)$$

パス $b_1 \otimes \cdots \otimes b_L$ が $\mathcal{P}_+^{(r)}(B_l^{\otimes L}, \xi, \eta)$ の元であるための条件は，積算ウェイト $\xi_k = \xi + \mathrm{wt}(b_1 \otimes \cdots \otimes b_k)$ を $(r-j_k)\Lambda_0 + j_k\Lambda_1$ と表したとき，$\xi_L = \eta$ かつ全ての対 (j_k, j_{k+1}) が上の条件を満たす事である．古典制限パスの場合は $r \to \infty$ とすればよい．条件 (3.20) は $\widehat{sl}_2$ レベル r Wess-Zumino-Witten 共形場理論の**フュージョン則** [98] と呼ばれる．

3.2　一様パスの 1 次元状態和

一様なパス $b_0 \otimes b_1 \otimes \cdots \otimes b_L \in B_l^{\otimes L+1}$ の **energy** $E \in \mathbb{Z}$ を

$$E(b_0 \otimes b_1 \otimes \cdots \otimes b_L) = \sum_{k=0}^{L-1}(L-k)H(b_k \otimes b_{k+1}) \quad (3.21)$$

と定義する．ここで H は $B_l \otimes B_l$ 上の局所 energy (2.70) である．特に最も簡単な B_1 の場合には (2.71) で与えられる．

パスの energy の母関数

$$\sum_{p:\text{パス}} q^{E(p)}$$

を **1 次元状態和**という．ここで q は不定元である*1)．1 次元状態和は正整数係数の q の多項式である．前節では非制限パス $\mathcal{P}(B_l^{\otimes L}, \lambda)$ (3.1)，古典制限パス $\mathcal{P}_+(B_l^{\otimes L}, \bar{\xi}, \bar{\eta})$ (3.4)，レベル r 制限パス $\mathcal{P}_+^{(r)}(B_l^{\otimes L}, \xi, \eta)$ (3.12) を導入した．ここで $\lambda, \bar{\xi}, \bar{\eta} \in \bar{P}$, $\xi, \eta \in P_r^+$, $r \geq l$ である．これに応じて 1 次元状態和も以下の 3 種類を考える．

$$g_L(b, \lambda) = \sum_{p \in \mathcal{P}(B_l^{\otimes L}, \lambda)} q^{E(b \otimes p)}, \qquad (3.22)$$

$$X_L(b, \bar{\xi}, \bar{\eta}) = \sum_{p \in \mathcal{P}_+(B_l^{\otimes L}, \bar{\xi}, \bar{\eta})} q^{E(b \otimes p)}, \qquad (3.23)$$

$$X_L^{(r)}(b, \xi, \eta) = \sum_{p \in \mathcal{P}_+^{(r)}(B_l^{\otimes L}, \xi, \eta)} q^{E(b \otimes p)}. \qquad (3.24)$$

ここで $b \in B_l$ である．$(\bar{\xi} - \text{wt}\, b, b)$ が古典許容でない場合は $X_L(b, \bar{\xi}, \bar{\eta}) = 0$ と定める．$X_L^{(r)}(b, \xi, \eta)$ についても同様．(3.15) から，以下の関係式が成り立つ．

$$X_L(b, \bar{\xi}, \bar{\eta}) = \lim_{r \to \infty} X_L^{(r)}(b, \xi, \eta). \qquad (3.25)$$

例 3.8 例 3.1 の表から，$U_q(\widehat{sl}_2)$ の非制限 1 次元状態和

$$g_3(\boxed{1}, -\bar{\Lambda}_1) = q^2 + q^3 + q^4, \quad g_3(\boxed{2}, \bar{\Lambda}_1) = q^4 + q^5 + q^6$$

を得る．同様に例 3.2 の表から $U_q(\widehat{sl}_3)$ の非制限 1 次元状態和として

$$g_3(\boxed{1}, 0) = q + 2q^2 + 2q^3 + q^4,$$
$$g_3(\boxed{2}, 2\bar{\Lambda}_1 - \bar{\Lambda}_2) = q^3 + q^4 + q^5,$$
$$g_3(\boxed{3}, \bar{\Lambda}_1 + \bar{\Lambda}_2) = q^4 + q^5 + q^6.$$

例 3.9 $\mathcal{P}_+(B_l^{\otimes L+1}, \bar{\xi}, \bar{\eta})$ の元を $b \otimes p\,(b \in B_l, p \in B_l^{\otimes L})$ と書くと，$p \in$

---

*1) 表現論的な文脈ではこの q は「U_q の q」とは別物で，アフィン Lie 環の null ルート δ と $q = e^{-\delta}$ と関係する指標の変数である．(3.56) 辺り参照．

$\mathcal{P}_+(B_l^{\otimes L}, \bar{\xi} + \mathrm{wt}\, b, \bar{\eta})$ に注意して，例 3.3 の表から $U_q(\widehat{sl}_2)$ の場合に

$$X_4(\boxed{1}, 3\bar{\Lambda}_1, \bar{\Lambda}_1) = q^4 + q^5 + q^6 + q^7,$$
$$X_4(\boxed{2}, \bar{\Lambda}_1, \bar{\Lambda}_1) = q^6 + q^7 + 2q^8 + q^9,$$
$$X_4(\boxed{1}, \bar{\Lambda}_1, \bar{\Lambda}_1) = q^4 + q^5 + q^6 + q^7 + q^8.$$

同様に例 3.4 と例 3.2 の表から $U_q(\widehat{sl}_3)$ の古典制限 1 次元状態和として

$$X_3(\boxed{1}, \bar{\Lambda}_1, \bar{\Lambda}_1) = q + q^2 + q^3.$$

例 3.10 例 3.9 と同様に，例 3.5 と例 3.3 の表から $U_q(\widehat{sl}_2)$ の場合に

$$X_4^{(2)}(\boxed{2}, \Lambda_0 + \Lambda_1, \Lambda_0 + \Lambda_1) = q^6 + q^7 + q^8 + q^9,$$
$$X_4^{(2)}(\boxed{1}, \Lambda_0 + \Lambda_1, \Lambda_0 + \Lambda_1) = q^4 + q^5 + q^6 + q^7.$$

同様に例 3.6 の表から $U_q(\widehat{sl}_3)$ のレベル制限 1 次元状態和として

$$X_4^{(2)}(\boxed{1}, 2\Lambda_1, \Lambda_1 + \Lambda_2) = q^2 + q^3 + q^4,$$
$$X_4^{(2)}(\boxed{2}, \Lambda_2 + \Lambda_0, \Lambda_1 + \Lambda_2) = q^4 + 2q^5 + q^6 + q^7.$$

1 次元状態和 (3.22)–(3.24) で $p = b_1 \otimes \cdots \otimes b_L$ についての和を $c := b_1$ と $b_2 \otimes \cdots \otimes b_L$ に分ければ漸化式

$$g_L(b, \lambda) = \sum_{c \in B_l} q^{LH(b \otimes c)} g_{L-1}(c, \lambda - \mathrm{wt}(c)), \tag{3.26}$$

$$X_L(b, \bar{\xi}, \bar{\eta}) = {\sum_{c \in B_l}}' q^{LH(b \otimes c)} X_{L-1}(c, \bar{\xi} + \mathrm{wt}(c), \bar{\eta}), \tag{3.27}$$

$$X_L^{(r)}(b, \xi, \eta) = {\sum_{c \in B_l}}'' q^{LH(b \otimes c)} X_{L-1}^{(r)}(c, \xi + \mathrm{wt}(c), \eta) \tag{3.28}$$

が得られる．ここで $\sum'$ は $(\bar{\xi}, c)$ が古典許容，$\sum''$ は (ξ, c) が許容という条件つきの和を表す．1 次元状態和はこれらと初期条件 $g_0(b, \lambda) = \delta_{\lambda,0}$, $X_0(b, \bar{\xi}, \bar{\eta}) = \delta_{\bar{\xi},\bar{\eta}}$, $X_0^{(r)}(b, \xi, \eta) = \delta_{\xi,\eta}$ から一意的に決定される．以下の図は漸化式 (3.28) を把握する助けになるであろう．漸化式 (3.27) も同様である．

$$\begin{array}{c} b \quad \xi \\ \xi-\mathrm{wt}(b) \quad \xi+\mathrm{wt}(c) \end{array} \cdots\cdots\cdots\cdots\cdots \eta \qquad (3.29)$$

3.3 B_1 の場合の明示式

$B_{l=1}$ の場合には簡単な計算で1次元状態和の明示式が得られる．非負整数 k について

$$(z;q)_k = (1-z)(1-zq)\cdots(1-zq^{k-1}), \quad (q)_k = (q;q)_k \qquad (3.30)$$

とおく．$L = k_1 + \cdots + k_{n+1}$ に対して **q 多項係数**

$$\begin{bmatrix} L \\ k_1,\ldots,k_{n+1} \end{bmatrix}_q = \frac{(q)_L}{(q)_{k_1}\cdots(q)_{k_{n+1}}} \qquad (3.31)$$

は q の多項式であり，$q \to 1$ で多項係数 $\frac{L!}{k_1!\cdots k_{n+1}!}$ になる．多項式である事は漸化式

$$\begin{bmatrix} L \\ k_1,\ldots,k_{n+1} \end{bmatrix}_q = \sum_{i=1}^{n+1} q^{L-k_1-k_2-\cdots-k_i} \begin{bmatrix} L-1 \\ \ldots, k_i-1, \ldots \end{bmatrix}_q \qquad (3.32)$$

から分かる．右辺で k_i を $k_{\sigma(i)}$ に置換した式も成立する．$n=1$ の場合に限り，**q 2項係数** $\begin{bmatrix} L \\ k_1,k_2 \end{bmatrix}_q$ を $\begin{bmatrix} L \\ k_1 \end{bmatrix}_q = \begin{bmatrix} L \\ L-k_1 \end{bmatrix}_q$ とも略記する．

命題 3.11 ([2, 39]) $U_q(\widehat{sl}_{n+1})$ で $l=1$ の場合，(3.22) について次式が成り立つ．

$$g_L(\boxed{i}, \lambda) = q^{\frac{1}{2}\sum_{j=1}^{n+1} k_j(k_j-1) + \sum_{j=1}^{i} k_j} \begin{bmatrix} L \\ k_1,\ldots,k_{n+1} \end{bmatrix}_q. \qquad (3.33)$$

ここで k_i は $\lambda = \sum_{i=1}^{n+1} k_i \widehat{i}$ と $\sum_{i=1}^{n+1} k_i = L$ から一意的に決まる非負整数である．(k_j 達が全て非負整数にならない場合は $g_L(b,\lambda) = 0$．)

証明 初期条件 $g_0(b,\lambda) = \delta_{\lambda,0}$ は満たしているので，漸化式 (3.26) を確認すればよい．$b = \boxed{i}, c = \boxed{j}, \lambda = \sum_{i=1}^{n+1} k_i \widehat{i}$ として上の表式を代入する．漸化式の右辺は j についての和であり，$\lambda - \mathrm{wt}(c)$ に対応して k_j を $k_j - 1$ に置き換

える．H に (2.71) を用いて整理すると示すべき式は次の様になる．

$$\begin{bmatrix} L \\ k_1,\ldots,k_{n+1} \end{bmatrix}_q = \sum_{1\leq j\leq i} q^{L-k_j-k_{j+1}-\cdots-k_i} \begin{bmatrix} L-1 \\ \ldots,k_j-1,\ldots \end{bmatrix}_q$$
$$+ \sum_{i<j\leq n+1} q^{k_{i+1}+k_{i+2}+\cdots+k_{j-1}} \begin{bmatrix} L-1 \\ \ldots,k_j-1,\ldots \end{bmatrix}_q.$$

これは (3.32) で $k_1,\ldots,k_{n+1}$ を適当に並び替えたものに帰着する． ■

$\widehat{sl}_2$ の場合に (3.33) を具体的に書き下すと

$$g_L(\boxed{1},t\bar{\Lambda}_1) = q^{\frac{t(t+2)+L^2}{4}} \begin{bmatrix} L \\ \frac{L+t}{2} \end{bmatrix}_q, \quad g_L(\boxed{2},t\bar{\Lambda}_1) = q^{\frac{t^2+L(L+2)}{4}} \begin{bmatrix} L \\ \frac{L+t}{2} \end{bmatrix}_q. \tag{3.34}$$

例 3.8 の $U_q(\widehat{sl}_2)$ の場合が確認できる．同例の $U_q(\widehat{sl}_3)$ の場合は

$$g_3(\boxed{1},0) = q \begin{bmatrix} 3 \\ 1,1,1 \end{bmatrix}_q, \quad g_3(\boxed{2},2\bar{\Lambda}_1-\bar{\Lambda}_2) = q^3 \begin{bmatrix} 3 \\ 2,0,1 \end{bmatrix}_q,$$
$$g_3(\boxed{3},\bar{\Lambda}_1+\bar{\Lambda}_2) = q^4 \begin{bmatrix} 3 \\ 2,1,0 \end{bmatrix}_q.$$

後の便宜のため (3.33) を以下の様に書く ($1 \leq i \leq n+1$)．

$$g_L(\boxed{i},\lambda) = q^{\frac{1}{2}|\lambda+\Lambda_i|^2+c_{L,i}} \begin{bmatrix} L \\ \lambda \end{bmatrix}_q, \quad c_{L,i} = \frac{(L+i)(L+i-n-1)}{2(n+1)}. \tag{3.35}$$

ここで $\Lambda_{n+1} = \Lambda_0$ としている．また $|\cdot|^2 = (\cdot|\cdot)$ は (A.8) で指定される P 上の内積である．q の冪が上の様に表される事は，(3.2) と (A.18) を用いて示される．これまで $g_L(\boxed{i},\lambda)$ では，$\lambda \in \bar{P}$ としていたが，表式 (3.35) により定義域をアフィンのウェイト格子 $\lambda \in P = \mathbb{Z}\Lambda_0 + \cdots + \mathbb{Z}\Lambda_n + \mathbb{Z}\delta$ (A.4) に拡張する．$\bar{\lambda} = \sum_{j=1}^{n+1} k_j \widehat{j}$ とすると，$\frac{1}{2}|\bar{\lambda}+s\delta+\Lambda_i|^2 = \frac{1}{2}|\bar{\lambda}+\Lambda_i|^2+s$ であるから

$$g_L(\boxed{i},\bar{\lambda}+s\delta) = q^s g_L(\boxed{i},\bar{\lambda}) \tag{3.36}$$

となる．右辺の $g_L(\boxed{i},\bar{\lambda})$ は (3.33) により与えられる．

古典制限状態和とレベル制限状態和の明示式を与える準備として，sl_{n+1} の**古典 Weyl 群** $\overline{W}$ と $\widehat{sl}_{n+1}$ の**アフィン Weyl 群** W を導入する．$\overline{W}$ は**単純鏡映** $r_1,\ldots,r_n$ が生成する $\bar{\mathfrak{h}}^* = \mathbb{C}\bar{\Lambda}_1 \oplus \cdots \oplus \mathbb{C}\bar{\Lambda}_n$ (A.14) の変換群である．こ

こで r_i は単純ルート α_i に垂直な平面についての鏡映であり，以下の様に作用する．

$$r_i(\lambda) = \lambda - \langle h_i, \lambda\rangle \alpha_i. \tag{3.37}$$

具体的には (A.3) から $r_i(\bar{\Lambda}_j) = \bar{\Lambda}_j - \delta_{ij}\sum_{k=1}^n C_{ik}\bar{\Lambda}_k$. （$(C_{ij})$ は sl_{n+1} の Cartan 行列．）sl_{n+1} のルート系の実現 (A.18) を用いると，r_i は正規直交基底 $\epsilon_1,\ldots,\epsilon_{n+1}$ の互換 $\epsilon_i \leftrightarrow \epsilon_{i+1}$ となり，$\overline{W}$ は対称群 $\mathfrak{S}_n$ と同型である事がわかる．

$\widehat{sl}_{n+1}$ の Weyl 群 W は，単純鏡映 $r_0,\ldots,r_n$ により生成される $\mathfrak{h}^* = \mathbb{C}\Lambda_0 \oplus \cdots \oplus \mathbb{C}\Lambda_n \oplus \mathbb{C}\delta$ (A.2) の変換群であり，部分群として $\overline{W}$ を含む．r_0 の作用は再び (3.37) による．但し (A.5) により $\alpha_0 = \delta - \alpha_1 - \cdots - \alpha_n$ である．W の元 w の生成元の積による表示 $w = r_{i_1}\cdots r_{i_k}$ は一意的ではないが，$(-1)^k$ は一意に定まる．この符号を $\det w$ と書く．単純鏡映は $(r_i(\lambda)|r_i(\mu)) = (\lambda|\mu)$ を満たし，$r_j(\Lambda_i) = \Lambda_i$ $(j \neq i)$ なので，(3.35) から

$$g_L(\boxed{i}, \lambda) = g_L(\boxed{i}, r_j(\lambda)) \quad (j \neq i) \tag{3.38}$$

が成り立つ．但し $i = n+1$ のとき，$j \neq i$ は $j \neq 0$ の意味である．

命題 3.12 ([2, 39])

$$X_L(b,\bar{\xi},\bar{\eta}) = \sum_{w\in\overline{W}} \det w\, g_L(b, w(\bar{\eta}+\bar{\rho}) - \bar{\xi} - \bar{\rho}), \tag{3.39}$$

$$X_L^{(r)}(b,\xi,\eta) = \sum_{w\in W} \det w\, g_L(b, w(\eta+\rho) - \xi - \rho). \tag{3.40}$$

ここで $\bar{\rho}, \rho$ は (A.13), (A.7) で定義された元である．

証明 (3.40) を示す．(3.39) も同様である．$F_L(b,\xi,\eta)$ を (3.40) の右辺とする．F_L が $X_L^{(r)}$ の漸化式 (3.28) と初期条件 $F_0(b,\xi,\eta) = \delta_{\xi,\eta}$ を満たす事を示せばよい．$g_0(b,\lambda) = \delta_{\lambda,0}$ は既知であり，$w(\eta+\rho) = \xi + \rho$ が成り立つのは $w = 1$ かつ $\xi = \eta$ に限るので，初期条件は満たしている．$g_L(b,\lambda)$ の漸化式 (3.26) で，$\lambda = w(\eta+\rho) - \xi - \rho$ とおき，$\det w$ をかけて $w \in W$ について和をとると

$$F_L(b,\xi,\eta) = \sum_{c\in B_1} q^{LH(b\otimes c)} F_{L-1}(c,\xi+\mathrm{wt}(c),\eta) \tag{3.41}$$

となる．これが $X_L^{(r)}$ の漸化式 (3.28) と一致するには，右辺で (ξ,c) が許容でない c からの寄与が 0 であればよい．(3.19) の前の注意により (ξ,c) が許容という条件は単に $\xi+\mathrm{wt}(c)\in P_r^+$ (A.6) である．$\xi=\xi_0\Lambda_0+\cdots+\xi_n\Lambda_n\in P_r^+$，$c=\boxed{j}$ とおくと，$\mathrm{wt}(c)=\widehat{j}=\Lambda_j-\Lambda_{j-1}$ から $\xi+\mathrm{wt}(c)\not\in P_r^+$ となるのは $\xi_{j-1}=0$ にときに限る．このとき $\xi+\mathrm{wt}(c)+\rho$ の Λ_{j-1} の係数も 0 なので $r_{j-1}(\xi+\mathrm{wt}(c)+\rho)=\xi+\mathrm{wt}(c)+\rho$ が成り立つ．これを用いると

$$\begin{aligned}
F_{L-1}(c,\xi+\mathrm{wt}(c),\eta) &= \sum_{w\in W} \det w\, g_{L-1}(c,w(\eta+\rho)-\xi-\mathrm{wt}(c)-\rho)\\
&= \sum_{w\in W} \det w\, g_{L-1}(c,w(\eta+\rho)-r_{j-1}(\xi+\mathrm{wt}(c)+\rho))\\
&= \sum_{w\in W} \det w\, g_{L-1}(c,r_{j-1}^{-1}w(\eta+\rho)-\xi-\mathrm{wt}(c)-\rho)\\
&= -F_{L-1}(c,\xi+\mathrm{wt}(c),\eta)=0.
\end{aligned}$$

ここで (3.38) と，w の和は $r_{j-1}w$ についての和と同じである事を用いた．∎

例 3.13 $\widehat{sl}_2$ の場合に (3.39) を具体的に書き下す．

$$X_L(b,j\bar{\Lambda}_1,k\bar{\Lambda}_1) = g_L(b,(k-j)\bar{\Lambda}_1) - g_L(b,(-k-j-2)\bar{\Lambda}_1). \tag{3.42}$$

この式の内容は**鏡像法**である．以下の図で，$j\bar{\Lambda}_1$ から $k\bar{\Lambda}_1$ に至るパスのうち，古典制限条件を破るもの (太線) は，必ずウェイト $-\bar{\Lambda}_1$ を通過する．最初の通過点を A とし，それ以降を $-\bar{\Lambda}_1$ に関して折り返せば，その様なパスは鏡像の位置にあるウェイト $(-k-2)\bar{\Lambda}_1$ に至るパス (細線) と 1:1 対応する．しかもこの折り返しにより対応するパスの二つの集団の energy 母関数は一致する．これは A を始点として右側の長さを M としたとき，$g_M(\boxed{2},(k+1)\bar{\Lambda}_1)=g_M(\boxed{2},-(k+1)\bar{\Lambda}_1)$ となる事から従う．(3.38) を見よ．

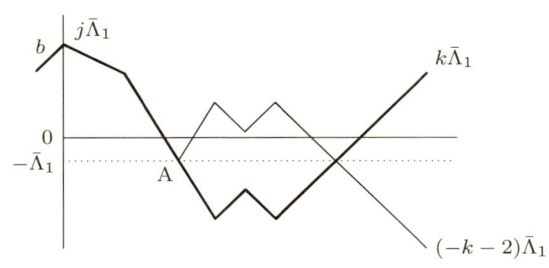

レベル制限 1 次元状態和の式 (3.40) も同様の鏡像法の意味を持つ．例えば (3.16) の $r=2$ の場合，$3\Lambda_0-\Lambda_1$ と $3\Lambda_1-\Lambda_0$ に鏡を設け，それらで鏡映した点を終点とする非制限パスの寄与の交代和となる．但し鏡が 2 枚あるせいで，鏡像，その鏡像，そのまた鏡像．．．という具合に無限個の項からなる．この様な事情を反映して一般にアフィン Weyl 群は無限群であり，半直積

$$W = \overline{W} \ltimes Q \qquad (3.43)$$

になる．$\widehat{sl}_{n+1}$ では Q はルート格子 $Q = \sum_{i=1}^n \mathbb{Z}\alpha_i$ による**平行移動**のなす正規部分群である．具体的には $\mathfrak{h}^* = \mathbb{C}\Lambda_0 + \cdots + \mathbb{C}\Lambda_n + \mathbb{C}\delta$ の元 λ に対し，

$$t_\alpha(\lambda) = \lambda + \langle \lambda, c \rangle \alpha - \left((\lambda|\alpha) + \frac{1}{2}|\alpha|^2 \langle \lambda, c \rangle \right) \delta \quad (\alpha \in Q) \qquad (3.44)$$

と作用する．$\langle \lambda, c \rangle$ は λ の**レベル**である．レベルと null ルート δ は W の作用で不変である．(A.5)–(A.9) 辺りを見よ．一方 $\overline{W}$ は古典部分 $\overline{\mathfrak{h}}^* = \mathbb{C}\overline{\Lambda}_1 + \cdots + \mathbb{C}\overline{\Lambda}_n$ にのみ (3.37) によって作用する．

レベル制限 1 次元状態和 $X_L^{(r)}(\boxed{i}, \xi, \eta)$ の表式 (3.40) に g_L の明示式 (3.35) を代入すると，q の冪で $c_{L,i}$ 以外の部分は $\frac{1}{2}|w(\eta+\rho)-\xi-\rho+\Lambda_i|^2$ となる．ここで $\zeta = \xi - \Lambda_i$ とおく．$X_L^{(r)}(\boxed{i}, \xi, \eta)$ が非自明なのは $(\xi - \widehat{i}, \boxed{i})$ が許容のときであった．((3.24) の下の注意．) よって $\zeta \in P_+^{r-1}$ である．(3.43) に従ってアフィン Weyl 群の元 $w \in W$ を改めて $t_\alpha w$ ($\alpha \in Q, w \in \overline{W}$) と表示し，$\langle \eta + \rho, c \rangle = r + n + 1$ を m と書くと上記の冪は

$$\frac{1}{2}|t_\alpha w(\eta+\rho)-\zeta-\rho|^2$$
$$=\frac{1}{2}\left|w(\eta+\rho)+m\alpha-\left(\frac{m}{2}|\alpha|^2+(w(\eta+\rho)|\alpha)\right)\delta-\zeta-\rho\right|^2$$
$$=\frac{1}{2}|w(\bar\eta+\bar\rho)+m\alpha-\bar\zeta-\bar\rho|^2-\frac{m}{2}|\alpha|^2-(w(\bar\eta+\bar\rho)|\alpha)$$
$$=\frac{m(m-1)}{2}\left|\alpha-\frac{\bar\zeta+\bar\rho}{m-1}+\frac{w(\bar\eta+\bar\rho)}{m}\right|^2-\frac{|\bar\zeta+\bar\rho|^2}{2(m-1)}+\frac{|\bar\eta+\bar\rho|^2}{2m}.$$

よって以下の明示式を得る ($\phi=c_{L,i}-\frac{|\bar\zeta+\bar\rho|^2}{2(m-1)}+\frac{|\bar\eta+\bar\rho|^2}{2m}$).

$$X_L^{(r)}(\boxed{i},\zeta+\Lambda_i,\eta) \quad (\zeta\in P_{r-1}^+,\eta\in P_r^+,m=r+n+1)$$
$$=q^\phi\sum_{w\in\overline{W}}\det w\sum_{\gamma\in Q-\frac{\bar\zeta+\bar\rho}{m-1}+\frac{w(\bar\eta+\bar\rho)}{m}}q^{\frac{1}{2}m(m-1)|\gamma|^2}\begin{bmatrix}L\\k_1,\ldots,k_{n+1}\end{bmatrix}_q. \quad (3.45)$$

$k_1,\ldots,k_{n+1}$ は, $\alpha=\gamma+\frac{\bar\zeta+\bar\rho}{m-1}-\frac{w(\bar\eta+\bar\rho)}{m}\in Q$ を用いて

$$\sum_{j=1}^{n+1}k_j\widehat{j}=w(\bar\eta+\bar\rho)-\bar\zeta-\bar\Lambda_i-\bar\rho+m\alpha,\quad \sum_{j=1}^{n+1}k_j=L \quad (3.46)$$

から一意的に定まり,その全てが非負整数となるときのみ q 多項係数は 0 でない. $\widehat{sl}_2$ の場合, $Q=\mathbb{Z}\alpha_1,\alpha_1=2\bar\Lambda_1,|\bar\Lambda_1|^2=\frac{1}{2}$ に注意して具体的に書き下すと以下の様になる.

$$X_L^{(r)}(\boxed{i},j\Lambda_1+(r-j)\Lambda_0,k\Lambda_1+(r-k)\Lambda_0)$$
$$=q^{\frac{(L+i)(L+i-2)}{4}-\frac{(i+j-1)^2}{4(m-1)}+\frac{(k+1)^2}{4m}+\frac{1}{4m(m-1)}}\times$$
$$\sum_{\nu\in\mathbb{Z}}\left(q^{\Delta_{i+j-1,k+1}(\nu)}\begin{bmatrix}L\\\frac{L+k-j-2m\nu}{2}\end{bmatrix}_q-q^{\Delta_{i+j-1,-k-1}(\nu)}\begin{bmatrix}L\\\frac{L-k-j-2-2m\nu}{2}\end{bmatrix}_q\right),$$
$$\Delta_{p,q}(\nu)=\frac{(2m(m-1)\nu+mp-(m-1)q)^2-1}{4m(m-1)},\quad m=r+2. \quad (3.47)$$

q 2 項係数 $\begin{bmatrix}L\\l\end{bmatrix}_q$ は $0\le l\le L$ 以外では 0 なので,実際には有限和である.古典制限 1 次元状態和 $X_L(b,\bar\xi,\bar\eta)$ についても同様に (3.39) から

$$X_L(\boxed{i}, \bar{\zeta} + \bar{\Lambda}_i, \bar{\eta}) \quad (\bar{\zeta}, \bar{\eta} \in \bar{P}^+)$$
$$= q^{c_{L,i}} \sum_{w \in \overline{W}} \det w \, q^{\frac{1}{2}|w(\bar{\eta}+\bar{\rho})-\bar{\zeta}-\bar{\rho}|^2} \begin{bmatrix} L \\ k_1, \ldots, k_{n+1} \end{bmatrix}_q. \tag{3.48}$$

ここで $c_{L,i}$ は (3.35) で指定される. $k_1, \ldots, k_{n+1}$ は (3.46) で $\alpha = 0$ とした式から一意的に定まり,その全てが非負整数となるときのみ q 多項係数は 0 でない.レベル制限 1 次元状態和の明示式と比較すると,(3.25) により,レベル無限大 $r \to \infty$ でアフィン Weyl 群の平行移動部分が凍結されて古典 Weyl 群に置き換わっている事が視察できる.特に $\widehat{sl}_2$ の場合は (3.47) で $\nu = 0, r \to \infty$ とした式であり,例 3.13 を再現する.

命題 3.12 の様な交代和は,ボゾンの Fock 空間で頻繁に用いられるアイデアであり,(3.39)–(3.40) は 1 次元状態和の**ボゾン的明示式**とも呼ばれる. $B_{l=1}$ より広いクラスの crystal で成立する事が知られている [72].

3.4 表現論的意味

1 次元状態和の表現論的な意味を説明しよう.簡単のため本節では $\widehat{sl}_2$ に話を限り,前節で求めた明示式でパスの長さ $L \to \infty \, (L \in 2\mathbb{Z})$ の極限を考える.主結果は $g_L, X_L, X_L^{(r)}$ に関してそれぞれ (3.63), (3.67), (3.75) である[*1].

長さ $L + 1$ のパスについて,energy の基準値 $E_{L,i}$ を以下の様に定める.

$$E_{L,i} = \begin{cases} E(\boxed{1} \otimes \boxed{2} \otimes \cdots \otimes \boxed{1}) = \frac{L^2}{4} & i = 1, \\ E(\boxed{2} \otimes \boxed{1} \otimes \cdots \otimes \boxed{2}) = \frac{L(L+2)}{4} & i = 2. \end{cases}$$

右辺のパスは $\boxed{1}$ と $\boxed{2}$ が交替する $B_1^{\otimes L+1}$ の元で, H の値は (2.71) を用いている. $c_{L,i} = \frac{(L+i)(L+i-2)}{4}$ (3.35) と比較して $c_{L,i} - E_{L,i} = -\frac{1}{2}|\Lambda_i|^2$ が成り立つ $(i = 1, 2, \Lambda_2 = \Lambda_0)$. 明示式 g_L (3.35), $X_L|_{\bar{\zeta}=0}$ (3.48), $X_L^{(r)}$ (3.47) を用いると以下の結果が得られる.(本節では 常に $\lim = \lim_{L \to \infty, L \in 2\mathbb{Z}}$ と了解する.)

[*1] これらは q の形式的冪級数としての等式.

3.4 表現論的意味

$$\lim q^{-E_{L,i}} g_L(\boxed{i}, \lambda) = \frac{q^{\frac{1}{2}|\lambda+\Lambda_i|^2 - \frac{1}{2}|\Lambda_i|^2}}{(q)_\infty}, \tag{3.49}$$

$$\lim q^{-E_{L,i}} X_L(\boxed{i}, \bar{\Lambda}_i, k\bar{\Lambda}_1) = q^{-\frac{1}{2}|\bar{\Lambda}_i|^2 + \frac{1}{4}k^2} \frac{1-q^{k+1}}{(q)_\infty}, \tag{3.50}$$

$$\lim q^{-E_{L,i}} X_L^{(r)}(\boxed{i}, \zeta+\Lambda_i, \eta) = \frac{q^{-\kappa}}{(q)_\infty} \sum_{\nu\in\mathbb{Z}} (q^{\Delta_{s+1,k+1}(\nu)} - q^{\Delta_{s+1,-k-1}(\nu)}). \tag{3.51}$$

ここで，以下の記号を用いた．

$$\zeta = s\Lambda_1 + (r-1-s)\Lambda_0 \in P_{r-1}^+, \quad \eta = k\Lambda_1 + (r-k)\Lambda_0 \in P_r^+, \tag{3.52}$$

$$\kappa = \frac{(s+1)^2}{4(m-1)} + \frac{|\Lambda_i|^2}{2} - \frac{(k+1)^2}{4m} - \frac{1}{4m(m-1)}$$

$$= \frac{(\zeta|\zeta+2\rho)}{2(m-1)} + \frac{(\Lambda_i|\Lambda_i+2\rho)}{6} - \frac{(\eta|\eta+2\rho)}{2m} \tag{3.53}$$

$\Delta_{p,q}, m$ は (3.47) と同じである．κ については (3.60) の注意も参照のこと．

今扱っている $B_1^{\otimes L}$ 型の一様パスでは1ステップごとにウェイトが $\pm(\Lambda_1-\Lambda_0)$ 変化する事と $L \in 2\mathbb{Z}$ を考慮すると，1次元状態和が0でないためには，(3.49) では $\lambda \in Q + \mathbb{Z}\delta$，(3.50) では $k \in 2\mathbb{Z}+i$，(3.51) では $k \in 2\mathbb{Z}+s+i$ が必要である．これらの条件を用いると極限 (3.49)–(3.51) の右辺の q の冪は全て整数である事が確認できる．

無限級数 (3.49)–(3.51) は $\widehat{sl}_2$ の**可積分最高ウェイト表現**の指標に関係している．$\widehat{sl}_2$ の定義については (A.1) を参照のこと．μ を $P^+ = \mathbb{Z}_{\geq 0}\Lambda_0 + \mathbb{Z}_{\geq 0}\Lambda_1$ (A.6) の元とするとき，

$$e_i v = 0, \; dv = 0, \; h_i v = \langle h_i, \mu\rangle v, \; f_i^{\langle h_i,\mu\rangle+1} v = 0 \quad (i=0,1)$$

を満たすベクトル v により生成される $\widehat{sl}_2$ 加群を $L(\mu)$ と書こう．μ を**最高ウェイト**，$\langle c,\mu\rangle$ を $L(\mu)$ の**レベル**という．$L(\mu)$ は既約であり，自明な場合 $L(0) = \mathbb{C}v$ 以外は無限次元であるが，その構造は詳しく分かっている [40, 95]．$L(\mu)$ は $f_{i_1}\cdots f_{i_g}v$ という形のベクトルで張られ，そのウェイトは

$$\mu - \alpha_{i_1} - \cdots - \alpha_{i_g} = \mu + (m_0 - m_1)\alpha_1 - m_0\delta \tag{3.54}$$

である．ここで m_i は添え字 $i_1,\dots,i_g \in \{0,1\}$ のなかの i の登場回数である．一般に $\widehat{sl}_2$ 加群 M について，ウェイトが $\lambda \in P$ のベクトルがなす部分空間

$$M_\lambda = \{u \in M \mid du = \langle d, \lambda \rangle u,\ h_i u = \langle h_i, \lambda \rangle u\ (i=0,1)\} \tag{3.55}$$

を**ウェイト空間**，その次元をウェイト λ の**多重度**という．ウェイト多重度の母関数

$$\mathrm{ch}\, M = \sum_\lambda (\dim M_\lambda)\, e^\lambda \tag{3.56}$$

を M の**指標**という．$P = \mathbb{Z}\Lambda_0 + \mathbb{Z}\Lambda_1 + \mathbb{Z}\delta$ の基底を $\Lambda_0, \frac{1}{2}\alpha_1, \delta$ にとり，$z = e^{\alpha_1}, q = e^{-\delta}, e^{\Lambda_0} = 1$ とおくと **Weyl-Kac の指標公式** [40, 95]

$$q^{-\frac{c(r)}{24} + h(\Lambda)} \mathrm{ch}\, L(\Lambda) = \frac{\Theta_{j+1,r+2}(z,q)}{\Theta_{1,2}(z,q)} \quad (\Lambda = j\Lambda_1 + (r-j)\Lambda_0) \tag{3.57}$$

が成り立つ．ここで $c(r), h(\Lambda)$ は Λ とそのレベル r から決まる定数

$$c(r) = \frac{3r}{r+2},\quad h(\Lambda) = \frac{(\Lambda|\Lambda + 2\rho)}{2(r+2)} = \frac{j(j+2)}{4(r+2)} \tag{3.58}$$

であり，**テータ関数** Θ は

$$\Theta_{j,m}(z,q) = \sum_{\gamma \in \mathbb{Z} + \frac{j}{2m}} q^{m\gamma^2}(z^{-m\gamma} - z^{m\gamma}) \tag{3.59}$$

により定義される．(3.57) を規格化された指標という．(3.53) の κ は

$$\kappa = h(\zeta) + h(\Lambda_i) - h(\eta) \tag{3.60}$$

と表される事に注意しよう．レベル 1 表現の指標は特に簡単で

$$\mathrm{ch}\, L(\Lambda_i) = \frac{q^{-\frac{1}{2}|\Lambda_i|^2}}{(q)_\infty} \sum_{\nu \in \mathbb{Z} + \frac{i}{2}} q^{\nu^2} z^\nu \tag{3.61}$$

となる．$1/(q)_\infty = 1 + q + 2q^2 + 3q^3 + 5q^4 + 7q^5 + 11q^6 + \cdots$ に注意すると，ウェイト $\Lambda_i + a\alpha_1 - t\delta$ の多重度は最高ウェイト近辺で以下の様になる．

3.4 表現論的意味

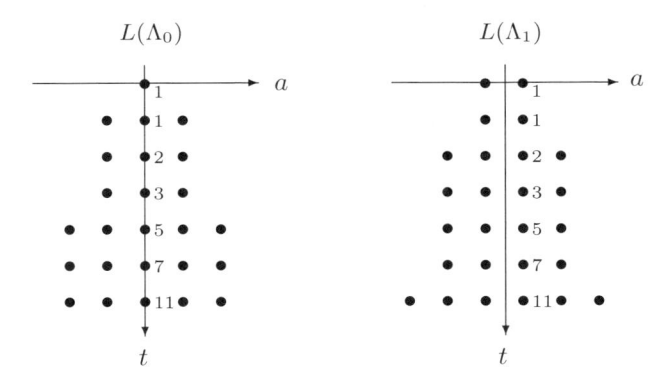

各 a について一番上の ● から真下に向かってウェイト多重度は全て $1, 1, 2, 3, 5, 7, 11, \ldots$ となり,一番上の ● 達は一つの放物線 $t = a^2 - \frac{1}{2}|\Lambda_i|^2$ 上にある.ここでは $t \leq 6$ の範囲を記した.レベル 2 表現のウェイト多重度は以下の様になる.

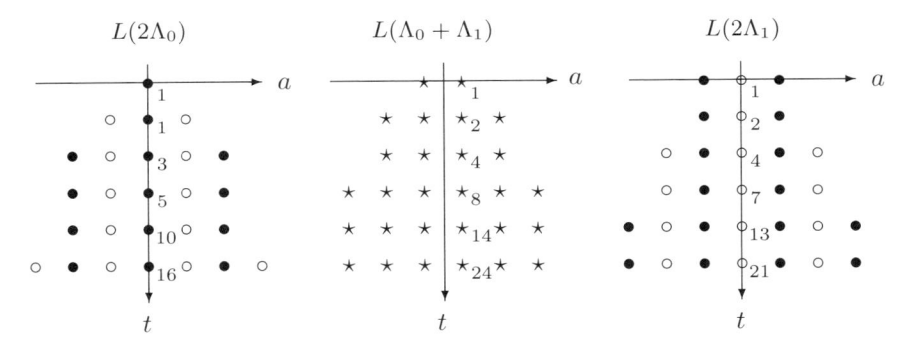

ここでは $t \leq 5$ の範囲を記した.ウェイト多重度は ● の系列については全て上から順に $1, 1, 3, 5, 10, 16, \ldots$,★ の系列については $1, 2, 4, 8, 14, 24, \ldots$,○ の系列については $1, 2, 4, 7, 13, 21, \ldots$ である.一般にこの様な null ルートの方向のウェイト多重度の母関数

$$\sum_{t \in \mathbb{Z}} \dim L(\Lambda)_{\lambda - t\delta} \, q^t \tag{3.62}$$

に q の適当な冪をかけたものを表現 $L(\Lambda)$ の**ストリング関数** [40, 95] といい,

データ表 [48] も出版されている[*1]．(3.49) と (3.61) を比較すると非制限 1 次元状態和 g_L の極限はレベル 1 表現のストリング関数を与える事が分かる．

$$\lim q^{-E_{L,i}} g_L(\boxed{i}, \lambda) = \sum_{t \in \mathbb{Z}} \dim L(\Lambda_i)_{\Lambda_i + \lambda - t\delta} \, q^t. \tag{3.63}$$

次に古典制限状態和の意味を見るために指標 (3.61) を以下の様に書き直す．

$$\mathrm{ch}\, L(\Lambda_i) = \sum_{k \geq 0,\, k \in 2\mathbb{Z}+i} \frac{z^{(k+1)/2} - z^{-(k+1)/2}}{z^{1/2} - z^{-1/2}} b^{\Lambda_i}_{k\bar{\Lambda}_1}, \tag{3.64}$$

$$b^{\Lambda_i}_{k\bar{\Lambda}_1} = q^{-\frac{1}{2}|\bar{\Lambda}_i|^2 + \frac{1}{4}k^2} \frac{1-q^{k+1}}{(q)_\infty}. \tag{3.65}$$

z の部分は $\widehat{sl}_2$ の部分代数 sl_2 の $(k+1)$ 次元既約表現の指標である．$b^{\Lambda_i}_{k\bar{\Lambda}_1}$ は $L(\Lambda_i)$ におけるその多重度の母関数であり，**古典分岐係数**と呼ばれる．

$$b^{\Lambda_i}_{k\bar{\Lambda}_1} = \sum_{t \in \mathbb{Z}} [L(\Lambda_i) : k\bar{\Lambda}_1 + \Lambda_0 - t\delta]_{cl}\, q^t. \tag{3.66}$$

ここで $[M : \mu]_{cl}$ は線形空間 $\{v \in M \mid \mathrm{wt}(v) = \mu,\, e_1 v = 0\}$ の次元を表す．$b^{\Lambda_i}_{k\bar{\Lambda}_1}$ は (3.50) と等しく，古典制限状態和の極限は古典分岐係数である事が分かる．

$$\lim q^{-E_{L,i}} X_L(\boxed{i}, \bar{\Lambda}_i, k\bar{\Lambda}_1) = \sum_{t \in \mathbb{Z}} [L(\Lambda_i) : k\bar{\Lambda}_1 + \Lambda_0 - t\delta]_{cl}\, q^t. \tag{3.67}$$

最後にレベル制限 1 次元状態和 $X_L^{(r)}$ の極限を考える．規格化された指標 (3.57) を改めて

$$\chi_{j\Lambda_1 + (r-j)\Lambda_0}(z, q) = \frac{\Theta_{j+1, r+2}(z, q)}{\Theta_{1,2}(z, q)} \tag{3.68}$$

と書くと，(3.52) における支配的ウェイトの表示 $\zeta = s\Lambda_1 + (r-1-s)\Lambda_0 \in P_{r-1}^+$，$\eta = k\Lambda_1 + (r-k)\Lambda_0 \in P_r^+$ を用いて恒等式

[*1] string 仮説の string と関係ない．

3.4 表現論的意味

$$\chi_\zeta(z,q)\chi_{\Lambda_i}(z,q) = \sum_{\substack{0\leq k\leq r \\ k\equiv s+i(2)}} b_{\zeta,\Lambda_i;\eta}(q)\chi_\eta(z,q), \tag{3.69}$$

$$b_{\zeta,\Lambda_i;\eta}(q) = \frac{q^{-c/24}}{(q)_\infty}\sum_{\nu\in\mathbb{Z}}(q^{\Delta_{s+1,k+1}(\nu)} - q^{\Delta_{s+1,-k-1}(\nu)}), \tag{3.70}$$

$$c = c(r-1) + c(1) - c(r) = 1 - \frac{6}{(r+1)(r+2)} \tag{3.71}$$

が成り立つ. (3.69) は $\widehat{sl}_2$ 加群のテンソル積の既約分解

$$L(\zeta) \otimes L(\Lambda_i) = \bigoplus_\eta (\Omega_{\zeta,\Lambda_i;\eta} \otimes L(\eta)) \tag{3.72}$$

に対応し，分解の多重度を表す $\Omega_{\zeta,\Lambda_i;\eta}$ は最高ウェイトベクトルのなす線形空間

$$\Omega_{\zeta,\Lambda_i;\eta} = \{v \in L(\zeta) \otimes L(\Lambda_i) \mid \mathrm{wt}(v) \equiv \eta \bmod \mathbb{Z}\delta, e_i v = 0\,(i=0,1)\} \tag{3.73}$$

である．ζ, Λ_i のレベルは $r-1, 1$ なので，既約分解に現れる表現の最高ウェイト η はレベル r であり，$\zeta + \Lambda_i \equiv \eta \bmod \mathbb{Z}\alpha_1$ を満たす．$\Omega_{\zeta,\Lambda_i;\eta}$ の null ルートの方向の指標が $b_{\zeta,\Lambda_i;\eta}$ である．ただし (3.57), (3.60), (3.68), (3.69), (3.71) から $b_{\zeta,\Lambda_i;\eta}(q)$ は分数冪 $-\frac{c}{24} + \kappa$ を持つので

$$b_{\zeta,\Lambda_i;\eta}(q) = q^{-c/24+\kappa}\sum_{t\in\mathbb{Z}}[L(\zeta) \otimes L(\Lambda_i) : \eta - t\delta]\,q^t \tag{3.74}$$

となる．ここで $\widehat{sl}_2$ の最高ウェイトベクトルのなす線形空間 $\{v \in M \mid \mathrm{wt}(v) = \mu, e_i v = 0\,(i=0,1)\}$ の次元を $[M:\mu]$ と書いた[*1)]．レベル制限 1 次元状態和の極限 (3.51) は $b_{\zeta,\Lambda_i;\eta}$ の表式 (3.70) の $q^{\frac{c}{24}-\kappa}$ 倍と一致しているので (3.74) から

$$\lim q^{-E_{L,i}} X_L^{(r)}(\boxed{i}, \zeta+\Lambda_i, \eta) = \sum_{t\in\mathbb{Z}}[L(\zeta) \otimes L(\Lambda_i) : \eta - t\delta]\,q^t \tag{3.75}$$

を得る．定義により右辺は $\mathrm{tr}_{\Omega_{\zeta,\Lambda_i;\eta}}(q^{-d})$ とも書ける．$b_{\zeta,\Lambda_i;\eta}(q)$ あるいは q の分数冪を除いた (3.75) は**分岐係数**と呼ばれる.

ここで分岐係数と Virasoro 代数の関係を簡単に述べておく．生成元 $\{L_n \mid$

[*1)] 先の $[M:\mu]_{cl}$ では古典部分代数 sl_2 についてのみの最高ウェイト条件 $e_1 v = 0$ が課されていた事に注意.

$n \in \mathbb{Z}\}, \hat{c}$ と交換関係

$$[L_n, L_m] = (n-m)L_{n+m} + \frac{\hat{c}}{12}(n^3 - n)\delta_{n+m,0}, \quad [\hat{c}, L_n] = 0$$

により定義される無限次元 Lie 環を **Virasoro 代数**という．$\hat{c}$ は中心元で，既約表現には定数として作用し，その値は**中心電荷** (**central charge**) と呼ばれる．一般にアフィン Lie 環の展開環に Virasoro 代数を構成する処方が**菅原構成法**として知られている [98]．$\widehat{sl}_2$ のレベル r 表現 $L(\Lambda)$ では $\hat{c}$ の値は (3.58) の $c(r)$ であり，$L_0 = h(\Lambda) - d$ となる．ここで d は $\widehat{sl}_2$ の生成元の一つ (次数作用素) である．規格化された指標 (3.57)，(3.68) は

$$\chi_\Lambda = q^{-\frac{c(r)}{24}} \mathrm{tr}_{L(\Lambda)}(q^{L_0} z^{h_1/2})$$

とも書ける．

一般にアフィン Lie 環とその部分代数の対 $\mathfrak{g} \supseteq \dot{\mathfrak{g}}$ があるとき，付随する菅原型 Virasoro 作用素 $L_n^{\mathfrak{g}}$ と $L_n^{\dot{\mathfrak{g}}}$ は，その差

$$L_n^{\mathfrak{g},\dot{\mathfrak{g}}} = L_n^{\mathfrak{g}} - L_n^{\dot{\mathfrak{g}}}$$

が $[L_n^{\mathfrak{g},\dot{\mathfrak{g}}}, L_m^{\dot{\mathfrak{g}}}] = 0$ を満たす様にとる事ができる．このとき

$$[L_n^{\mathfrak{g},\dot{\mathfrak{g}}}, L_m^{\mathfrak{g},\dot{\mathfrak{g}}}] = [L_n^{\mathfrak{g},\dot{\mathfrak{g}}}, L_m^{\mathfrak{g}}] = [L_n^{\mathfrak{g}}, L_m^{\mathfrak{g}}] - [L_n^{\dot{\mathfrak{g}}}, L_m^{\dot{\mathfrak{g}}}]$$

により $L_n^{\mathfrak{g},\dot{\mathfrak{g}}}$ は再び Virasoro 交換関係を満たし，中心元は $\hat{c}^{\mathfrak{g},\dot{\mathfrak{g}}} = \hat{c}^{\mathfrak{g}} - \hat{c}^{\dot{\mathfrak{g}}}$ となる．この様に $\mathfrak{g}$ の表現と対 $\mathfrak{g} \supseteq \dot{\mathfrak{g}}$ から Virasoro 代数の新たな表現 $L_n^{\mathfrak{g},\dot{\mathfrak{g}}}$ を得る処方箋を **Goddard-Kent-Olive 構成法**または **coset 構成法**，$\mathfrak{g} \supseteq \dot{\mathfrak{g}}$ を **coset 対**という．既約分解 (3.72) は Virasoro 代数の表現としては coset 対

$$\mathfrak{g} = \widehat{sl}_2 \oplus \widehat{sl}_2 \supset \Delta(\widehat{sl}_2) = \dot{\mathfrak{g}} \quad (3.76)$$
$$\text{レベル} \quad r-1 \quad 1 \quad r$$

に対応する分解となっている．ここで $\Delta(\widehat{sl}_2) = \{x \otimes 1 + 1 \otimes x \mid x \in \widehat{sl}_2\}$ は $\widehat{sl}_2$ に同型な部分代数である．$\Omega_{\zeta,\Lambda_i;\eta}$ は coset Virasoro 代数の表現空間となり，その中心電荷 c は $c^{\mathfrak{g}} = c(r-1) + c(1)$ と $c^{\dot{\mathfrak{g}}} = c(r)$ から $c = c(r-1) + c(1) - c(r)$ (3.71) で与えられる．$\Omega_{\zeta,\Lambda_i;\eta}$ は，$r = 2, 3, 4 \ldots$ に応じて**ミニマル・ユニタリー**

系列と呼ばれる既約表現の族をなす．分岐係数 (3.70) は coset 表現の指標である．

$$b_{\zeta,\Lambda_i;\eta}(q) = q^{-\frac{c}{24}} \mathrm{tr}_{\Omega_{\zeta,\Lambda_i;\eta}}(q^{L_0}).$$

但しこの L_0 は $L_0^{\mathfrak{g},\hat{\mathfrak{g}}}$ の意である．

ミニマル・ユニタリー系列の指標が 1 次元状態和の極限 (3.70) として現れたのは Andrews-Baxter-Forrester による **Restricted Solid-on-Solid 模型** [2] であり，可解格子模型と共形場理論，アフィン Lie 環の表現論との関連が脚光を浴びる契機となった．

本節では $\widehat{sl}_2$ で $(B_{l=1})^{\otimes L}$ というタイプのパスに限り，1 次元状態和の表現論的な意味を紹介した．l 一般の場合は (3.63), (3.67), (3.75) の右辺の $L(\Lambda_i)$ がレベル l 表現に拡張される．また，この様な表現論的な特徴づけを明示式に頼らずに与える一般論 [33, 42] があり，アフィン Lie 環の可積分表現の crystal の**パス実現**として知られている．

第4章

Fermi 公 式

非一様なパスとその 1 次元状態和を導入し，Fermi 公式を書き下す．簡単のため，本章ではレベル制限パスは扱わない．

4.1 非一様なパス

$B = B_{l_1} \otimes \cdots \otimes B_{l_L}$ とおき，部分集合

$$\mathcal{P}(B,\lambda) = \{p \in B \mid \mathrm{wt}(p) = \lambda\} \quad (\lambda \in \bar{P}), \tag{4.1}$$

$$\mathcal{P}_+(B,\lambda) = \{p \in \mathcal{P}(B,\lambda) \mid \tilde{e}_i p = 0 \, (i \in \bar{I})\} \quad (\lambda \in \bar{P}^+) \tag{4.2}$$

を導入する．ここで $\bar{I} = \{1, 2, \ldots, n\}$ であり，$\bar{P}, \bar{P}^+$ は (A.16) を参照のこと．(4.1) と (4.2) の元をそれぞれ非制限パス，古典制限パスまたは highest パス，(4.2) の性質を **highest** という．一様な場合 $l_1 = \cdots = l_L$ に特殊化すると (4.1) はそのまま (3.1) に移行する．また (4.2) と前章の $\mathcal{P}_+(B, \bar{\xi}, \bar{\eta})$ (3.4) の関係は

$$\mathcal{P}_+(B,\lambda) = \mathcal{P}_+(B, 0, \lambda) \tag{4.3}$$

である．これを示すには条件 $\tilde{e}_i p = 0$ 即ち $\varepsilon_i(p) = 0$ を具体的に記述すればよい．ε_i に対する一般式 (2.12) から，$\varepsilon_i(b \otimes b') = 0$ は $\varepsilon_i(b) = 0$ かつ $\varepsilon_i(b') \leq \varphi_i(b)$ と同値である．$\varepsilon_i(b) = 0$ と crystal の定義 $\varphi_i(b) - \varepsilon_i(b) = \langle h_i, \mathrm{wt}\, b \rangle$ (2.1 節 4)) を併せると，最後の条件は $\varepsilon_i(b') \leq \langle h_i, \mathrm{wt}\, b \rangle$ と書ける．これは $\tilde{e}_i^{\langle h_i, \mathrm{wt}\, b \rangle + 1} b' = 0$ と同値である．この事は (2.9) 辺りに述べた符号規則からも容易に分かる．(3.3) の定義を用いれば

$$b \otimes b' \text{ が highest} \Leftrightarrow b \text{ が highest} \text{ かつ } (\mathrm{wt}\, b, b') \text{ が古典許容} \tag{4.4}$$

となる．パス $p = b_1 \otimes \cdots \otimes b_L$ に対し，$b = b_1 \otimes \cdots \otimes b_{L-1}$，$b' = b_L$ とおいてこの条件を適用すると，p が highest である条件は $b_1 \otimes \cdots \otimes b_{L-1}$ が highest かつ $(\bar{\xi}_{L-1}, b_L)$ が古典許容である事と同値である．ただし $\bar{\xi}_j = \operatorname{wt} b_1 + \cdots + \operatorname{wt} b_j$ とおいた．これを繰り返して L を下げて行けば

$$\mathcal{P}_+(B,\lambda) = \left\{ b_1 \otimes \cdots \otimes b_L \in \mathcal{P}(B,\lambda) \left|\ \begin{array}{l} (\bar{\xi}_{j-1}, b_j) \text{ は古典許容} \\ j = 1, \ldots, L \end{array} \right. \right\} \quad (4.5)$$

となる．これを (3.4), (3.5) と比較すれば (4.3) が得られる．highest 条件 $\varepsilon_i(p) = 0$ は $i = 0$ を含まず，古典部分代数 $U_q(sl_{n+1})$ の crystal としての条件になっている事に注意しよう．特に $p = b_1 \otimes \cdots \in B_{l_1} \otimes \cdots$ が highest であるためには $b_1 = u_{l_1}$ が必要である．u_l の定義は (2.48) を見よ．

$U_q(\widehat{sl}_{n+1})$ の crystal B_l (2.4 節) は，古典部分代数 $U_q(sl_{n+1})$ の crystal としては日本語読み $\jmath$ (2.26) によりベクトル表現の crystal のテンソル積 $\mathbf{B}^{\otimes l}$ に埋め込める．ここで $\mathbf{B}$ は (2.25) で定義される $U_q(sl_{n+1})$ の crystal である．よって (3.10) から以下が成り立つ ($K = l_1 + \cdots + l_L$)．

$b_1 \otimes \cdots \otimes b_L \in B_{l_1} \otimes \cdots \otimes B_{l_L}$ が highest

$$\Leftrightarrow \boxed{i_1} \otimes \cdots \otimes \boxed{i_K} := \jmath(b_1) \otimes \cdots \otimes \jmath(b_L) \text{ としたとき} \quad (4.6)$$

$\#_1\{i_1, \ldots, i_k\} \geq \#_2\{i_1, \ldots, i_k\} \geq \cdots \geq \#_{n+1}\{i_1, \ldots, i_k\}\ (1 \leq k \leq K)$.

4.2 パスの energy

パスの **energy**

$$E : B_{l_0} \otimes B_{l_1} \otimes \cdots \otimes B_{l_L} \longrightarrow \mathbb{Z} \quad (4.7)$$

を導入しよう．一様な場合には (3.21) で定義された．組合せ $R : \operatorname{Aff}(B_l) \otimes \operatorname{Aff}(B_{l'}) \to \operatorname{Aff}(B_{l'}) \otimes \operatorname{Aff}(B_l)$ の作用 $x \otimes y \mapsto \tilde{y} \otimes \tilde{x}$ の図 (2.65) は付随する $H(x \otimes y)$ の値も表すものと了解しよう．すると energy E は例えば $L = 3$ の場合に以下の様に図示される．

88   4. Fermi 公式

$$
\begin{array}{c}
\quad b_1\ b_2\ b_3 \\
b_0\ \text{—交点図—}
\end{array}
\tag{4.8}
$$

図中の全ての交点における H の和を E と定義する. $L(\geq 1)$ 一般でも同様である. 一様パスの場合には同型 $x \otimes y \mapsto \tilde{y} \otimes \tilde{x}$ は $\tilde{y} = x, \tilde{x} = y$ と自明化するが, その事を

$$
x \ \begin{array}{c}y\\ \text{—}\\ \tilde{y}\end{array}\ \tilde{x} \ = \ x\ \begin{array}{c}y\\ \diagdown\diagup\\ x\end{array}\ y
\tag{4.9}
$$

と表すならば (4.8) は

$$
\tag{4.10}
$$

となる. 従って energy は $E(b_0 \otimes \cdots \otimes b_3) = 3H(b_0 \otimes b_1) + 2H(b_1 \otimes b_2) + H(b_2 \otimes b_3)$ となり, (3.21) に帰着する. 一般の非一様パスでは同型 $B_{l_i} \otimes B_{l_j} \to B_{l_j} \otimes B_{l_i}$ は非自明なのでこの様に単純化しない. 例として

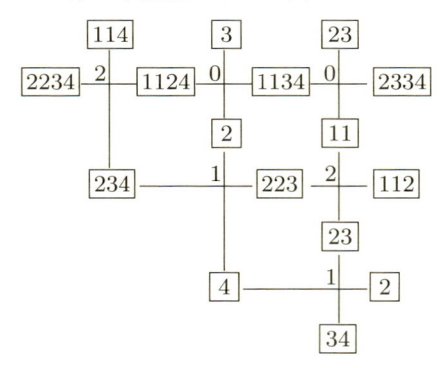

この図の一部は例 2.7 の Yang-Baxter 関係式の左辺に現れたものである. 各交点の左上に添え書きした数字が局所 energy の値である. (2.65) 参照のこと.

それらの和をとって $E(\boxed{2234} \otimes \boxed{114} \otimes \boxed{3} \otimes \boxed{23}) = 6$ を得る．この様なパスの energy の一般の定義式 [64] は以下で与えられる．

$$E(b_0 \otimes \cdots \otimes b_L) = \sum_{0 \leq i < j \leq L} H(b_i \otimes b_j^{(i+1)}). \tag{4.11}$$

ここで $b_j^{(j)} = b_j$ であり，$j > i+1$ のとき $b_j^{(i+1)}$ は，以下の様に組合せ R を右から順次適用して b_j を左端まで送った結果として得られる B_{l_j} の元である．

$$\begin{array}{ccccc}
B_{l_{i+1}} \otimes \cdots \otimes B_{l_{j-1}} \otimes B_{l_j} & \xrightarrow{\sim} & B_{l_{i+1}} \otimes \cdots \otimes B_{l_j} \otimes B_{l_{j-1}} & \xrightarrow{\sim} & \cdots \\
b_{i+1} \otimes \cdots \otimes b_{j-1} \otimes b_j & \mapsto & b_{i+1} \otimes \cdots \otimes b_j^{(j-1)} \otimes b'_{j-1} & \mapsto & \cdots \\
\cdots & \xrightarrow{\sim} & B_{l_j} \otimes B_{l_{i+1}} \otimes \cdots \otimes B_{l_{j-1}} & & \\
\cdots & \mapsto & b_j^{(i+1)} \otimes b'_{i+1} \otimes \cdots \otimes b'_{j-1}. & &
\end{array}$$

図で表すと

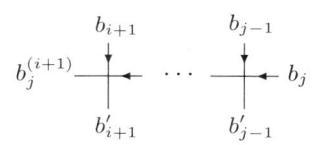

一様パスの場合は (4.9) と上図から $b_j^{(i+1)} = b_{i+1}$ となるので (4.11) は (3.21) に帰着する．一般に和 (4.11) が (4.8) (の L 一般に相当する図) の交点の H の和に一致する事を L についての帰納法で示そう．H の値を (2.65) の様に添え書きする．まず $L = 1$ は明らかで共に $H(b_0 \otimes b_1)$ に等しい．そこで例えば $L = 2$ から $L = 3$ を示す帰納法のステップを考えよう．便宜上 (4.8) の図を時計回りに 45° 回転させて描き Yang-Baxter 方程式を適用する．

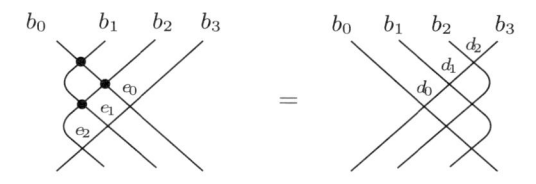

左図の H の総和が $\sum_{0 \leq i < j \leq 3} H(b_i \otimes b_j^{(i+1)})$ に一致する事を示したい．帰納法の仮定から三つの ● の H の和は $\sum_{0 \leq i < j \leq 2} H(b_i \otimes b_j^{(i+1)})$ に等しいので残り

の寄与 $e_0 + e_1 + e_2$ が $\sum_{0 \leq i < 3} H(b_i \otimes b_3^{(i+1)})$ に等しい事を示せばよい．上の
Yang-Baxter 方程式と Z-不変性 (2.5.3 項) から $e_0 + e_1 + e_2 = d_0 + d_1 + d_2$
であり，$d_2 = H(b_2 \otimes b_3^{(3)}), d_1 = H(b_1 \otimes b_3^{(2)}), d_0 = H(b_0 \otimes b_3^{(1)})$ なので示された．L 一般でも同様で，(4.8) に相当する図で b_j から下に伸びる線が水平に曲がる手前までの交点の H の総和が $\sum_{0 \leq i < j} H(b_i \otimes b_j^{(i+1)})$ に一致する．

$p = b_1 \otimes \cdots \otimes b_L$ とすると energy(4.11) は「境界項」と「バルク項」に

$$E(b_0 \otimes p) = \sum_{1 \leq j \leq L} H(b_0 \otimes b_j^{(1)}) + E(p) \\ = LH(b_0 \otimes b_1) + E(p) \quad (\text{一様パスの場合}) \tag{4.12}$$

と分解できる．定義 (4.11) は凝ったものだが，次の命題はその自然さと表現論的意味を与える．

命題 4.1 $p = b_0 \otimes \cdots \otimes b_L \in B := B_{l_0} \otimes \cdots \otimes B_{l_L}$，$\sigma$ は任意の置換とする．
(1) 組合せ R により $p \simeq \tilde{p} \in B_{l_{\sigma(0)}} \otimes \cdots \otimes B_{l_{\sigma(L)}}$ ならば $E(p) = E(\tilde{p})$．
(2) $\tilde{e}_i p \neq 0$ かつ $i \neq 0$ ならば $E(\tilde{e}_i p) = E(p)$．
(3) $\tilde{e}_0 p \neq 0$ かつ $p \in \mathcal{P}_+(B, \lambda)$ ならば $E(\tilde{e}_0 p) = E(p) - 1$．

証明 (1) p の任意の 2 成分を $b_k \otimes b_{k+1} \simeq \tilde{b}_{k+1} \otimes \tilde{b}_k$ により置き換えたものを $\tilde{p}$ として $E(p) = E(\tilde{p})$ を示せば十分．$D_j(p) = \sum_{0 \leq i < j} H(b_i \otimes b_j^{(i+1)})$ とおくと $E(p) = D_1(p) + D_2(p) + \cdots + D_L(p)$ である．実は (i) $D_j(p) = D_j(\tilde{p})$ ($j \neq k, k+1$)，(ii) $D_k(p) + D_{k+1}(p) = D_k(\tilde{p}) + D_{k+1}(\tilde{p})$ が成り立つ．$D_j(p)$ は以下の図の頂点の H の総和として図示される事に注意しよう．

(i) で $j < k$ の場合は明らか．一方 $j \geq k+2$ の場合は，上図で $b_k \otimes b_{k+1}$ をそれと同型な $\tilde{b}_{k+1} \otimes \tilde{b}_k$ で置き換えても，H の総和は Z-不変性から不変である．2.5.3 項参照のこと．(ii) を示すため $D_{k+1}(p)$ を図示する．

定義から $\tilde{b}_{k+1} = b_{k+1}^{(k)}$. この図と前図で $j \to k$ とした図の H の総和が $D_k(p) + D_{k+1}(p)$ である. $D_k(\tilde{p}) + D_{k+1}(\tilde{p})$ はそれらで $b_k \leftrightarrow \tilde{b}_{k+1}, b_{k+1} \leftrightarrow \tilde{b}_k$ と置き換えたもので, 総和が等しい事は図を併記すれば容易に確認できる.

(2) 定義漸化式 (2.63) の変化値は $\pm\delta_{i0}$ なので明らか.

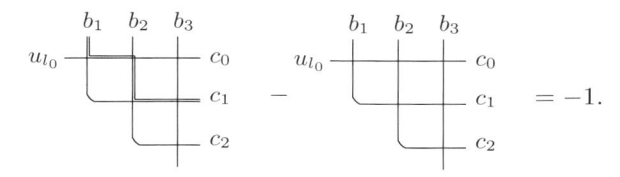

(3) (4.4) から $p = u_{l_0} \otimes b_1 \otimes \cdots \otimes b_L$ である. 但し u_l の定義は (2.48). R で p を変形しても常に最左成分は u_{l_k} であり, $\tilde{e}_0 u_{l_k} = 0$ なので $\tilde{e}_0$ は最左成分には作用しない事に注意する. 例として $L = 3$ の場合を考え, 定義の図 (4.8) と $\tilde{e}_0 p$ に対応する図の例を併記する. 2 重線は右図に比べ $\tilde{e}_0$ が作用している事を表す. 2 重線は b_i から c_j へと至り, 先の注意から途中で南西の境界上の辺を通らない. 従って交点の通過タイプは (⌐の数) − (⌞の数) = −1 となる.

$$\begin{array}{c} \end{array} - \begin{array}{c} \end{array} = -1.$$

漸化式 (2.63) により, ⌐型と⌞型では局所 energy はそれぞれ $+1, -1$ 変化するので証明された. ■

4.3 1 次 元 状 態 和

energy E の母関数として以下の**1 次元状態和**を導入する.

$$g(B, \lambda) = \sum_{p \in \mathcal{P}(B,\lambda)} q^{E(p)} \quad (\lambda \in \bar{P}), \tag{4.13}$$

$$X(B, \lambda) = \sum_{p \in \mathcal{P}_+(B,\lambda)} q^{E(p)} \quad (\lambda \in \bar{P}^+). \tag{4.14}$$

g, X をそれぞれ非制限, 古典制限 1 次元状態和と呼ぶ. 一様なパス $B = (B_l)^{\otimes L}$ に特殊化したものは g_L (3.22), X_L (3.23) と次の様な簡単な関係にある.

$$g_L(w_l, \lambda) = q^{LH(u_l \otimes u_l)} g(B_l^{\otimes L}, \lambda), \tag{4.15}$$

$$X_L(b, 0, \lambda) = q^{LH(b \otimes u_l)} X(B_l^{\otimes L}, \lambda) \quad (\forall b \in B_l). \tag{4.16}$$

ここで u_l は (2.48) で指定され,数字 $n+1$ のみからなる半標準盤を $w_l \in B_l$ とした. $H(u_l \otimes u_l) = H(w_l \otimes b) \, (\forall b \in B_l)$ である事(定理 2.6 参照)を用いると,例えば (4.15) は以下の様に導かれる.

$$g_L(w_l, \lambda) \overset{(3.22)}{=} \sum_{p \in \mathcal{P}(B_l^{\otimes L}, \lambda)} q^{E(w_l \otimes p)} \overset{(4.12)}{=} \sum_{p = b_1 \otimes \cdots \in \mathcal{P}(B_l^{\otimes L}, \lambda)} q^{LH(w_l \otimes b_1) + E(p)}$$

$$= q^{LH(u_l \otimes u_l)} \sum_{p \in \mathcal{P}(B_l^{\otimes L}, \lambda)} q^{E(p)} \overset{(4.13)}{=} q^{LH(u_l \otimes u_l)} g(B_l^{\otimes L}, \lambda).$$

命題 4.1 から,$X(B, \lambda)$ は $\mathrm{Aff}(B) = \mathrm{Aff}(B_{l_0}) \otimes \cdots \otimes \mathrm{Aff}(B_{l_L})$ における次数作用素 d (A.1 節) の値の母関数であり,これは前章と同様である.

例 4.2 $U_q(\widehat{sl}_3)$ で $B = B_2 \otimes B_2 \otimes B_1 \otimes B_1$, $\lambda = \bar{\Lambda}_1 + \bar{\Lambda}_2$ とする.このウェイトはパスを半標準盤表示した際,含まれる数字が重複度をこめて 111223 に対応する. $\mathcal{P}(B, \lambda) \supset \mathcal{P}_+(B, \lambda)$ のパスを全て energy $E(p)$ と共に表にする. $\mathcal{P}_+(B, \lambda)$ の元は + で示した.

p	E		p	E		p	E
$11 \cdot 12 \cdot 2 \cdot 3$	3	+	$12 \cdot 11 \cdot 3 \cdot 2$	5		$13 \cdot 12 \cdot 2 \cdot 1$	4
$11 \cdot 12 \cdot 3 \cdot 2$	2	+	$12 \cdot 12 \cdot 1 \cdot 3$	3		$13 \cdot 22 \cdot 1 \cdot 1$	4
$11 \cdot 13 \cdot 2 \cdot 2$	4		$12 \cdot 12 \cdot 3 \cdot 1$	2		$22 \cdot 11 \cdot 1 \cdot 3$	6
$11 \cdot 22 \cdot 1 \cdot 3$	2	+	$12 \cdot 13 \cdot 1 \cdot 2$	3		$22 \cdot 11 \cdot 3 \cdot 1$	5
$11 \cdot 22 \cdot 3 \cdot 1$	1	+	$12 \cdot 13 \cdot 2 \cdot 1$	4		$22 \cdot 13 \cdot 1 \cdot 1$	4
$11 \cdot 23 \cdot 1 \cdot 2$	2		$12 \cdot 23 \cdot 1 \cdot 1$	3		$23 \cdot 11 \cdot 1 \cdot 2$	6
$11 \cdot 23 \cdot 2 \cdot 1$	3		$13 \cdot 11 \cdot 2 \cdot 2$	5		$23 \cdot 11 \cdot 2 \cdot 1$	5
$12 \cdot 11 \cdot 2 \cdot 3$	4		$13 \cdot 12 \cdot 1 \cdot 2$	3		$23 \cdot 12 \cdot 1 \cdot 1$	7

例えば $\boxed{11} \otimes \boxed{2}$ は $11 \cdot 2$ 等と記した.この表から以下の 1 次元状態和を得る.

$$g(B, \lambda) = q + 4q^2 + 6q^3 + 6q^4 + 4q^5 + 2q^6 + q^7, \quad X(B, \lambda) = q + 2q^2 + q^3.$$

4.4 Kostka-Foulkes 多項式

分割 $\lambda = (\lambda_1, \ldots, \lambda_{n+1})$ に対し,$x = (x_1, \ldots, x_{n+1})$ の関数 $m_\lambda(x)$, $s_\lambda(x)$ を以下の様に定義する.

4.4 Kostka-Foulkes 多項式

$$m_\lambda(x) = \sum_w x_1^{w_1} \cdots x_{n+1}^{w_{n+1}}, \qquad s_\lambda(x) = \sum_{T \in \mathrm{SST}_{n+1}(\lambda)} x^{\mathrm{wt}(T)}.$$

$w = (w_1, \ldots, w_{n+1})$ の和は $(\lambda_1, \lambda_2, \ldots, \lambda_{n+1})$ の全ての異なる置換全体にわたる．また半標準盤 T に登場する数字 i の個数を m_i として，$x^{\mathrm{wt}(T)} = x_1^{m_1} \cdots x_{n+1}^{m_{n+1}}$ と書いた．(2.18)–(2.20) 辺り参照．$m_\lambda(x), s_\lambda(x)$ はともに $|\lambda|$ 次の同次対称多項式で，それぞれ**単項対称多項式**，**Schur 関数**という．$s_\lambda(x)$ は λ を最高ウェイトとする gl_{n+1} の既約表現の指標であり，ウェイト μ の部分空間の Weyl 群軌道の指標が $m_\mu(x)$ である．($x_1 \cdots x_{n+1} = 1$ を課すと sl_{n+1} の指標になる．) 例えば

$$\mathrm{SST}_3((2,1)) = \left\{ \begin{array}{|c|c|}\hline 1&1\\\hline 2\\\cline{1-1}\end{array}, \begin{array}{|c|c|}\hline 1&1\\\hline 3\\\cline{1-1}\end{array}, \begin{array}{|c|c|}\hline 1&2\\\hline 2\\\cline{1-1}\end{array}, \begin{array}{|c|c|}\hline 1&2\\\hline 3\\\cline{1-1}\end{array}, \begin{array}{|c|c|}\hline 1&3\\\hline 2\\\cline{1-1}\end{array}, \begin{array}{|c|c|}\hline 1&3\\\hline 3\\\cline{1-1}\end{array}, \begin{array}{|c|c|}\hline 2&2\\\hline 3\\\cline{1-1}\end{array}, \begin{array}{|c|c|}\hline 2&3\\\hline 3\\\cline{1-1}\end{array} \right\}$$

は $n=2$, $\lambda = (2,1,0) = \square\!\square\,/\,\square$ の例であり，

$$s_{(2,1)}(x) = x_1^2 x_2 + x_1^2 x_3 + x_1 x_2^2 + 2x_1 x_2 x_3 + x_1 x_3^2 + x_2^2 x_3 + x_2 x_3^2$$

となる．$s_\lambda(x), m_\lambda(x)$ は共に x_i 達の対称多項式のなす環の基底をなし，一方を他方の線形結合で一意的に表す事ができる[*1]．上の例では

$$s_{(2,1)}(x) = m_{(2,1)}(x) + 2m_{(1,1,1)}(x),$$
$$m_{(2,1)}(x) = x_1^2 x_2 + x_1^2 x_3 + x_1 x_2^2 + x_1 x_3^2 + x_2^2 x_3 + x_2 x_3^2,$$
$$m_{(1,1,1)}(x) = x_1 x_2 x_3$$

が確認できる．一般に関係式

$$s_\lambda(x) = \sum_\mu K_{\lambda\mu} m_\mu(x) \tag{4.17}$$

における遷移係数 $K_{\lambda\mu}$ を **Kostka 数**という．(4.17) は gl_{n+1} の既約表現がウェイト空間の直和である事の指標による表現に他ならない．$K_{\lambda\mu}$ は最高ウェイト λ の表現における ウェイト μ の多重度であり，非負整数である．

Kostka 数にはテンソル積の既約分解の多重度という特徴づけもある．最高ウェイトがヤング図 $\mu = (\mu_1, \ldots, \mu_L)$ でラベルされる gl_{n+1} の既約表現を $V(\mu)$

[*1] 無限変数の対称多項式環により，変数の数に依らない普遍的な定式化 [61] がある．

とする*1). 1行の場合 $\mu = (m)$ の $V((m))$ は m 階対称テンソル表現で，その
テンソル積は以下の様に既約分解する．

$$V((\mu_1)) \otimes \cdots \otimes V((\mu_L)) = \bigoplus_\lambda K_{\lambda\mu} V(\lambda). \quad (4.18)$$

ここで λ の和は $\ell(\lambda) \leq n+1, |\lambda| = |\mu|$ を満たすヤング図全体にわたる．$\ell(\lambda)$ は
λ の長さである．$K_{\lambda\mu}$ は既約成分 $V(\lambda)$ の多重度で，(2.45) により $|\mathrm{SST}(\lambda, \mu)|$
に等しい．指標で書けば以下の様になる．

$$s_{(\mu_1)}(x) \cdots s_{(\mu_L)}(x) = \sum_\lambda K_{\lambda\mu} s_\lambda(x). \quad (4.19)$$

(4.17) の q 類似を考えるため，**Hall-Littlewood 関数**を導入しよう．

$$P_\lambda(x; q) = \prod_{i \geq 0} \frac{(1-q)^{l_i}}{(q)_{l_i}} \sum_{w \in \mathfrak{S}_{n+1}} w \left(x_1^{\lambda_1} \cdots x_{n+1}^{\lambda_{n+1}} \prod_{i<j} \frac{x_i - qx_j}{x_i - x_j} \right). \quad (4.20)$$

ここで $x = (x_1, \ldots, x_{n+1})$ である．$\mathfrak{S}_{n+1}$ は $n+1$ 次対称群であり x_i 達の置
換として作用する．l_i は $(\lambda_1, \ldots, \lambda_{n+1})$ の中の i の登場回数である．($i = 0$ も
含む．) 記号 $(q)_k$ については (3.30) を見よ．Hall-Littlewood 関数は

$$P_\lambda(x; 1) = m_\lambda(x), \quad P_\lambda(x; 0) = s_\lambda(x)$$

の様に単項対称多項式と Schur 関数をつなぐ関数であり，$x_1, \ldots, x_{n+1}$ につい
て $|\lambda|$ 次の同次対称多項式で，対称多項式環の基底をなす．また $x_1, \ldots, x_{n+1}$
の単項式の係数は整数係数の q の多項式である．関係式

$$s_\lambda(x) = \sum_\mu K_{\lambda\mu}(q) P_\mu(x; q) \quad (4.21)$$

により定義される遷移係数 $K_{\lambda\mu}(q) (|\lambda| = |\mu|)$ は，非自明な事に，非負整数係数
の q の多項式になる．これを **Kostka-Foulkes 多項式**，または単に **Kostka
多項式**という [61]．Kostka 数 $K_{\lambda\mu}$ は Kostka 多項式の特殊値 $K_{\lambda\mu}(q=1)$ に
等しい．(4.17) は (4.21) で $q = 1$ としたものになっている．

先の $s_{(2,1)}(x)$ を (4.21) の形式で書けば

---

*1) (2.24) 辺りで説明した $U_q(sl_{n+1})$ の表現 $V(\mu)$ で $q \to 1$ としたものとほぼ同じ．指標において
 $x_1 \cdots x_{n+1} = 1$ としないのが相違点．

4.4 Kostka-Foulkes 多項式

$$s_{(2,1)}(x) = P_{(2,1)}(x;q) + (q+q^2)P_{(1,1,1)}(x;q),$$
$$P_{(2,1)}(x;q) = x_1 x_2^2 + x_1 x_3^2 + x_2 x_3^2 + x_1^2 x_2 + x_1^2 x_3 + x_2^2 x_3 + 2x_1 x_2 x_3$$
$$- (q+q^2)x_1 x_2 x_3,$$
$$P_{(1,1,1)}(x;q) = x_1 x_2 x_3$$

となり, $K_{(2,1),(2,1)}(q) = 1$, $K_{(2,1),(1,1,1)}(q) = q + q^2$ が従う. Kostka 多項式の様々な性質については [61] III 章を参照されたい.

定理 4.3 ([64]) $B = B_{\mu_1} \otimes \cdots \otimes B_{\mu_L}$ とし $\mu = (\mu_1, \ldots, \mu_L)$ は分割とすると次の式が成り立つ.

$$X(B,\lambda) = K_{\lambda\mu}(q), \qquad g(B,\lambda) = \sum_{\eta} K_{\eta\lambda} K_{\eta\mu}(q). \qquad (4.22)$$

η の和はいずれも $\ell(\eta) \leq n+1$ を満たす全ての分割にわたる. また分割 $\lambda = (\lambda_1, \ldots, \lambda_{n+1})$ を $\bar{P}^+$ の元 (2.23) と同一視する.

第 1 式は 1:1 対応 (5.34) においてパスの energy と半標準盤の Lascoux-Schützenberger charge [61] と呼ばれる量が一致する事による[*1]. 第 2 式を示すには, energy と gl_{n+1} ウェイトの B にわたる母関数が $\sum_{\lambda} g(B,\lambda) m_{\lambda}(x)$ である事を用いる. これは gl_{n+1} の既約成分の寄与の和 $\sum_{\eta} X(B,\eta) s_{\eta}(x) = \sum_{\eta} K_{\eta\mu}(q) s_{\eta}(x)$ に等しい. 最後の式に (4.17) を代入して $m_{\lambda}(x)$ の係数を比較すれば $g(B,\lambda) = \sum_{\eta} K_{\eta\lambda} K_{\eta\mu}(q)$ が得られる.

例 4.4 $n=2$, $B = B_2 \otimes B_2 \otimes B_1 \otimes B_1$, $\lambda = (321)$, $\mu = (2211)$ (即ち $\lambda = \bar{\Lambda}_1 + \bar{\Lambda}_2$) とする. $|\eta| = 6, \ell(\eta) \leq 3$ を満たす全ての η についてのデータ

η	$K_{\eta(321)}$	$K_{\eta(2211)}(q)$	η	$K_{\eta(321)}$	$K_{\eta(2211)}(q)$
(6)	1	q^7	(41^2)	1	$q^2 + q^3 + q^4$
(51)	2	$q^4 + q^5 + q^6$	(3^2)	1	$q^2 + q^4$
(42)	2	$2q^3 + q^4 + q^5$	(321)	1	$q + 2q^2 + q^3$

から $\sum_{\eta \, (l(\eta)\leq 3)} K_{\eta(321)} K_{\eta(2211)}(q) = q + 4q^2 + 6q^3 + 6q^4 + 4q^5 + 2q^6 + q^7$

[*1] 半標準盤は π^*, π_* (5.4 節) により rigged configuration と 1:1 対応する. この下に前者の Lascoux-Schützenberger charge と後者の charge (5.39) は本質的に一致する.

が得られる.これは例 4.2 の $g(B,\lambda)$ を再現している.

4.5 Fermi 公式

1 次元状態和 $X(B,\lambda)$ はテンソル積の既約分解における多重度の q 類似である事を見た.ここでは Bethe 仮説の組合せ論的完全性 (1.1 節) を反映した **Fermi 公式**を与えよう.それは (1.5) の sl_{n+1} 版の q 類似である.$B = B_{l_1} \otimes \cdots \otimes B_{l_L}$ に対し,$\mathcal{L} = (l_1, \ldots, l_L)$ を**型**と呼ぶ.2 重添え字の集合

$$\mathcal{H} = \{(a,j) \mid 1 \leq a \leq n, j \geq 1\}$$

を用意する.$\lambda \in \bar{P}^+$ に対して **Fermi 型和** $M(\mathcal{L},\lambda;q^{-1})$ を次で定義する.

$$M(\mathcal{L},\lambda;q^{-1}) = \sum_m q^{cc(m)} \prod_{(a,j)\in\mathcal{H}} \begin{bmatrix} p_j^{(a)} + m_j^{(a)} \\ m_j^{(a)} \end{bmatrix}_q, \quad (4.23)$$

$$cc(m) = \frac{1}{2} \sum_{(a,j),(b,k)\in\mathcal{H}} C_{ab} \min(j,k) m_j^{(a)} m_k^{(b)}, \quad (4.24)$$

$$p_j^{(a)} = \delta_{a1} \sum_{1\leq k\leq L} \min(j,l_k) - \sum_{(b,k)\in\mathcal{H}} C_{ab} \min(j,k) m_k^{(b)}. \quad (4.25)$$

ここで $m = (m_j^{(a)})_{(a,j)\in\mathcal{H}}$ であり,$\begin{bmatrix} \cdot \\ \cdot \end{bmatrix}_q$ は q 2 項係数 (3.3 節),$(C_{ab})_{1\leq a,b\leq n}$ は sl_{n+1} の Cartan 行列.(4.23) の和は,組 $\{m_j^{(a)} \in \mathbb{Z}_{\geq 0} \mid (a,j) \in \mathcal{H}\}$ で条件

$$\sum_{(a,j)\in\mathcal{H}} j m_j^{(a)} \alpha_a = \big(\sum_{1\leq k\leq L} l_k\big) \bar{\Lambda}_1 - \lambda, \quad (4.26)$$

$$p_j^{(a)} \geq 0, \quad \forall (a,j) \in \mathcal{H} \quad (4.27)$$

を満たすもの全体にわたる.$p_j^{(a)}$ (4.25) を **vacancy** と呼ぶ.(4.26) はウェイトの条件 $\sum_{a=1}^n p_\infty^{(a)} \bar{\Lambda}_a = \lambda$ とも書ける.一方 (4.27) は q 2 項係数が 0 にならないための条件である.結局 $M(\mathcal{L},\lambda;q^{-1}) \neq 0$ となるのは

$$\lambda \in \left(\big(\sum_{1\leq k\leq L} l_k\big) \bar{\Lambda}_1 - \sum_{a=1}^n \mathbb{Z}_{\geq 0} \alpha_a\right) \cap \bar{P}^+ \quad (4.28)$$

の場合に限る．(4.26) の右辺は $\mathcal{L}$ と λ から決まり，(4.23) は有限和である．$cc(m) \in \mathbb{Z}_{\geq 0}$ なので $M(\mathcal{L}, \lambda; q) \in \mathbb{Z}_{\geq 0}[q^{-1}]$ である．

条件 (4.27) は無限個あるが，実際には有限個の条件に帰着する．補題 5.1 辺りを参照のこと．明らかに $M(\mathcal{L}, \lambda; q^{\pm 1})$ は $\mathcal{L} = (l_1, \ldots, l_L)$ における l_k の順序に依らない．

定理 4.5 (Fermi 公式 [51, 52]) $p_{\text{vac}} = u_{l_1} \otimes \cdots \otimes u_{l_L} \in B = B_{l_1} \otimes \cdots \otimes B_{l_L}$ とすると以下の等式が成り立つ．

$$X(B, \lambda) = q^{E(p_{\text{vac}})} M(\mathcal{L}, \lambda; q). \tag{4.29}$$

次章 (5.41) で $M(\mathcal{L}, \lambda; q^{-1})$ は rigged configuration の cocharge と呼ばれる量の母関数になっている事を見る．そこでの結果を先取りすると (4.29) は次の様に示される．

$$\begin{aligned}
q^{-E(p_{\text{vac}})} X(B, \lambda) &= \sum_{p \in \mathcal{P}_+(B, \lambda)} q^{E(p) - E(p_{\text{vac}})} & (\text{定義 (4.14)}) \\
&= \sum_{(\mu, J) \in \text{RC}(\mathcal{L}, \lambda)} q^{c(\mu, J)} & (\text{定理 5.9, 定理 5.12}) \\
&= M(\mathcal{L}, \lambda; q) & (\text{母関数表示 (5.41)}).
\end{aligned}$$

定理 4.3 により，(4.29) は Kostka 多項式の Fermi 公式を与えるが，これが元来の Kirillov-Reshetikhin [51] による発見であった．

例 4.6 $U_q(\widehat{sl}_2)$ の $X(B_1^{\otimes 8}, 0)$ は (3.42), (3.34), (4.16) ($b = \boxed{1}, \boxed{2}$) により

$$\begin{aligned}
X(B_1^{\otimes 8}, 0) &= q^8 \begin{bmatrix} 8 \\ 4 \end{bmatrix} - q^8 \begin{bmatrix} 8 \\ 3 \end{bmatrix} = q^{12} \begin{bmatrix} 8 \\ 4 \end{bmatrix} - q^{13} \begin{bmatrix} 8 \\ 3 \end{bmatrix} \\
&= q^{12} + q^{14} + q^{15} + 2q^{16} + q^{17} + 2q^{18} + q^{19} + 2q^{20} + q^{21} + q^{22} + q^{24}
\end{aligned}$$

である．これを再現しよう．Fermi 型和の条件 (4.26) は $\sum_{j \geq 1} j m_j = 4$ である．但し $m_j^{(1)}$ を m_j と書いた．この様な $\{m_j\}$ を長さ j の行を m_j 個持つヤング図により表す．vacancy $p_j^{(1)}$ も p_j と略記する．$E(p_{\text{vac}}) = 28$ なので $q^{E(p_{\text{vac}})} M(\mathcal{L}, 0; q)$ には次の表の最下行の寄与がある．

ヤング図	□(4縦)	┗型	□□/□□	L型	□□□□
$\{m_j\}$	$m_1 = 4$	$(m_1, m_2) = (2,1)$	$m_2 = 2$	$(m_1, m_3) = (1,1)$	$m_4 = 1$
$\{p_j\}$	$p_1 = 0$	$(p_1, p_2) = (2,0)$	$p_2 = 0$	$(p_1, p_3) = (4,0)$	$p_4 = 0$
$cc(m)$	16	10	8	6	4
	q^{12}	$q^{18} \begin{bmatrix} 4 \\ 2 \end{bmatrix}_{q^{-1}}$	q^{20}	$q^{22} \begin{bmatrix} 5 \\ 1 \end{bmatrix}_{q^{-1}}$	q^{24}

最後の行は $q^{28-cc(m)} \prod_j \begin{bmatrix} p_j + m_j \\ m_j \end{bmatrix}_{q^{-1}}$ であり，その和は $X(B, \lambda)$ に一致する．

例 4.7 例 4.2 の $X(B, \lambda) = q + 2q^2 + q^3$ を考えよう．ウェイトの条件 (4.26) は $\sum_{(a,j)} j m_j^{(a)} \alpha_a = 5\bar{\Lambda}_1 - \bar{\Lambda}_2$ であり，これと (4.27) を満たす $\{m_j^{(a)}\}$ は

$$(m_1^{(1)}, m_2^{(1)}, m_1^{(2)}) = (1,1,1), \quad (p_1^{(1)}, p_2^{(1)}, p_1^{(2)}) = (1,1,0)$$

だけである．対応する vacancy も付記した．このとき $cc(m) = 4$ で，$E(p_{\text{vac}}) = E(11 \otimes 11 \otimes 1 \otimes 1) = 7$ なので，様に次の $X(B, \lambda)$ を再現する．

$$q^{E(p_{\text{vac}})} M(\mathcal{L}, \lambda; q) = q^{7-4} \begin{bmatrix} p_1^{(1)} + m_1^{(1)} \\ m_1^{(1)} \end{bmatrix}_{q^{-1}} \begin{bmatrix} p_2^{(1)} + m_2^{(1)} \\ m_2^{(1)} \end{bmatrix}_{q^{-1}} = q^3(1+q^{-1})^2.$$

Fermi 公式は一般のアフィン Lie 環についての予想に拡張されている [27]．

第5章

Kerov-Kirillov-Reshetikhin 全単射

sl_{n+1} の rigged configuration を導入し, $B_{l_1} \otimes \cdots \otimes B_{l_L}$ の highest パスとの全単射を構成する. 最初は $l_1 = \cdots = l_L = 1$ の場合を想定して読む事をお勧めする. 例に沿ってアルゴリズムを実践されたい. 5.4 節までは highest パスの定義 (4.6) と半標準盤だけ知っていれば, 読むのにほぼ十分である.

5.1 背景：Bethe 方程式とルート系

次の Bethe 方程式を考えよう.

$$\prod_{k=1}^{L} \left(\frac{u_j^{(a)} + i l_k}{u_j^{(a)} - i l_k} \right)^{\delta_{a1}} = - \prod_{b=1}^{n} \prod_{k=1}^{r_b} \frac{u_j^{(a)} - u_k^{(b)} + i C_{ab}}{u_j^{(a)} - u_k^{(b)} - i C_{ab}}. \tag{5.1}$$

$\{u_j^{(a)} \mid 1 \le a \le n, 1 \le j \le r_a\}$ が未知数であり, (5.1) はこれらの (a,j) にわたる連立方程式である. a, b はカラーの添え字で, $(C_{ab})_{1 \le a,b \le n}$ は sl_{n+1} の Cartan 行列である. $n = 1$ で $\forall l_k = 1$ の場合はスピン $\frac{1}{2}$ Heisenberg 模型の Bethe 方程式 (1.17) に帰着する. (5.1) は高階スピンの sl_{n+1} 版 Heisenberg 模型の Bethe 方程式である. V_l を sl_{n+1} の l 階対称テンソル表現としたとき, $V_{l_1} \otimes \cdots \otimes V_{l_L}$ を状態空間とする可解格子模型で, (1.3) と同様の意味で sl_{n+1} 対称性を持つ. $r_1, \ldots, r_n$ はハミルトニアンが働く部分空間を指定する整数である. 本章では模型の定義は必要なく, string 仮説と rigged configuration の起源が (1.6)–(1.10) と同様である事だけ喚起しておく. 今の場合 $u_j^{(a)}$ に添え字 a があるので, string は長さ j とカラー a を持つ. その様な string の数を $m_j^{(a)}$ とすると, 各 a ごとに $r_a = \sum_j j m_j^{(a)}$ であり, string はヤング図 (5.2) で表される ($|\mu^{(a)}| = r_a$). また (1.7) と同様の計算から vacancy $p_j^{(a)}$ (4.25) が,

Fermi 型和 (1.5) の各項の sl_{n+1} 版としては (5.11) が得られる.

Bethe 方程式のルート系による定式化は [67] に遡る. 一般の Lie 環では (5.1) で C_{ab} が対称化された Cartan 行列に置き換わる. また (4.25) や (5.1) では δ_{a1} が特殊だが, その一般化も知られている. 例えばレヴュー [54, sec. 8] 参照.

5.2 Rigged configuration

ヤング図 $\mu^{(1)}, \ldots, \mu^{(n)}$ を考える. $\mu^{(a)}$ の長さ j の行の数を $m_j^{(a)}$ とする.

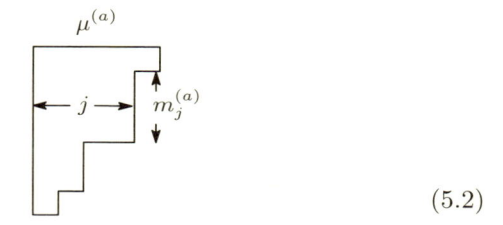

$$\tag{5.2}$$

$\mu^{(0)} = (l_1, \ldots, l_L)$ を自然数列とし, 上から長さ $l_1, \ldots, l_L$ の行の集まりとして図示する. 一般には $l_1 \geq \cdots \geq l_L$ とは限らないのでヤング図でないが, $m_j^{(0)} = \#\{k \mid l_k = j\}$ とおけば $m_j^{(1)}, \ldots, m_j^{(n)}$ と同様の意味を持つ.

$$p_j^{(a)} = q_j^{(a-1)} - 2q_j^{(a)} + q_j^{(a+1)} \quad (1 \leq a \leq n), \tag{5.3}$$

$$q_j^{(a)} = \sum_{k \geq 1} \min(j, k) m_k^{(a)} \quad (q_j^{(n+1)} = 0) \tag{5.4}$$

と定める $(j \geq 0)$. $q_j^{(a)}$ は $\mu^{(a)}$ の 1 列目から j 列目までにある升目の総数である. (5.3) は (4.25) と等しく, **vacancy** と呼ぶ. $p_j^{(a)}$ を $\mu^{(a)}$ の長さ j の行からなる**ブロック**の左側に書いておくと便利である. $\mu^{(0)} = (1, 2)$ の例として

$p_j^{(0)}$ は定義せず, $\mu^{(0)}$ には vacancy を付けない. $\mu^{(0)}$ は**型**と呼ばれ[*1], 以下で特別な役割をする. 任意の $1 \leq a \leq n, j \geq 1$ について vacancy $p_j^{(a)}$ が 0 以

[*1] 量子逆散乱法の文脈から「量子空間データ」と呼ぶ文献が多いが, 本書では単純に型と呼ぶ.

5.2 Rigged configuration

上であるとき，組 $\mu = (\mu^{(0)}, \mu^{(1)}, \ldots, \mu^{(n)})$ を **configuration** と呼ぶ．先の例は configuration でない．configuration の例をあげよう．

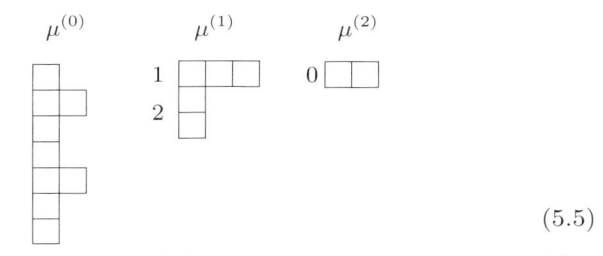

$$\mu^{(0)} \qquad \mu^{(1)} \qquad \mu^{(2)} \qquad \qquad (5.5)$$

（図：$\mu^{(1)}$ の横に $1, 2$，$\mu^{(2)}$ の横に 0）

任意の $1 \leq a \leq n, j \geq 1$ について $p_j^{(a)} \geq 0$ という無限個の条件は，$m_j^{(a)} > 0$ となる全ての (a, j) について $p_j^{(a)} \geq 0$ という条件だけから従う．後者はヤング図に実際に登場する行の長さ j だけについての有限個の条件なので直接確認できる．例えば上の (5.5) の $\mu^{(1)}$ には長さ 2 の行はないが，$p_2^{(1)} \geq 0$ となる事は併記した 3 個の vacancy が非負である事から従う．この事を一般に示すには次の補題が有用である．

補題 5.1 vacancy は以下の局所凸性を持つ．

$$m_j^{(a)} = 0 \text{ ならば} \quad p_j^{(a)} \geq \frac{1}{2}(p_{j-1}^{(a)} + p_{j+1}^{(a)}). \qquad (5.6)$$

特に $j_1 < j < j_2$ の範囲で $m_j^{(a)} = 0$ で，$p_i^{(a)} = 0$ となる i が $j_1 < i < j_2$ の範囲に存在する configuration では $p_j^{(a)} = 0$ が $j_1 \leq j \leq j_2$ で成り立つ．

証明 (5.6) は，(5.3) から

$$-p_{j-1}^{(a)} + 2p_j^{(a)} - p_{j+1}^{(a)} = m_j^{(a-1)} - 2m_j^{(a)} + m_j^{(a+1)} \qquad (5.7)$$

となる事による．後半は (5.6) と，configuration であれば全ての (a, j) について $p_j^{(a)} \geq 0$ である事を用いればよい． ∎

補題 5.1 により (5.5) の直後の主張を示そう．まず一般に $0 < j < L$ の範囲で $2x_j - x_{j-1} - x_{j+1} \geq 0$ が成り立ち，$x_0 \geq 0, x_L \geq 0$ であれば $x_1, \ldots, x_{L-1} \geq 0$ である事に注意する．故に境界条件 $p_0^{(a)} \geq 0$ と $p_\infty^{(a)} \geq 0$ を確かめれば十分で

ある．定義より $p_0^{(a)} = 0$ なので前者は成り立つ．後者を示すには $\mu^{(a)}$ の行の長さの最大値を l として，$p_\infty^{(a)} = q_\infty^{(a-1)} - 2q_l^{(a)} + q_\infty^{(a+1)} \geq p_l^{(a)} \geq 0$ に注意すればよい．

$\mu^{(0)} = \emptyset$ となる configuration は $\mu^{(1)} = \cdots = \mu^{(n)} = \emptyset$ に限られる．configuration $\mu = (\mu^{(0)}, \ldots, \mu^{(n)})$ のウェイトを

$$\mathrm{wt}(\mu) = |\mu^{(0)}|\bar{\Lambda}_1 - \sum_{a=1}^n |\mu^{(a)}|\alpha_a = \sum_{a=1}^n p_\infty^{(a)}\bar{\Lambda}_a \in \bar{P}_+ \tag{5.8}$$

と定める．ここで $|\mu^{(a)}| = q_\infty^{(a)}$ を用いた．

configuration $\mu = (\mu^{(0)}, \ldots, \mu^{(n)})$ のうち，型 $\mu^{(0)}$ 以外のヤング図 $\mu^{(1)}, \ldots, \mu^{(n)}$ の各行に以下の条件を満たす様に整数を割り振る．

$\mu^{(a)}$ の長さ j の行 ($m_j^{(a)}$ 個ある) に割り振る整数を下から順に

$$J_{j,1}^{(a)}, \ldots, J_{j,m_j^{(a)}}^{(a)} \text{ とするとき } 0 \leq J_{j,1}^{(a)} \leq \cdots \leq J_{j,m_j^{(a)}}^{(a)} \leq p_j^{(a)}. \tag{5.9}$$

この様な整数 $J_{j,\alpha}^{(a)}$ を **rigging** と呼び，rigging が割り振られた configuration を $(\mu, J) = (\mu^{(0)}, (\mu^{(1)}, J^{(1)}), \ldots, (\mu^{(n)}, J^{(n)}))$ と表記して **rigged configuration** と呼ぶ．例えば (5.5) に rigging をつけて得られるものとして

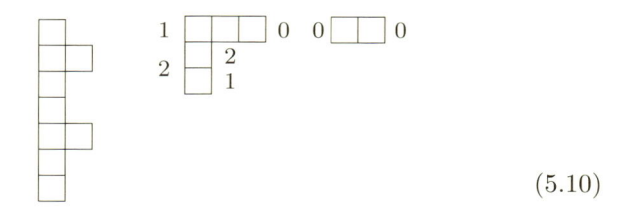

$$\tag{5.10}$$

vacancy の情報は configuration に含まれるので，付記せずに省く事もある．一方 rigging は rigged configuration として不可欠である．一般に，与えられた configuration $\mu = (\mu^{(0)}, \ldots, \mu^{(n)})$ を持つ rigged configuration の個数は条件 (5.9) により

$$\prod_{a=1}^n \prod_{j \geq 1} \binom{p_j^{(a)} + m_j^{(a)}}{m_j^{(a)}} \tag{5.11}$$

で与えられる．例えば configuration

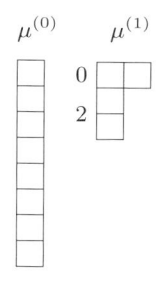

5.2 Rigged configuration 103

$$\begin{array}{cc} \mu^{(0)} & \mu^{(1)} \end{array}$$

(figure: column of 8 boxes for $\mu^{(0)}$; for $\mu^{(1)}$ two rows with riggings 0 and 2)

を持つ rigged configuration は全部で 6 個あり，$\mu^{(0)} = (1^8)$ を略して書くと

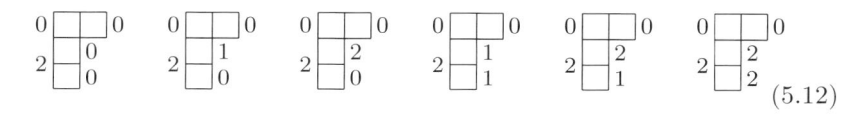

$$
\begin{array}{cccccc}
0\,\square\square\,0 & 0\,\square\square\,0 & 0\,\square\square\,0 & 0\,\square\square\,0 & 0\,\square\square\,0 & 0\,\square\square\,0 \\
2\,\square\,0 & 2\,\square\,1 & 2\,\square\,2 & 2\,\square\,1 & 2\,\square\,2 & 2\,\square\,2 \\
\,\square\,0 & \,\square\,0 & \,\square\,0 & \,\square\,1 & \,\square\,1 & \,\square\,2
\end{array}
\quad (5.12)
$$

rigged configuration (μ, J) のウェイト $\mathrm{wt}(\mu, J)$ は rigging とは無関係に configuration のウェイト $\mathrm{wt}(\mu)$ (5.8) であると定める．与えられた型 $\mu^{(0)}$ とウェイト $\lambda \in \overline{P}_+$ を持つ rigged configuration の集合を $\mathrm{RC}(\mu^{(0)}, \lambda)$ と書く．例えば $\mathrm{RC}((1^8), 0)$ は (5.12) と以下の 8 個の rigged configuration からなる．

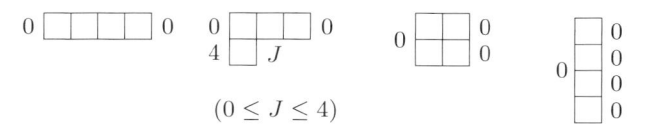

$$
0\,\square\square\square\square\,0 \qquad 0\,\square\square\,0 \qquad 0\,\square\square\,0 \qquad \begin{array}{c}0\\0\\0\\0\end{array}
$$
$$
\quad 4\,\square\,J \qquad 0
$$
$$
(0 \leq J \leq 4)
$$

$\mu^{(a)} (1 \leq a \leq n)$ の長さ j の行を，割り振られた rigging の情報も込みにして**カラー a，長さ j の string** と呼ぶ．つまり string はカラー，長さ，rigging という三つの属性を持つ．rigging が vacancy $p_j^{(a)}$ に一致している string を **特異 string** と呼ぶ．例えば (5.10) には (カラー, 長さ) $= (1,1), (2,2)$ の特異 string がある．今後各 $(\mu^{(a)}, J^{(a)})$ は string の **multiset** (元の重複度も考慮した集合) とみなす．つまり，$\square\square\,0$ や $\square\,3$ といったデータの集まりであって重複を許すが並ぶ順序による区別をしない．これに応じてヤング図の行を rigging ごと入れ換えた図も許す．条件 (5.9) を，$0 \leq \forall J_{j,i}^{(a)} \leq p_j^{(a)}$ として $J_{j,1}^{(a)}, \ldots, J_{j,m_j^{(a)}}^{(a)}$ 達を並べ換えたものは同一視する，と言っても良い．これにより vacancy $p_j^{(a)}$ の定義は影響を受けない．一方型 $\mu^{(0)} = (l_1, \ldots, l_L)$ につ

いては l_i 達の順序を図に反映して区別する.

注意 5.2 $(\mu^{(0)}, (\mu^{(1)}, J^{(1)}), \ldots, (\mu^{(n)}, J^{(n)}))$ が rigged configuration ならば, $(\mu^{(1)}, (\mu^{(2)}, J^{(2)}), \ldots, (\mu^{(n)}, J^{(n)}))$ も, 型 $\mu^{(1)}$ で n が 1 減少した rigged configuration である. このランクに関する入れ子構造は **nested Bethe 仮説** と呼ばれる様相の組合せ論版で, 後の (6.9) や (7.47) に反映される.

5.3 highest パスと rigged configuration の全単射 ϕ^*, ϕ_*

$B = B_{l_1} \otimes \cdots \otimes B_{l_L}$ とし, $\mathcal{L} = (l_1, \ldots, l_L)$ とおく. Fermi 型和 (4.23) と (5.11) から $|\mathrm{RC}(\mathcal{L}, \lambda)| = M(B, \lambda; q = 1)$ が成り立つ. ここで $\lambda \in \bar{P}_+$ である. 実際, (4.26) は rigged configuration の言葉ではそのウェイト (5.8) が λ であるという条件である. この様に rigged configuration は Fermi 型和の各項の自然なラベルとしてデザインされたものである.

この節の目標は Fermi 公式 (4.29) の背景をなす **KKR 全単射**

$$\mathcal{P}_+(B, \lambda) \underset{\phi_*}{\overset{\phi^*}{\leftrightarrows}} \mathrm{RC}(\mathcal{L}, \lambda) \tag{5.13}$$

を構成する事である. 左辺は (4.2) と (4.6) で定義された. highest パスを数字 $1, \ldots, n+1$ からなる行型半標準盤の並びとみると, 対応する rigged configuration のウェイト (5.8) は以下の様に述べられる.

$$|\mu^{(a)}| = a+1 \text{ 以上の数字の登場回数} \quad (0 \leq a \leq n). \tag{5.14}$$

(5.13) は $B, \mathcal{L}$ について漸化的に定義される. 一般に与えられた型 $\mathcal{L} = (l_1, \ldots, l_L)$ から最後の行を 1 だけ短くするという操作を繰り返せば

$$\mathcal{L} \supset \cdots \supset \mu^{(0)} \supset \mu'^{(0)} \supset \cdots \supset \emptyset \tag{5.15}$$

という系列が一意的に定まる. ここで $\supset$ は図示したとき升目を除去して得られるという意味で, 例えば $\mathcal{L} = (1, 3, 2, 2, 1)$ のとき

$$\tag{5.16}$$

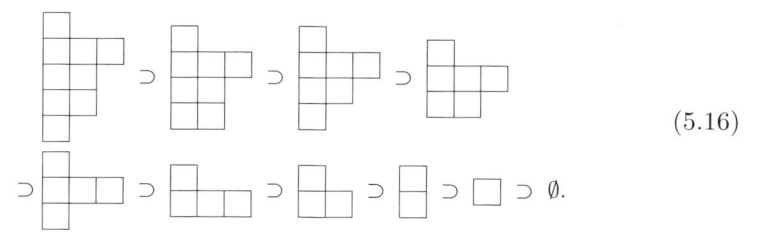

系列 (5.15) の任意の隣接対 $\mu^{(0)} \supset \mu'^{(0)}$ について，それらを型とする rigged configuration $(\mu, J) = (\mu^{(0)}, (\mu^{(1)}, J^{(1)}), \ldots, (\mu^{(n)}, J^{(n)}))$ と $(\mu', J') = (\mu'^{(0)}, (\mu'^{(1)}, J'^{(1)}), \ldots, (\mu'^{(n)}, J'^{(n)}))$ の間に**削除**と**付加**という操作を導入する．ϕ^* は削除に基づいて，ϕ_* は付加に基づいて定義し，$\phi^* = (\phi_*)^{-1}$ である事を見る．証明は 5.3.3 項にまとめて与える．その前に例 5.5, 5.6, 5.7 によりこれらの操作に馴染んでおく事が先決である．最初は単純な $\forall l_i = 1$ の場合を想定して読む事をお勧めする．更に $n = 1$ としても良い．それでも非自明である．

5.3.1　削除と ϕ^*

命題 5.3 (削除) $(\mu, J) = (\mu^{(0)}, (\mu^{(1)}, J^{(1)}), \ldots, (\mu^{(n)}, J^{(n)}))$ を rigged configuration とする．$\mu^{(0)}$ の最後の行を 1 だけ短くしたものを $\mu'^{(0)}$ とする．以下の削除手続 1) – 4) により得られる (μ', J') は rigged configuration である．

1) $\mu^{(0)}$ の最後の行の長さを $k^{(0)}$ とする．

2) $a = 1, 2, 3, \ldots, n$ の順に，$(\mu^{(a)}, J^{(a)})$ から長さ $k^{(a-1)}$ 以上の特異 string で最短のものを 1 つ選びその長さを $k^{(a)}$ とする．その様な特異 string が複数ある場合はどれを選んでもよい．その様な特異 string が存在しなくなったとき a の値を $b = a$ として 3) に進む．$a = n$ でも存在した場合は $b = n + 1$ として 3) に進む．

3) $\mu^{(0)}$ を $\mu'^{(0)}$ に置き換える．

4) 2) で選んだ長さ $k^{(a)}$ の特異 string $(1 \leq a < b)$ を，それぞれ 1 だけ短い特異 string に置き換える．$k^{(a)} = 1$ の場合は単に除去する．他の string は変更しない．この結果得られる $(\mu'^{(0)}, (\mu'^{(1)}, J'^{(1)}), \ldots, (\mu'^{(n)}, J'^{(n)}))$ を (μ', J') とする．

注意：4) で 1 だけ短い特異 string とは，新しい configuration μ' において特異という意味である．つまり μ' の vacancy と等しい rigging を割り振る．

命題 5.3 の状況，即ち rigged configuration (μ, J) に削除を施して rigged configuration (μ', J') と b $(1 \leq b \leq n+1)$ が得られる事を

$$(\mu, J) \xrightarrow{b} (\mu', J') \tag{5.17}$$

と書く[*1)]．μ' は μ のうち $\mu^{(0)}, \ldots, \mu^{(b-1)}$ から升目を一つずつ削ったものになっているので (5.8) から次の関係が成り立つ．

$$\mathrm{wt}(\mu, J) - \mathrm{wt}(\mu', J') = \bar{\Lambda}_1 - \alpha_1 - \cdots - \alpha_{b-1} = \mathrm{wt}\,\boxed{b}. \tag{5.18}$$

補題 5.4 rigged configuration $(\mu, J) \in \mathrm{RC}(\mathcal{L}, \lambda)$ $(\mathcal{L} = (l_1, \ldots, l_L))$ に対して

$$(\mu, J) \xrightarrow{i_M} (\mu', J') \xrightarrow{i_{M-1}} \cdots \xrightarrow{i_1} (\emptyset, \emptyset) \tag{5.19}$$

という削除過程が得られたとする $(M = l_1 + \cdots + l_L)$．このとき

$$\boxed{i_1} \otimes \cdots \otimes \boxed{i_M} \in \mathcal{P}_+(B_1^{\otimes M}, \lambda), \tag{5.20}$$

$$i_{s_\alpha+1} \geq i_{s_\alpha+2} \geq \cdots \geq i_{s_\alpha+l_\alpha} \quad 1 \leq \alpha \leq L \tag{5.21}$$

が成り立つ．但し $s_\alpha = l_1 + \cdots + l_{\alpha-1}$．

命題 5.3 と補題 5.4 に基づいて写像

$$\phi^* : \mathrm{RC}(\mathcal{L}, \lambda) \to \mathcal{P}_+(B_{l_1} \otimes \cdots \otimes B_{l_L}, \lambda) \tag{5.22}$$

を定義しよう．(5.19) の $i_1, \ldots, i_M$ を以下の様に区切る．

$$\underbrace{i_1, \ldots, i_{l_1}}_{l_1} | \underbrace{i_{l_1+1}, \ldots, i_{l_1+l_2}}_{l_2} | \cdots | \underbrace{i_{l_1+\cdots+l_{L-1}+1}, \ldots, i_{l_1+\cdots+l_L}}_{l_L} \tag{5.23}$$

各区分内では右向きに非増加列になるので，それを左右逆順にしたものを (l_k) 型の半標準盤 $b_k \in B_{l_k}$ とみなして

$$\phi^*(\mu, J) = b_1 \otimes b_2 \otimes \cdots \otimes b_L \in B_{l_1} \otimes B_{l_2} \otimes \cdots \otimes B_{l_L} \tag{5.24}$$

[*1)] crystal グラフにおける柏原作用素と同じ記号だが，関係ないので混同されぬよう．

とおく．一般に，$n+1 \geq i_1 \geq \cdots \geq i_l \geq 1$ に対して $\jmath_l : \boxed{i_l \ldots i_2 \, i_1} \mapsto \boxed{i_1} \otimes \cdots \otimes \boxed{i_l}$ で定義される写像 $\jmath_l$ は $U_q(sl_{n+1})$ crystal の埋め込み $B_l \hookrightarrow B_1^{\otimes l}$ である．(2.26) 辺り参照．(5.24) の右辺は区分ごとにこの埋め込みの逆像である事と (5.20) により $\mathcal{P}_+(B_{l_1} \otimes \cdots \otimes B_{l_L}, \lambda)$ の元である事が分かる．

型 $\mathcal{L} = (l_1, \ldots, l_L)$ で $\forall l_k = 1$ の場合は (5.19) で $M = L$ であり，$\phi^*(\mu, J) = \boxed{i_1} \otimes \cdots \otimes \boxed{i_L}$ と単純化する．まずはその様な例から見ていこう．

例 5.5 $n = 1$ の rigged configuration (5.12) について削除過程 (5.19) を示す．ただしスペースの都合上，型 $\mu^{(0)} = (1^L)$ の変化は 1 行目に値 $L = 8, 7, \ldots, 0$ として与えた．

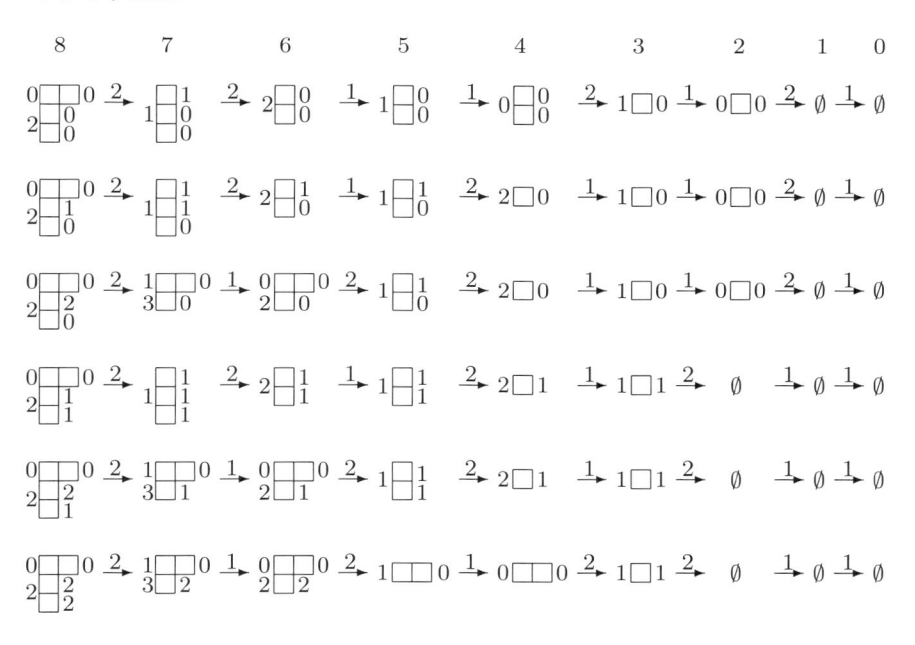

[Figure: rigged configuration deletion process diagram showing transitions from L=8 down to L=0 across six rows]

削除のたびに vacancy を更新する必要性を認識されたい．これらの過程から

108   5. Kerov-Kirillov-Reshetikhin 全単射

ϕ^* による像 $\bar{E}$

$\boxed{1}\otimes\boxed{2}\otimes\boxed{1}\otimes\boxed{2}\otimes\boxed{1}\otimes\boxed{1}\otimes\boxed{2}\otimes\boxed{2}$ 14

$\boxed{1}\otimes\boxed{2}\otimes\boxed{1}\otimes\boxed{1}\otimes\boxed{2}\otimes\boxed{1}\otimes\boxed{2}\otimes\boxed{2}$ 13

$\boxed{1}\otimes\boxed{2}\otimes\boxed{1}\otimes\boxed{1}\otimes\boxed{2}\otimes\boxed{2}\otimes\boxed{1}\otimes\boxed{2}$ 12

$\boxed{1}\otimes\boxed{1}\otimes\boxed{2}\otimes\boxed{1}\otimes\boxed{2}\otimes\boxed{1}\otimes\boxed{2}\otimes\boxed{2}$ 12

$\boxed{1}\otimes\boxed{1}\otimes\boxed{2}\otimes\boxed{1}\otimes\boxed{2}\otimes\boxed{2}\otimes\boxed{1}\otimes\boxed{2}$ 11

$\boxed{1}\otimes\boxed{1}\otimes\boxed{2}\otimes\boxed{2}\otimes\boxed{1}\otimes\boxed{2}\otimes\boxed{1}\otimes\boxed{2}$ 10

が得られる．これらは $B_1^{\otimes 8}$ の元であり highest である．$\bar{E}$ は **coenergy** で，(5.42) で定義される．例 5.13 も参照のこと．

例 5.6 以下の rigged configuration は $\mathcal{L} = (1^{14})$ の例で，その ϕ^* による像は

$$\boxed{1}\otimes\boxed{1}\otimes\boxed{1}\otimes\boxed{1}\otimes\boxed{2}\otimes\boxed{2}\otimes\boxed{2}\otimes\boxed{1}\otimes\boxed{3}\otimes\boxed{2}\otimes\boxed{2}\otimes\boxed{4}\otimes\boxed{3}\otimes\boxed{3} \in B_1^{\otimes 14} \tag{5.25}$$

である．これが導出される削除過程を示す．

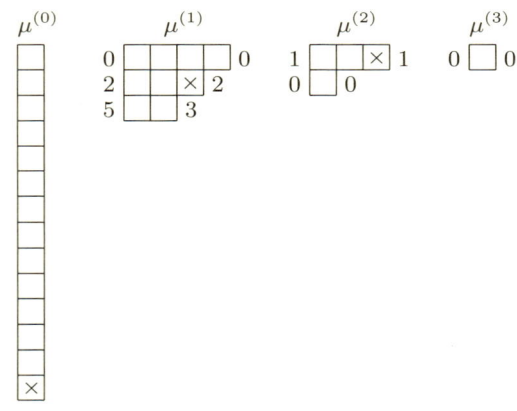

最初の削除 (5.17) で選ばれる string をその右端の升目に "×" で示した．$k^{(0)} = 1, k^{(1)} = k^{(2)} = 3$ である．$\mu^{(1)}$ の二つの特異 string のうち短い方が選ばれている．$k^{(1)} = 3$ なので，$\mu^{(2)}$ では長い方の特異 string が選ばれ，$\mu^{(3)}$ ではそれ以上の長さの特異 string がなくなるので $b = 3$ である．1 だけ短い特異

string にするには × の升目を削除し，新しい configuration のもとで特異になる様に rigging を付ける．

$\xrightarrow{3}$ (1^{13}) ...

$\xrightarrow{3}$ (1^{12}) ...

$\xrightarrow{4}$ (1^{11}) ...

$\xrightarrow{2}$ (1^{10}) ...

$\xrightarrow{2}$ (1^{9}) ...

$\xrightarrow{3}$ (1^{8}) ...

$\xrightarrow{1}$ (1^{7}) ...

$\xrightarrow{2}\xrightarrow{2}\xrightarrow{2}$ (1^{4}) $\emptyset$ $\emptyset$ $\emptyset$

$\xrightarrow{1}\xrightarrow{1}\xrightarrow{1}\xrightarrow{1}$ $\emptyset$ $\emptyset$ $\emptyset$ $\emptyset$

最後の二行では複数回の削除をまとめて記した．矢印に添えられた数字から ϕ^* による像 (5.25) が得られる．これは確かに highest である．

例 5.7 $\mathcal{L} = (1^L)$ 型でない例として $\mathcal{L} = (1, 3, 2, 2, 1)$ の場合をあげる． $\mu^{(0)}$ は (5.16) に従って削られていく．

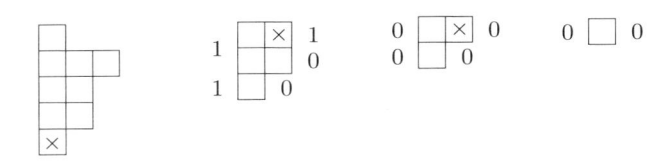

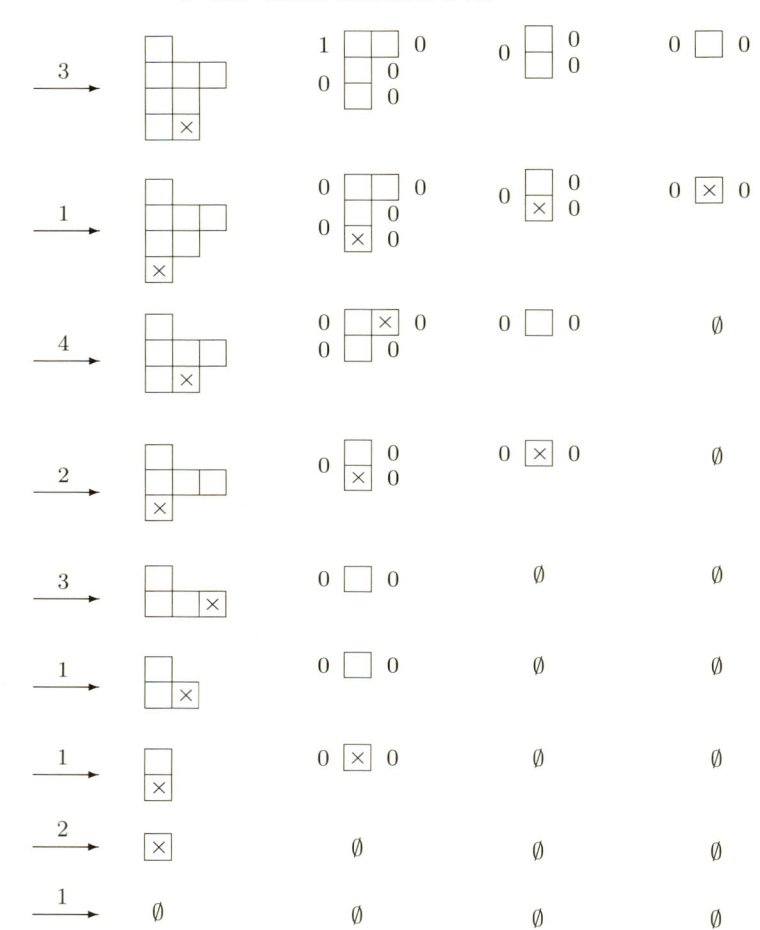

以上から (5.23) は次の様になる.

$$1|211|32|41|3 \tag{5.26}$$

性質 (5.20), (5.21) が確認できる. ϕ^* の像 (5.24) は以下で与えられる.

$$\boxed{1} \otimes \boxed{112} \otimes \boxed{23} \otimes \boxed{14} \otimes \boxed{3}. \tag{5.27}$$

5.3.2 付加と ϕ_*

ϕ^* の逆，つまり highest パスから rigged configuration を構成しよう．例えば highest パス (5.27) から対応する rigged configuration を作るのに，(5.26) に沿って左側から highest パスが成長する過程

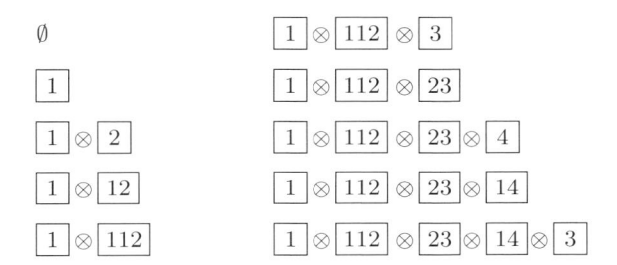

$$
\begin{array}{ll}
\emptyset & \boxed{1}\otimes\boxed{112}\otimes\boxed{3} \\
\boxed{1} & \boxed{1}\otimes\boxed{112}\otimes\boxed{23} \\
\boxed{1}\otimes\boxed{2} & \boxed{1}\otimes\boxed{112}\otimes\boxed{23}\otimes\boxed{4} \\
\boxed{1}\otimes\boxed{12} & \boxed{1}\otimes\boxed{112}\otimes\boxed{23}\otimes\boxed{14} \\
\boxed{1}\otimes\boxed{112} & \boxed{1}\otimes\boxed{112}\otimes\boxed{23}\otimes\boxed{14}\otimes\boxed{3}
\end{array}
$$

に対応させながら rigged configuration を構成していく．これらはすべて highest パスであるが，その成長の基本ステップとしては $1 \le b \le n+1$ と

$$p' = \boxed{\cdots} \otimes \cdots \otimes \boxed{\cdots} \otimes \boxed{i_1 \ldots i_l}$$

に対して，次の2通りがある[*1]（「p' に b を付加する」という）．

$$
\begin{aligned}
p &= \boxed{\cdots} \otimes \cdots \otimes \boxed{\cdots} \otimes \boxed{i_1 \ldots i_l} \otimes \boxed{b} \\
p &= \boxed{\cdots} \otimes \cdots \otimes \boxed{\cdots} \otimes \boxed{b\,i_1 \ldots i_l} \qquad (b \le i_1 \text{の場合のみ}).
\end{aligned}
\tag{5.28}
$$

この識別のため $p \in B_{l_1} \otimes \cdots \otimes B_{l_L}$ を $\mathcal{L}$ 型のパスと呼ぼう．但し $\mathcal{L} = (l_1, \ldots, l_L)$ である．$\mathrm{wt}\, p = \mathrm{wt}\, p' + \mathrm{wt}\, \boxed{b}$ である．

命題 5.8 (付加) $(\mu', J') = (\mu'^{(0)}, (\mu'^{(1)}, J'^{(1)}), \ldots, (\mu'^{(n)}, J'^{(n)}))$ を rigged configuration とし，$p' = \phi^*(\mu', J')$ とおく．p' に $b\,(1 \le b \le n+1)$ を付加して $\mu^{(0)}$ 型の highest パスにできるとする．このとき (μ', J') と b から以下の付加手続により得られる (μ, J) は rigged configuration である．

1) $k'^{(b)} = \infty$ とする．
2) $a = b-1, b-2, \ldots, 1$ の順に，$(\mu'^{(a)}, J'^{(a)})$ から長さ $k'^{(a+1)}$ 以下の特異 string で最長のものを1つ選びその長さを $k'^{(a)}$ とする．その様な特異 string が複数ある場合はどれを選んでもよい．存在しない場合は

[*1] 型が (1^L) であると想定しておけば (5.28) で第1の状況に限られる．

$k'^{(a)} = 0$ とする.

3) $\mu'^{(0)}$ を $\mu^{(0)}$ に置き換える.

4) 2) で選んだ長さ $k'^{(a)}$ の特異 string をそれぞれ 1 だけ長い特異 string に置き換える. $k'^{(a)} = 0$ の場合は長さ 1 の特異 string を創設する. 他の string は変更しない. 以上の結果得られる $(\mu^{(0)}, (\mu^{(1)}, J^{(1)}), \ldots, (\mu^{(n)}, J^{(n)}))$ を (μ, J) とする.

注意:4) において, 1 だけ長い特異 string とは, 新しい configuration μ において特異という意味である. つまり μ の vacancy と等しい rigging を割り振る. 付加をする際は付加後の型 $\mu^{(0)}$ も指定している. 一方削除においては $\mu'^{(0)}$ は $\mu^{(0)}$ から一意的に定められていた事に注意しよう. なお, $\mu^{(0)}$ の最後の行の長さを $k^{(0)}$ とし, $k'^{(0)} = k^{(0)} - 1$ とおくと, $k'^{(0)} \leq k'^{(1)}$ が成り立つ. 命題 5.8 の証明参照のこと.

命題 5.8 に基づいて写像 $\phi_* : \mathcal{P}_+(B, \lambda) \to \mathrm{RC}(\mathcal{L}, \lambda)$ を定義する. まず与えられた highest パス $b_1 \otimes \cdots \otimes b_L \in B = B_{l_1} \otimes \cdots \otimes B_{l_L}$ から

$$\boxed{i_1} \otimes \cdots \otimes \boxed{i_M} := \jmath_{l_1}(b_1) \otimes \cdots \otimes \jmath_{l_L}(b_L) \in B_1^{\otimes M} \tag{5.29}$$

により数列 $i_1, \ldots, i_M$ を作る. 但し $M = l_1 + \cdots + l_L$ であり, $\jmath_l$ については (5.24) の後を見よ. 例としては (5.27) から (5.26) を作り, 区切りの | を取り去る. $\phi_*(\emptyset) = (\emptyset, \emptyset)$ から出発して型を (5.15), (5.16) の様に $\emptyset$ から $\mathcal{L} = (l_1, \ldots, l_L)$ に成長する過程を指定しながら空の rigged configuration $(\emptyset, \emptyset)$ に $i_1, i_2, \ldots, i_M$ を付加していく. この操作の終点として得られる rigged configuration (μ, J) を $\phi_*(b_1 \otimes \cdots \otimes b_L)$ と定義する.

(μ, J) に削除をして b と (μ', J') が得られる事と, (μ', J') に b を付加して (μ, J) が得られる事は同値であるのを示すのは難しくない. 実際, 命題 5.3 と命題 5.8 において $k'^{(a)} = k^{(a)} - 1$ となり, 後出の (5.30) と (5.31) は同値になる. 以上の考察と highest パスの長さに関する帰納法からこの章の主定理が従う.

定理 5.9 $\phi^* : \mathrm{RC}(\mathcal{L}, \lambda) \to \mathcal{P}_+(B, \lambda)$ と $\phi_* : \mathcal{P}_+(B, \lambda) \to \mathrm{RC}(\mathcal{L}, \lambda)$ は逆写

像であり，全単射である．

付加の例は削除の例を逆向きに追跡すればよい．

5.3.3 証　　明

本項の内容は他で使わない．

命題 5.3 の証明 (μ', J') が rigged configuration である事を示す．μ' に関する (5.3) と (5.4) を $p_j'^{(a)}, q_j'^{(a)}$ と書く．示すべき事は $0 \leq \forall J_{j,i}'^{(a)} \leq p_j'^{(a)}$ である．$(\mu^{(b)}, J^{(b)}), \ldots, (\mu^{(n)}, J^{(n)})$ は削除により変化しないので $p_j'^{(b+1)}, \ldots, p_j'^{(n)}$ は $p_j^{(b+1)}, \ldots, p_j^{(n)}$ と同じである．従って $0 \leq J_{j,i}'^{(a)} \leq p_j'^{(a)}$ は $a \geq b+1$ では成立している．一方 $1 \leq a \leq b$ のときは定義 (5.3)，(5.4) から

$$p_j'^{(a)} = \begin{cases} p_j^{(a)} & j < k^{(a-1)} \text{ または } j \geq k^{(a+1)}, \\ p_j^{(a)} - 1 & k^{(a-1)} \leq j < k^{(a)}, \\ p_j^{(a)} + 1 & k^{(a)} \leq j < k^{(a+1)} \end{cases} \quad (5.30)$$

となる．但し $k^{(b)} = \infty$ とし，$a = b$ のときは $j > k^{(b+1)}$ と $k^{(b)} \leq j < k^{(b+1)}$ の場合は無いとする．削除前には $0 \leq J_{j,i}^{(a)} \leq p_j^{(a)}$ でありながら，(5.30) の変化によりそれが破れる事態は，vacancy が減少する場合のみ起こりうる．削除により変更を受けない string については，その長さ j が $k^{(a-1)} \leq j < k^{(a)}$ を満たし，rigging が $p_j^{(a)}$ に等しいカラー a の string (従って特異 string) があるとこの問題を起こす．しかし削除手続の 2) により，その様な特異 string は存在しない．変更を受ける string で唯一問題が起こりうるのは (5.30) の真ん中の状況が存在し (つまり $1 \leq k^{(a-1)} \leq k^{(a)} - 1$ が満たされ)，しかも $p_{k^{(a)}-1}^{(a)} = 0$ となっている場合である．このとき長さが $k^{(a)}$ でカラー a の特異 string は，削除により長さが $k^{(a)} - 1$ になり，$p_{k^{(a)}-1}'^{(a)} = p_{k^{(a)}-1}^{(a)} - 1 = -1$ となってしまう[*1]．これは $(\mu^{(a)}, J^{(a)})$ に元々長さ $k^{(a)} - 1$ の string が無い場合だけが問題となる．実際，長さ $k^{(a)} - 1$ の string があると $p_{k^{(a)}-1}^{(a)} = 0$ かつ $k^{(a-1)} \leq k^{(a)} - 1$ は削除手続における $k^{(a)}$ の定義に反する．以上の考察から $l = k^{(a)}$ として

$$m_{l-1}^{(a)} = 0, \quad p_{l-1}^{(a)} = 0, \quad 1 \leq k^{(a-1)} < l$$

[*1] [50, 51] ではこの可能性が見落とされている．命題 5.8 の証明でも同様の事あり．

が全て成り立つとして矛盾を導けばよい. $(\mu^{(a)}, J^{(a)})$ において l より真に短い string の中で最長のものの長さを r とする $(r < l)$. その様な string がなければ $r = 0$ とする. いずれにせよ $m_{r+1}^{(a)} = \cdots = m_{l-1}^{(a)} = 0$ が成り立つ. これと仮定 $p_{l-1}^{(a)} = 0$ と補題 5.1 から $p_r^{(a)} = p_{r+1}^{(a)} = \cdots = p_l^{(a)} = 0$ が従う. 故に (5.7) の左辺は $r \le j \le l$ の範囲で 0 以下であり, 右辺は $r < j < l$ の範囲で 0 以上となるので $m_{r+1}^{(a-1)} = \cdots = m_{l-1}^{(a-1)} = 0$ でなければならない. これと仮定 $k^{(a-1)} < l$ から $k^{(a-1)} \le r$ が帰結される. よって $r = 0$ はあり得ず, $(\mu^{(a)}, J^{(a)})$ において l より真に短い長さ r の string が存在する事になる. $p_r^{(a)} = 0$ なのでこれは特異 string であって $k^{(a-1)} \le r < l = k^{(a)}$ が成り立つ. これは削除手続における $k^{(a)}$ のとり方に矛盾する. ∎

補題 5.4 の証明 (5.18) で $b = i_1, \ldots, i_M$ として (5.19) に適用して和をとれば $\mathrm{wt}(\emptyset, \emptyset) = 0$ により $\mathrm{wt}(\boxed{i_1} \otimes \cdots \otimes \boxed{i_M}) = \mathrm{wt}(\mu, J) = \lambda$ が従う. また, (5.8) の下に注意した様に $q_\infty^{(a)} = |\mu^{(a)}|$ であるが, 削除手続から $|\mu^{(a)}|$ は数列 $i_1, \ldots, i_M$ の中に $a+1, a+2, \ldots, n+1$ が登場する回数に等しい $(0 \le a \le n)$. よって数列 $i_1, \ldots, i_M$ の中の a の登場回数は $N_a := q_\infty^{(a-1)} - q_\infty^{(a)}$ である. vacancy の定義 (5.3) から $N_a - N_{a+1} = p_\infty^{(a)}$ であるが, これは μ が configuration なので非負であり, $N_1 \ge N_2 \ge \cdots \ge N_{n+1}$ が従う. 同様の不等式は削除過程の途中で得られるパス $\boxed{i_1} \otimes \cdots \otimes \boxed{i_m}$ $(1 \le m < M)$ についても成立する. 故に $\boxed{i_1} \otimes \cdots \otimes \boxed{i_M}$ は highest である. 以上で (5.20) が示された.

(5.21) を示すには $i_{s_\alpha+1}, \ldots, i_{s_\alpha+l_\alpha}$ が削除過程 (5.19) のうち, $\mu^{(0)}$ の同じ行 (長さ l_α の第 α 行) から升目を削っていく際に得られる数字である事に注意する. 一般に $\mu^{(0)}$ の同じ行から升目を削っていく過程で $(\mu, J) \xrightarrow{i} (\mu', J') \xrightarrow{j} (\mu'', J'')$ となったとすると $i \le j$ である. 何故なら (μ', J') に削除手続 2) を適用する際に少なくとも (μ, J) を削除した時に生じた特異 string を選べるからである. ∎

命題 5.8 の証明 $p_j^{(a)}, p_j'^{(a)}$ をそれぞれ $(\mu, J), (\mu', J')$ の vacancy とする. $(\mu'^{(b)}, J'^{(b)}), \ldots, (\mu'^{(n)}, J'^{(n)})$ は付加により変化しない. 一方 $1 \le a \le b$ では

5.3 highest パスと rigged configuration の全単射 ϕ^*, ϕ_*

定義 (5.3) から

$$p_j^{(a)} = \begin{cases} p_j'^{(a)} & j \leq k'^{(a-1)} \text{または} j > k'^{(a+1)}, \\ p_j'^{(a)} + 1 & k'^{(a-1)} < j \leq k'^{(a)}, \\ p_j'^{(a)} - 1 & k'^{(a)} < j \leq k'^{(a+1)} \end{cases} \quad (5.31)$$

となる事がわかる.但し $k'^{(0)} = k^{(0)} - 1$. ($a = 1$ のとき $k'^{(0)} \leq k'^{(1)}$ である事は後で示す.)また $a = b$ のときは $j > k'^{(b+1)}$ と $k'^{(b)} < j \leq k'^{(b+1)}$ の場合は無いとする.付加前には $0 \leq J_{j,i}'^{(a)} \leq p_j'^{(a)}$ でありながら,(5.31) という変化によりそれが破れる事態は,vacancy が減少する場合のみ起こりうる.付加により変更受けない string については,その長さ j が $k'^{(a)} < j \leq k'^{(a+1)}$ を満たし,rigging が $p_j'^{(a)}$ に等しいカラー a の string (従って特異 string) が存在する場合に起こる.しかし付加手続の定義からその様な特異 string は存在しない.変更を受ける string で唯一問題が起こりうるのは (5.31) の3段目の状況が存在し(つまり $k'^{(a)} + 1 \leq k'^{(a+1)}$ が満たされ),しかも $p_{k'^{(a)}+1}'^{(a)} = 0$ となっている場合である.このとき長さ $k'^{(a)}$ でカラー a の特異 string は,付加により長さが $k'^{(a)} + 1$ になるが,その vacancy は $p_{k'^{(a)}+1}^{(a)} = p_{k'^{(a)}+1}'^{(a)} - 1 = -1$ となってしまう.これは $(\mu'^{(a)}, J'^{(a)})$ に元々長さ $k'^{(a)} + 1$ の string が無い場合だけが問題となる.実際,長さ $k'^{(a)} + 1$ の string があると $p_{k'^{(a)}+1}'^{(a)} = 0$ かつ $k'^{(a)} + 1 \leq k'^{(a+1)}$ は付加手続における $k'^{(a)}$ の定義に反する.以上の考察から $l = k'^{(a)}$ として

$$m_{l+1}'^{(a)} = 0, \quad p_{l+1}'^{(a)} = 0, \quad l + 1 \leq k'^{(a+1)}$$

が全て成り立つとして矛盾を導けばよい. $(\mu'^{(a)}, J'^{(a)})$ において l より真に長い string の中で最短のものの長さを r とする ($l < r$). その様な string がなければ $r = \infty$ とする.いずれにせよ $m_{l+1}'^{(a)} = \cdots = m_{r-1}'^{(a)} = 0$ が成り立つ.これと仮定 $p_{l+1}'^{(a)} = 0$ と補題 5.1 から

$$p_l'^{(a)} = p_{l+1}'^{(a)} = \cdots = p_r'^{(a)} = 0 \quad (5.32)$$

が従う.以下 (i-1) $a = b - 1, r < \infty$. (i-2) $a = b - 1, r = \infty$. (ii-1) $a < b - 1, r < \infty$. (ii-2) $a < b - 1, r = \infty$. について個別に矛盾を示す.

(i-1) $a = b-1, r < \infty$ だと, (5.32) から l より真に長いカラー $b-1$ の特異 string が存在し, $l = k'^{(b-1)}$ の選び方に矛盾する. (i-2) $\phi^*(\mu', J')$ の半標準盤に含まれる数字 d の個数を M'_d とすると $M'_{b-1} - M'_b = p'^{(b-1)}_\infty$ であるが, これは (5.32) により 0 である. これは $\phi^*(\mu', J')$ に b を付加して $\mu^{(0)}$ 型の highest パスにできるという命題の仮定に矛盾する. (ii-1) と (ii-2) の場合を示すため, まず (5.7) と同様に恒等式 $-p'^{(a)}_{j-1} + 2p'^{(a)}_j - p'^{(a)}_{j+1} = m'^{(a-1)}_j - 2m'^{(a)}_j + m'^{(a+1)}_j$ と $m'^{(a)}_{l+1} = \cdots = m'^{(a)}_{r-1} = 0$ と (5.32) から

$$m'^{(a+1)}_{l+1} = \cdots = m'^{(a+1)}_{r-1} = 0 \tag{5.33}$$

が成り立つ事に注意する. (ii-1) $a < b-1, r < \infty$ の矛盾を示す. 仮定 $l+1 \leq k'^{(a+1)}$ と (5.33) から $k'^{(a+1)} \geq r$ でなければならない. 一方 (5.32) により $(\mu'^{(a)}, J'^{(a)})$ には長さ $r(>l)$ の特異 string が存在する. これは $l = k'^{(a)}$ の選び方に矛盾する. (ii-2) $a < b-1, r = \infty$ の矛盾を示す. (5.33) から $k'^{(a+1)} \leq l$ が従う. これは仮定 $l+1 \leq k'^{(a+1)}$ に反する. ∎

$k'^{(0)} \leq k'^{(1)}$ の証明: $k'^{(0)} = 0$ の場合は自明. $k'^{(0)} > 0$ のときは, $p' = \phi^*(\mu', J') = b'_1 \otimes \cdots \otimes b'_{L'-1} \otimes \boxed{j_g \cdots j_1}$ に $b(\leq j_g)$ を付加して $b'_1 \otimes \cdots \otimes b'_{L'-1} \otimes \boxed{b\, j_g \cdots j_1}$ になる過程 ($k'^{(0)} = g, k^{(0)} = g+1, g \geq 1$) に対応する. 一般に rigged configuration に数字 $j_1 \geq j_2 \geq \cdots$ を左のものから順次付加していく際, 付加手続の $k'^{(1)}$ は少なくとも 1 ずつ増える. なぜなら一般に i を付加した後に $j(\leq i)$ を付加する際には, 付加手続 2) で少なくとも (短くとも) i の付加により 1 だけ長くなった特異 string を選べるからである. 一方上の状況では $k'^{(0)}$ は丁度 1 ずつ増えるので, $k'^{(0)} \leq k'^{(1)}$ が保証される. ∎

5.4 半標準盤と rigged configuration の全単射

$B = B_{l_1} \otimes \cdots \otimes B_{l_L}$, $\mathcal{L} = (l_1, \ldots, l_L)$ とし, ヤング図 λ 上の半標準盤で数字 i を l_i 個含むものの集合を $\mathrm{SST}(\lambda, \mathcal{L})$ と書く ((2.44) と同様). 1:1 対応

$$\mathcal{P}_+(B, \lambda) \xleftrightarrow{1:1} \mathrm{SST}(\lambda, \mathcal{L}) \tag{5.34}$$

が成立する．実際 B は $U_q(sl_{n+1})$ の crystal としては $B(l_1\bar\Lambda_1)\otimes\cdots\otimes B(l_L\bar\Lambda_L)$ に同型であり，RSK 対応 (2.44) によって $(P,\tilde Q)$ に写される．その際パスの highest 性を反映して P-symbol は第 i 行目が全て数字 i という半標準盤に限定され，Q-symbol の自由度 $\tilde Q$ だけが残り，これが $\mathrm{SST}(\lambda,\mathcal L)$ の元を定める．例 5.7 の highest パス (5.27) では次の様になる．

$$P = \begin{array}{|c|c|c|c|}\hline 1&1&1&1\\\hline 2&2\\\cline{1-2}3&3\\\cline{1-2}4\\\cline{1-1}\end{array}, \qquad \tilde Q = \begin{array}{|c|c|c|c|}\hline 1&2&2&4\\\hline 2&3\\\cline{1-2}3&5\\\cline{1-2}4\\\cline{1-1}\end{array}. \tag{5.35}$$

この例からも推察されるが，一般に (5.34) の左辺の highest パスを $b_1\otimes\cdots\otimes b_L$ とし $b_k = \boxed{i_1\cdots i_{l_k}}$ とすると，$\tilde Q$ は数字 k を l_k 個，第 $i_1,\ldots,i_{l_k}$ 行に (重複を許して) 含む半標準盤である．(5.34) と KKR 全単射 (5.13) を合成すれば全単射

$$\mathrm{SST}(\lambda,\mathcal L) \underset{\pi_*}{\overset{\pi^*}{\leftrightarrows}} \mathrm{RC}(\mathcal L,\lambda) \tag{5.36}$$

が定まる．元来 Kerov, Kirillov, Reshetikhin が導入したのはこの π^*,π_* であり ([51], $\forall l_i = 1$ の場合は [50])，結晶基底が登場する前の 1980 年代であった．

対応 (5.34) は単純なので，π^*,π_* が ϕ^*,ϕ_* と類似のアルゴリズムにより定義される事は容易に推察される．以下 $\mathcal L = (l_1,\ldots,l_L)$ とする．

π^* のアルゴリズム： Q_L をヤング図 λ とする．$|\lambda| = l_1 + \cdots + l_L$ である．rigged configuration $(\mu,J) \in \mathrm{RC}(\mathcal L,\lambda)$ に削除をして $(\mu,J) \xrightarrow{i_M}\cdots\xrightarrow{i_1} (\emptyset,\emptyset)$ となったとする．但し $M = l_1+\cdots+l_L$．Q_L から出発し，以下の操作を $g = L,\ldots,1$ の順に行う．$i_1,\ldots,i_M$ のうち削除手続 3) で $\mu^{(0)}$ の第 g 行が削られる際に得られた数字を $j_1,\ldots,j_{l_g}$ とせよ．(これらの順序は問題にならない.) Q_g の第 $j_1,\ldots,j_{l_g}$ 行にある空の升目に l_g 個の数字 g を右詰めに入れる．特に $j_1,\ldots,j_{l_g}$ に重複がある場合は重複度の数だけ数字 g を入れる．この結果を Q_{g-1} とする．このとき $\pi^*(\mu,J) = Q_0$ である．

例 5.7 の rigged configuration では型は $\mathcal L = (1,3,2,2,1)$ であり，ウェイトのヤング図は $\lambda = (4,2,2,1)$ である．π^* は削除過程に沿って数字を埋めていく操作である．$Q_5, Q_4,\ldots, Q_0$ は以下の様になる．

最後に得られた半標準盤 Q_0 が (5.35) の $\tilde{Q}$ を与えている．

π_* のアルゴリズム：空の rigged configuration $(\mu, J)_0 := (\emptyset, \emptyset)$ から出発し，半標準盤 $Q \in \text{SST}(\lambda, \mathcal{L})$ に登場する数字 g について以下の操作を $g = 1, \ldots, L$ の順に行う．Q に数字 g は l_g 個含まれるが，それらは第 $j_1 \geq j_2 \geq \cdots \geq j_{l_g}$ 行にあるとせよ．型 $(l_1, \ldots, l_{g-1})$ を持つ rigged configuration $(\mu, J)_{g-1}$ に $j_1, j_2, \ldots, j_{l_g}$ をこの順に付加し，型 $(l_1, \ldots, l_{g-1}, l_g)$ を持つ rigged configuration $(\mu, J)_g$ にする．このとき $\pi_*(Q) = (\mu, J)_L$ である．

5.5 KKR 全単射の諸性質

5.5.1 R 不変性

$B = B_{l_1} \otimes \cdots \otimes B_{l_L}$ とする．B の元に組合せ R を作用させればテンソル積の順序を入れ換えて $B^\sigma = B_{l_{\sigma(1)}} \otimes \cdots \otimes B_{l_{\sigma(L)}}$ の元にする事ができる．ここで σ は任意の置換である．組合せ R は crystal の同型であるから highest パスを highest パスに写す．従って全単射 $R^\sigma : \mathcal{P}_+(B, \lambda) \to \mathcal{P}_+(B^\sigma, \lambda)$ が定まる．一方，$\mathcal{L} = (l_1, \ldots, l_L)$，$\mathcal{L}^\sigma = (l_{\sigma(1)}, \ldots, l_{\sigma(L)})$ とし，同じ記号 R^σ で rigged configuration の全単射を以下の様に定義する．

$$R^\sigma : \quad \text{RC}(\mathcal{L}, \lambda) \longrightarrow \text{RC}(\mathcal{L}^\sigma, \lambda)$$
$$(\mathcal{L}, (\mu^{(1)}, J^{(1)}), \ldots, (\mu^{(n)}, J^{(n)})) \longmapsto (\mathcal{L}^\sigma, (\mu^{(1)}, J^{(1)}), \ldots, (\mu^{(n)}, J^{(n)}))$$

これは型の順序だけを変える操作である．

定理 5.10（[52] Lem. 8.5）次の可換図が成り立つ．

$$\begin{array}{ccc} \mathcal{P}_+(B, \lambda) & \xrightarrow{R^\sigma} & \mathcal{P}_+(B^\sigma, \lambda) \\ \phi_* \downarrow & & \downarrow \phi_* \\ \text{RC}(\mathcal{L}, \lambda) & \xrightarrow{R^\sigma} & \text{RC}(\mathcal{L}^\sigma, \lambda) \end{array}$$

5.5 KKR 全単射の諸性質

つまり組合せ R のパスへの作用は非自明であるが，rigged configuration には型の順序変更という極めて単純な操作になる．この著しい性質は箱玉系の線形化 (7.6 節) の鍵となる．

例 5.11 パス (5.27) を考えよう．左から 2 番目と 3 番目の成分を組合せ R で入れ換えると以下の様になる．

$$\boxed{1} \otimes \boxed{112} \otimes \boxed{23} \otimes \boxed{14} \otimes \boxed{3} \simeq \boxed{1} \otimes \boxed{12} \otimes \boxed{123} \otimes \boxed{14} \otimes \boxed{3}. \quad (5.37)$$

左辺に対応する rigged configuration は例 5.7 の始めに与えられている．一方右辺に対応する様に型を $\mathcal{L} = (1, 2, 3, 2, 1)$ と並び換えると

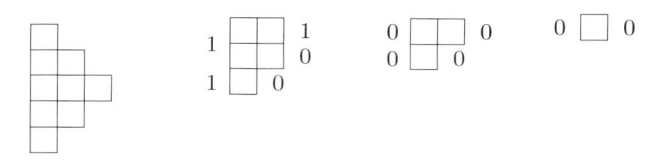

となる．これに ϕ^* (削除) をすると始めの 3 回は例 5.7 と同様に進行し，$\xrightarrow{3} \cdot \xrightarrow{1} \cdot \xrightarrow{4}$ と削られ，その後以下の様に進む．

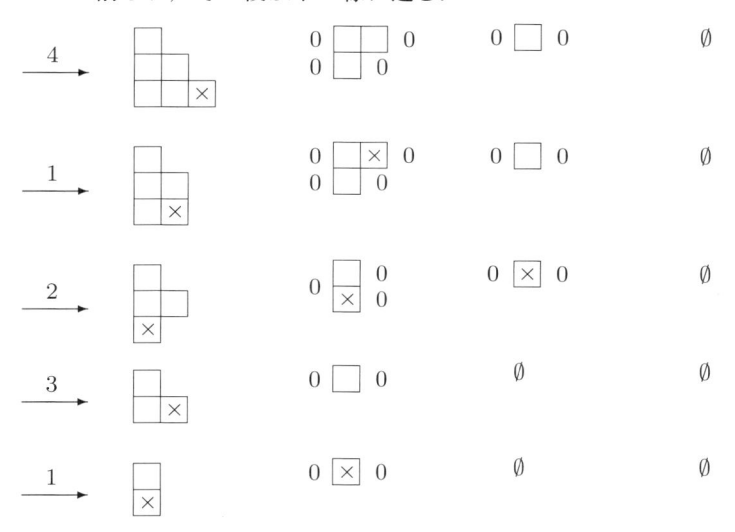

削除過程 (5.19) で $i_M, \ldots, i_1 = 314123121$ なので (5.23) の様に並べて区切ると 1|21|321|41|3 となり，ϕ^* による像として (5.37) の右辺を得る．

5.5.2 (co)charge と (co)energy

rigged configuration (μ, J) に対し，**cocharge** $cc(\mu, J)$ と呼ばれる非負整数を

$$cc(\mu, J) = cc(m) + \sum_{a,j,\alpha} J_{j,\alpha}^{(a)} \tag{5.38}$$

と定義する．第 2 項は rigging の総和．$cc(m)$ は (4.24)．但し $m_j^{(a)}$ は (5.2)．

rigged configuration (μ, J) で rigging $J_{j,\alpha}^{(a)}$ を **corigging** $p_j^{(a)} - J_{j,\alpha}^{(a)}$ に置き換えたものは rigged configuration である．これを $\theta(\mu, J)$ と定義する[*1)]．**charge** $c(\mu, J)\,(\in \mathbb{Z}_{\leq 0})$ を

$$c(\mu, J) = -cc(\theta(\mu, J)) = cc(m) - \sum_{j,k} \min(\mu_j^{(0)}, k)m_k^{(1)} + \sum_{a,j,\alpha} J_{j,\alpha}^{(a)} \tag{5.39}$$

と定義する．$\mu^{(0)}$ は (μ, J) の型である．条件 (5.9) と

$$\sum_{0 \leq J_1 \leq \cdots \leq J_m \leq p} q^{J_1 + \cdots + J_m} = \begin{bmatrix} p+m \\ m \end{bmatrix}_q \tag{5.40}$$

に注意し，$\mu^{(0)} = \mathcal{L}$ とおくと，定義 (4.23) は

$$M(\mathcal{L}, \lambda; q^{-1}) = \sum_{(\mu,J) \in \mathrm{RC}(\mathcal{L},\lambda)} q^{cc(\mu,J)}, \quad M(\mathcal{L}, \lambda; q) = \sum_{(\mu,J) \in \mathrm{RC}(\mathcal{L},\lambda)} q^{c(\mu,J)} \tag{5.41}$$

と表される．即ち Fermi 型和は (co)charge の母関数である．

定理 5.12 ([52]) highest パス p の energy と rigged configuration $(\mu, J) = \phi_*(p)$ の charge の間に以下の関係が成り立つ．

[*1)] θ は半標準盤に対する Schützenberger の evacuation という操作と関連する [52, Th. 5.6]．

$$\bar{E}(p) := E(p_{\text{vac}}) - E(p) = -c(\mu, J) \ (= cc(\theta(\mu, J)) \in \mathbb{Z}_{\geq 0}). \quad (5.42)$$

p_{vac} の定義は定理 4.5 を見よ. $\bar{E}(p)$ は局所 energy H の定数ずらしによる不定性が無く, パス p の **coenergy** と呼ばれる. その母関数は, (4.29) で $q \to q^{-1}$ とした式と (4.14) から次の Fermi 公式を持つ.

$$\sum_{p \in \mathcal{P}_+(B, \lambda)} q^{\bar{E}(p)} = M(\mathcal{L}, \lambda; q^{-1}). \quad (5.43)$$

例 5.13 例 5.5 の rigged configuration では $cc(m) = 10$ である. $cc(\theta(\mu, J))$ はこれに corigging の総和を加えればよい. その値は上から順に $14, 13, 12, 12, 11, 10$ となる. これは対応するパスの右に書かれた coenergy $\bar{E}$ と一致している.

5.5.3 highest と限らないパスへの拡張

KKR 全単射は, highest と限らない任意のパスと拡張された rigged configuration の 1:1 対応に一般化されている [14]. $B_{l_1} \otimes \cdots \otimes B_{l_L}$ の勝手な元 p に対し, 命題 5.8 の付加は highest という仮定を外してもそのまま機能する. その結果作られる対象物を **拡張 rigged configuration** と呼び, highest の場合と同じ記号 $\phi_*(p)$ を用いて表す.

拡張 rigged configuration でも vacancy を (5.3)–(5.4) で定義し, rigging の条件は, (下限値) $\leq J_{j,\alpha}^{(a)} \leq p_j^{(a)}$ と与えられ, $J_{j,\alpha}^{(a)} = p_j^{(a)}$ となる string を特異と呼ぶ事は同様である. 但し $p_j^{(a)} < 0$ の場合も含まれ, 下限値の記述は一般に複雑である[*1]. vacancy や rigging は負のものも含まれるが, corigging は常に非負である事に注意しよう.

拡張 rigged configuration (μ, J) に対して, 命題 5.3 の削除手続はそのまま機能する. 特に性質 (5.21) が保持される. 生成されるパスを highest の場合と同じ記号 $\phi^*(\mu, J)$ を用いて表す. ϕ^* と ϕ_* は逆写像であり, KKR 全単射を含む. 今後は拡張版も単に KKR 全単射と呼ぶ. R 不変性 (定理 5.10) は一般のパスと拡張 rigged configuration の場合にも自然に拡張される [71].

[*1] 詳しくは [14]. sl_2 の場合だけは単純で, j-string の rigging の下限値は $-j$ である [82].

5.5.4 テンソル積の rigged configuration

本項の補題 5.14, 補題 5.15 は後に箱玉系に用いられるが, その時に参照すれば十分である. 内容は近いが, 見やすさのため別にしておく.

補題 5.14 q を highest と限らないパス, その拡張 rigged configuration を $(\mu, J) = (\mu^{(0)}, (\mu^{(1)}, J^{(1)}), \ldots, (\mu^{(n)}, J^{(n)}))$ とすると $u_l \otimes q$ の拡張 rigged configuration (μ', J') は以下で与えられる. (記号は (2.48), (5.9) 参照.)

$$J'^{(a)}_{j,\alpha} = J^{(a)}_{j,\alpha} + \delta_{a1} \min(j, l), \qquad \mu'^{(a)} = \begin{cases} (l) \cup \mu^{(0)} & a = 0, \\ \mu^{(a)} & 1 \leq a \leq n. \end{cases} \quad (5.44)$$

証明 (μ', J') の vacancy は $p'^{(a)}_j = p^{(a)}_j + \delta_{a1} \min(j, l)$ であり, $p'^{(a)}_j - J'^{(a)}_{j,\alpha} = p^{(a)}_j - J^{(a)}_{j,\alpha}$ となって (μ', J') と (μ, J) は同じ corigging を持つ. 削除手続における升目の削り方はどの string の corigging が 0 か正かにより定まるので $\phi^*(\mu', J') = \phi^*((l), \emptyset) \otimes q = u_l \otimes q$ となる. ∎

補題 5.15 一般のパス q と highest パス q' に対し $\phi_*(q) = (\mu, J)$, $\phi_*(q') = (\mu', J')$ とおくと $\phi_*(q \otimes q') = (\mu \cup \mu', J \cup \tilde{J}')$ が成り立つ. $\tilde{J}' = (\tilde{J}'^{(a)}_{i,\alpha})$ は

$$\tilde{J}'^{(a)}_{i,\alpha} = J'^{(a)}_{i,\alpha} + p^{(a)}_i \quad (5.45)$$

で与えられ, $p^{(a)}_i$ は (μ, J) の vacancy である. また $(\mu \cup \mu', J \cup \tilde{J}')$ は, (μ, J) と $(\mu', \tilde{J}')$ の string の multiset としての和を表す[*1].

証明は 5.3.3 項と類似の議論で済むので読者に委ね, 例をあげておく.

例 5.16 $q = \boxed{1} \otimes \boxed{1} \otimes \boxed{2} \otimes \boxed{1} \otimes \boxed{3} \otimes \boxed{2}$, $q' = \boxed{1} \otimes \boxed{12} \otimes \boxed{123}$ とする. q' は (5.37) 右辺の左から 3 番目までの成分を取り出したものである. $(\mu, J) = \phi_*(q), (\mu', J') = \phi_*(q')$ と補題 5.15 の $(\mu', \tilde{J}')$ は以下の通り.

$(\mu, J) = \qquad (1^6) \qquad \begin{array}{c} 1 \\ 3 \end{array}\boxed{}\begin{array}{c} 1 \\ 1 \end{array} \qquad 0\ \boxed{}\ 0$

[*1] 型の部分の和 $\mu^{(0)} \cup \mu'^{(0)}$ は $q \otimes q'$ に対応する順序のものと了解する. (5.44) も同様.

5.5 KKR 全単射の諸性質

$(\mu', J') = $ [skew shape]　　$\begin{matrix} 0 & & 0 \\ 0 & & 0 \end{matrix}$　　$0\ \square\ 0$

$(\mu', \tilde{J}') = $ [skew shape]　　$\begin{matrix} 0 & & 1 \\ 0 & & 3 \end{matrix}$　　$0\ \square\ 0$

(μ', J') は例 5.11 のものと同じである．以下 $(\mu \cup \mu', J \cup \tilde{J}')$ を削除して $(\mu', \tilde{J}')$ が完全に削り取られ，(μ, J) が残るところまでを示す．

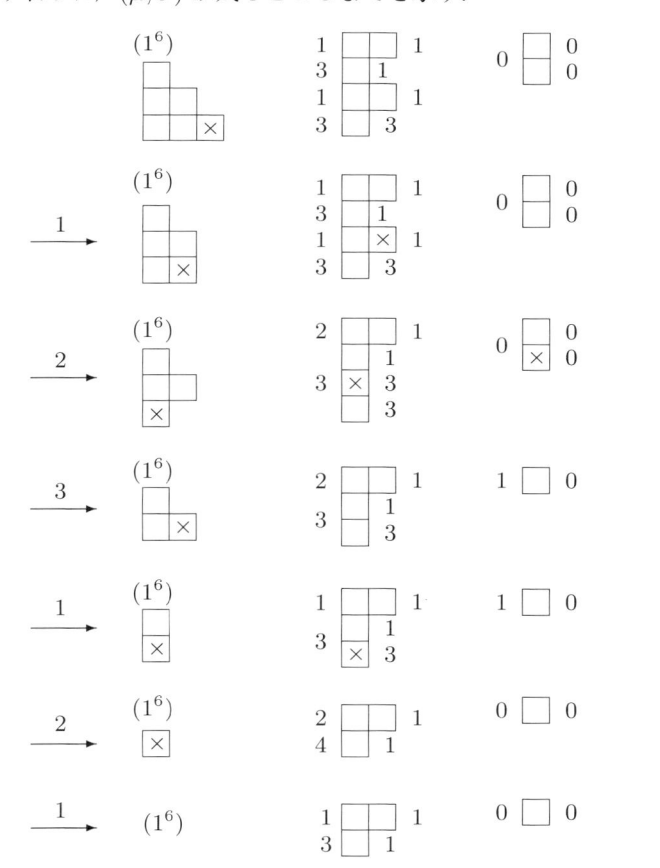

(μ, J) が残った．ここまでの削除過程は，例 5.11 と本質的に同じである．

第6章

超離散タウ関数

KKR 写像 ϕ^* は Bethe 根から Bethe ベクトルを作り出す操作の組合せ論的類似であった．本章では charge (5.39) を用いて超離散タウ関数を定義し，ϕ^* の像の明示式を与える．rigged configuration と charge はソリトン理論における自由フェルミオンとタウ関数 [62] の類似物として機能する．超離散タウ関数が超離散広田・三輪方程式を満たす事を，ソリトン理論の予備知識を仮定せず初等的に証明する．

6.1 charge による定義

整数の列 $x = (x_1, \ldots, x_k), y = (y_1, \ldots, y_l)$ に対して以下の記号を用いる．

$$\min(x, y) = \sum_{i=1}^{k} \sum_{j=1}^{l} \min(x_i, y_j), \quad |x| = \sum_{i=1}^{k} x_i, \tag{6.1}$$

$$x \subseteq y \Leftrightarrow \{x_1, \ldots, x_k\} \subseteq \{y_1, \ldots, y_l\}.$$

但し右の $\subseteq$ は multiset での意味であり，例えば $\emptyset \subseteq (1,1) \subseteq (1,2,1,3)$ だが $(2,2) \not\subseteq (1,2,1,3)$．

rigged configuration のデータ構造は以下の様であった．

$$\begin{aligned}(\mu, J) &= (\mu^{(0)}, (\mu^{(1)}, J^{(1)}), \ldots, (\mu^{(n)}, J^{(n)})), \\ \mu^{(a)} &= (\mu_1^{(a)}, \ldots, \mu_{\ell_a}^{(a)}) \in (\mathbb{Z}_{\geq 1})^{\ell_a}, \quad J^{(a)} = (J_1^{(a)}, \ldots, J_{\ell_a}^{(a)}) \in \mathbb{Z}^{\ell_a}.\end{aligned} \tag{6.2}$$

$\mu^{(0)}$ は型であり，対 $(\mu_i^{(a)}, J_i^{(a)})$ $(a \geq 1)$ をカラー a，長さ $\mu_i^{(a)}$，rigging $J_i^{(a)}$ の string と呼んだ[*1]．charge (5.39) を上の記号で書くと

[*1] rigging の条件 (5.9) は今の記号では $0 \leq J_i^{(a)} \leq p_{\mu_i^{(a)}}^{(a)}$ となる．但し，本章ではこの条件は表立った

6.1 charge による定義

$$c(\mu, J) = \frac{1}{2} \sum_{1 \leq a,b \leq n} C_{ab} \min(\mu^{(a)}, \mu^{(b)}) - \min(\mu^{(0)}, \mu^{(1)}) + \sum_{1 \leq a \leq n} |J^{(a)}| \tag{6.3}$$

となる．rigged configuration (μ, J)，自然数の列 $\lambda \subseteq \mu^{(0)}$，整数 $0 \leq d \leq n+1$ に対して，**超離散タウ関数** $\tau_d(\lambda) = \tau_d(\lambda, (\mu, J))$ を次で定義する[*1)]．

$$\begin{aligned}\tau_d(\lambda) &= \max_{\nu \subseteq \mu}(-c(\nu, I) - |\nu^{(d)}|) \quad (1 \leq d \leq n), \\ \tau_{n+1}(\lambda) &= \max_{\nu \subseteq \mu}(-c(\nu, I)), \quad \tau_0(\lambda) = \tau_{n+1}(\lambda) - |\lambda|.\end{aligned} \tag{6.4}$$

ここで $\max_{\nu \subseteq \mu}$ は string の multiset $\{(\mu_i^{(a)}, J_i^{(a)})\}$ の部分 multiset $\{(\nu_i^{(a)}, I_i^{(a)})\}$ にわたる．$\mu_i^{(a)}$ と $J_i^{(a)}$ は常に対で行動するので $\{\mu_i^{(a)}\}$ の部分 multiset $\{\nu_i^{(a)}\}$ にわたるとしても同じであり，$\nu \subseteq \mu$ と書いた．全部で $2^{\ell_1 + \cdots + \ell_n}$ 個の max 候補がある．このとき (6.2) と同じ構造のデータ (勿論 ℓ_a は一般に小さくなる)

$$(\nu, I) = (\lambda, (\nu^{(1)}, I^{(1)}), \ldots, (\nu^{(n)}, I^{(n)})) \tag{6.5}$$

は一般に rigged configuration とは限らないが，charge (6.3) の定義域を自然に拡張して適用したものが (6.4) の $c(\nu, I)$ である．$\tau_d(\lambda)$ を陽に書くと

$$\begin{aligned}\tau_d(\lambda) = \max\{&\min(\lambda, \nu^{(1)}) + \min(\nu^{(1)}, \nu^{(2)}) + \cdots + \min(\nu^{(n-1)}, \nu^{(n)}) \\ &- \min(\nu^{(1)}, \nu^{(1)}) - \min(\nu^{(2)}, \nu^{(2)}) - \cdots - \min(\nu^{(n)}, \nu^{(n)}) \\ &- |I^{(1)}| - \cdots - |I^{(n)}| - |\nu^{(d)}|\} \quad (1 \leq d \leq n+1).\end{aligned} \tag{6.6}$$

但し $|\nu^{(n+1)}| = 0$ と了解する．$\tau_d(\lambda)$ $(1 \leq d \leq n+1)$ は，$\tau_{n+1}(\phi)$ の rigging を

$$J_i^{(a)} \mapsto J_i^{(a)} - \delta_{a,1} \min(\lambda, \mu_i^{(1)}) + \delta_{a,d} \mu_i^{(a)} \tag{6.7}$$

とずらしたものに等しい．例として，string の本数が $1, 2, 3$ の場合の $\tau = \tau_{n+1}(\phi)$ を書き下す．

働きをしない．
[*1)] 勿論 $\max(-\bullet) = -\min(\bullet)$ により，min で表示してもよい．

$$\tau = \max(0, -j_A),$$
$$\tau = \max(0, -j_A, -j_B, -a_{AB} - j_A - j_B),$$
$$\tau = \max(0, -j_A, -j_B, -j_C, -a_{AB} - j_A - j_B, -a_{AC} - j_A - j_C,$$
$$-a_{BC} - j_B - j_C, -a_{AB} - a_{AC} - a_{BC} - j_A - j_B - j_C).$$

ここに string $A = (\mu_i^{(a)}, J_i^{(a)})$, $B = (\mu_j^{(b)}, J_j^{(b)})$ に対して，$j_A = \mu_i^{(a)} + J_i^{(a)}$, $a_{AB} = C_{ab}\min(\mu_i^{(a)}, \mu_j^{(b)})$ 等と書いた．

rigged configuration (μ, J) (6.2) の部分データ $(\mu^{(1)}, (\mu^{(2)}, J^{(2)}), \ldots, (\mu^{(n)}, J^{(n)}))$ は n が 1 減少した rigged configuration である (注意 5.2). これに付随する超離散タウ関数を $\tau_d^{(1)}(\lambda)$ と書く．即ち $\lambda \subseteq \mu^{(1)}$ に対し，以下の様に定義する．

$$\tau_d^{(1)}(\lambda) = \max\{\min(\lambda, \nu^{(2)}) + \min(\nu^{(2)}, \nu^{(3)}) + \cdots + \min(\nu^{(n-1)}, \nu^{(n)})$$
$$- \min(\nu^{(2)}, \nu^{(2)}) - \min(\nu^{(3)}, \nu^{(3)}) - \cdots - \min(\nu^{(n)}, \nu^{(n)})$$
$$- |I^{(2)}| - \cdots - |I^{(n)}| - |\nu^{(d)}|\} \quad (2 \leq d \leq n+1). \tag{6.8}$$

但し $|\nu^{(n+1)}| = 0$. また，$\tau_1^{(1)}(\lambda) = \tau_{n+1}^{(1)}(\lambda) - |\lambda|$ と定める．定義から，ランク n に関する次の漸化式 $(1 \leq d \leq n+1)$ が成り立つ．

$$\tau_d(\lambda) = \max_{\nu \subseteq \mu^{(1)}} \{\min(\lambda, \nu) - \min(\nu, \nu) - |I| + \tau_d^{(1)}(\nu)\}. \tag{6.9}$$

但し前と同様に，I は ν と対をなす string の rigging からなる multiset である．なお $n = 1$ の場合は，$\tau_1^{(1)}(\nu) = -|\nu|$, $\tau_2^{(1)}(\nu) = 0$ と了解する．

6.2 KKR 写像の区分線形公式

型を (5.24) にあわせて $\mu^{(0)} = (l_1, \ldots, l_L)$ としよう[*1]．rigged configuration (μ, J) から KKR 写像により得られる highest パスを $\phi^*(\mu, J) = b_1 \otimes \cdots \otimes b_L \in B_{l_1} \otimes \cdots \otimes B_{l_L}$ とし，$b_k \in B_{l_k}$ は (2.46) の表示に従って $b_k = (x_{k,1}, \cdots, x_{k,n+1})$ としよう．

[*1] この l_a と (6.2) の ℓ_a は関係ないので，微妙だがフォントを変えている．$\ell_0 = L$ である．

定理 6.1 (ϕ^* の明示式 [59])　上記の b_k は, (μ, J) の超離散タウ関数 (6.4) により次で与えられる.

$$\begin{aligned}x_{k,d} &= \tau_{k,d} - \tau_{k-1,d} - \tau_{k,d-1} + \tau_{k-1,d-1}, \\ \tau_{k,d} &= \tau_d(\lambda = (l_1, \ldots, l_k)).\end{aligned} \tag{6.10}$$

この定理は箱玉系 (7 章) の考察から証明される. 即ち, 超離散タウ関数が

(1) 箱玉系の運動方程式 (超離散広田・三輪方程式) を満たす事

(2) 与えられた rigged configuration に対応する境界条件を満たす事

により証明される. 本章では (1) を示す. (2) は [59] を参照のこと. 箱玉系の運動方程式として超離散広田・三輪方程式が現れる事自体は 7.8.3 項で示す.

注意 6.2　定理 6.1 は拡張 rigged configuration (5.5.3 項) についても成立する.

rigged configuration の**時間発展** $T_l\,(l \geq 1)$ を, カラー 1 の rigging の線形な変化

$$\begin{aligned}T_l &: \bigl(\mu^{(0)}, (\mu^{(a)}, J^{(a)})_{a=1}^n\bigr) \mapsto \bigl(\mu^{(0)}, (\mu^{(a)}, J'^{(a)})_{a=1}^n\bigr), \\ J'^{(a)}_i &= J^{(a)}_i + \delta_{a1}\min(l, \mu_i^{(1)})\end{aligned} \tag{6.11}$$

と定義する. $T_\infty(\mu, J)$ も rigged configuration であると仮定し, それに付随する超離散タウ関数を $\bar{\tau}_{k,d} = \bar{\tau}_d((l_1, \ldots, l_k))$ と書く.

定理 6.3 (超離散広田・三輪方程式 [59])　$2 \leq d \leq n+1$ で次が成立する.

$$\bar{\tau}_{k,d-1} + \tau_{k-1,d} = \max(\bar{\tau}_{k,d} + \tau_{k-1,d-1}, \bar{\tau}_{k-1,d-1} + \tau_{k,d} - l_k). \tag{6.12}$$

以下では広田・三輪方程式とその N ソリトン解に対応するタウ関数 σ_N を与え, その超離散化により定理 6.3 を証明する.

6.3　行列式とタウ関数

$\xi_1, \ldots, \xi_N$ の多項式 σ_N を次の N 次 **Fredholm 型行列式**により定義する.

$$\sigma_N = \det(I + F), \quad F_{ij} = \frac{\xi_i}{p_i - q_j}, \quad (\sigma_0 = 1). \tag{6.13}$$

便宜上 $F_{ii} = \xi_i/(p_i - q_i) = \hat{\xi}_i$ という記号も用いる．例えば

$$\begin{aligned}
\sigma_1 &= 1 + \hat{\xi}_1, \\
\sigma_2 &= 1 + \hat{\xi}_1 + \hat{\xi}_2 + a_{12}\hat{\xi}_1\hat{\xi}_2, \\
\sigma_3 &= 1 + \hat{\xi}_1 + \hat{\xi}_2 + \hat{\xi}_3 + a_{12}\hat{\xi}_1\hat{\xi}_2 + a_{13}\hat{\xi}_1\hat{\xi}_3 + a_{23}\hat{\xi}_2\hat{\xi}_3 \\
&\quad + a_{12}a_{13}a_{23}\hat{\xi}_1\hat{\xi}_2\hat{\xi}_3.
\end{aligned} \tag{6.14}$$

一般には

$$\sigma_N = \sum_{I \subseteq \{1,\ldots,N\}} \Big(\prod_{i<j\in I} a_{ij}\Big) \prod_{i\in I} \hat{\xi}_i, \quad a_{ij} = \frac{(p_i - p_j)(q_j - q_i)}{(p_i - q_j)(p_j - q_i)} \tag{6.15}$$

であるが，これは次の漸化式による．

$$\sigma_N = \sigma_{N-1} + \big[\sigma_{N-1}\big]_{\xi_i \to a_{iN}\xi_i} \hat{\xi}_N. \tag{6.16}$$

証明[*1)] σ_N の行列式の第 N 行を $(0,\ldots,0,1) + (F_{N1},\ldots,F_{NN})$ に分けて

$$\sigma_N = \sigma_{N-1} + \begin{vmatrix} 1 + F_{11} & \cdots & F_{1N} \\ \vdots & \ddots & \vdots \\ F_{N1} & \cdots & F_{NN} \end{vmatrix}.$$

2 項目の行列式は，ブロック型行列式に関する **Sylvester の公式**

$$\begin{vmatrix} A & B \\ C & D \end{vmatrix} = |A - BD^{-1}C||D| \tag{6.17}$$

により $(N-1) + 1$ に分けると，$N-1$ 次行列 $A - BD^{-1}C$ の (i,j) 成分が

$$\begin{aligned}
\delta_{ij} + F_{ij} - \frac{F_{iN}F_{Nj}}{F_{NN}} &= \delta_{ij} + \frac{\xi_i}{p_i - q_j} \frac{(p_i - p_N)(q_N - q_j)}{(p_i - q_N)(p_N - q_j)} \\
&= \frac{q_i - p_N}{q_i - q_N} \Big(\delta_{ij} + \frac{\xi_i}{p_i - q_j} a_{iN}\Big) \frac{q_j - q_N}{q_j - p_N}
\end{aligned}$$

となるので (6.16) が従う． ∎

[*1)] 以下本節は，研究会「可積分系と組合せ論」(2007 年 2 月 20-21 日，大阪大学) での山田泰彦氏の講演予稿を参考にさせていただいた．

6.3 行列式とタウ関数

多項式 $f \in \mathbb{C}[\xi_1, \ldots \xi_N]$ に対し，変数 ξ_i の乗法的変換の作用素 V_a を

$$V_a(f) = \bigl[f\bigr]_{\xi_i \to \xi_i \frac{a-q_i}{a-p_i}}, \tag{6.18}$$

で定義する．また $V_a V_b(f) = V_b V_a(f)$ を $V_{a,b}(f) = V_{b,a}(f)$ と書く．次の関係式を**広田・三輪方程式**又は**離散 Kadomtsev-Petviashvili (KP) 方程式**という．

$$(b-c)V_a(f)V_{b,c}(f)+(c-a)V_b(f)V_{c,a}(f)+(a-b)V_c(f)V_{a,b}(f)=0. \tag{6.19}$$

定理 6.4 σ_N は広田・三輪方程式を満たす．

証明 次の $(N+2) \times (N+3)$ 行列 X を考える：

$$X = \begin{bmatrix} 1+F_{11} & \cdots & F_{1N} & \dfrac{\xi_1}{p_1-a} & \dfrac{\xi_1}{p_1-b} & \dfrac{\xi_1}{p_1-c} \\ \vdots & \ddots & \vdots & \vdots & \vdots & \vdots \\ F_{N1} & \cdots & 1+F_{NN} & \dfrac{\xi_N}{p_N-a} & \dfrac{\xi_N}{p_N-b} & \dfrac{\xi_N}{p_N-c} \\ 1 & \cdots & 1 & 1 & 1 & 1 \\ q_1 & \cdots & q_N & a & b & c \end{bmatrix}.$$

行添字を $\{1, \ldots, N+|I|\}$，列添字を $\{1, \ldots, N\} \cup I$ とした X の小行列式を d_I とすると

$$\left| \begin{array}{cc} \delta_{ij}+F_{ij} & \dfrac{\xi_i}{p_i-a} \\ 1 & 1 \end{array} \right| = \delta_{ij} + \frac{\xi_i}{p_i-q_j}\frac{a-q_j}{a-p_i} = \frac{1}{a-q_i}V_a(\delta_{ij}+F_{ij})(a-q_j)$$

に注意すれば，Sylvester 公式から $d_{N+1} = V_a(\sigma_N)$．同様に

$$\left| \begin{array}{ccc} \delta_{ij}+F_{ij} & \dfrac{\xi_i}{p_i-a} & \dfrac{\xi_i}{p_i-b} \\ 1 & 1 & 1 \\ q_j & a & b \end{array} \right| \frac{1}{b-a} = \delta_{ij} + \frac{\xi_i}{p_i-q_j}\frac{(a-q_j)(b-q_j)}{(a-p_i)(b-p_i)}$$

$$= \frac{1}{(a-q_i)(b-q_i)}V_a V_b(\delta_{ij}+F_{ij})(a-q_j)(b-q_j)$$

と Sylvester 公式から $d_{N+1,N+2} = (b-a)V_{a,b}(\sigma_N)$ が従う．これらを **Plücker**

関係式 (cf.[31, 62])

$$d_{N+1}d_{N+2,N+3} - d_{N+2}d_{N+1,N+3} + d_{N+3}d_{N+1,N+2} = 0 \qquad (6.20)$$

に代入して求める結果を得る． ∎

(6.19) は f について 2 次の斉次式である．一般にソリトン方程式の従属変数で，このような**双線形型**の関係式を満たすものを**タウ関数**という．σ_N は離散 KP 方程式の **N ソリトン解**に対応するタウ関数である．

6.4　超離散広田・三輪方程式の証明

パラメーター q を導入し，σ_N を上手く特殊化して $q \to +0$ で

$$\sigma_N = (\text{p.c.} + o(q))q^{-\tau_{n+1}(\emptyset)}, \qquad \text{p.c.} : q \text{ に依らない正の実数} \qquad (6.21)$$

となる様にする．$\sigma_N \simeq (\text{p.c.})q^{-\tau_{n+1}(\emptyset)}$ 等とも書く．

$$\tau_{n+1}(\emptyset) = -\lim_{q \to +0} \frac{\log \sigma_N}{\log q}$$

となる事を，$\tau_{n+1}(\emptyset)$ は σ_N の**超離散化**であるという．具体的には，$a_1, \ldots, a_k$ を q に依らない実数，$c_i = (\text{p.c.}) + o(q)$ として

$$\begin{aligned}
\lim_{q \to +0} \frac{\log(c_0\, q^{a_1} \times \cdots \times q^{a_k})}{\log q} &= a_1 + \cdots + a_k, \\
\lim_{q \to +0} \frac{\log(c_1 q^{a_1} + \cdots + c_k q^{a_k})}{\log q} &= \min(a_1, \ldots, a_k)
\end{aligned} \qquad (6.22)$$

を適用する．第 2 式では $O(q^{a_i})$ の項に相殺が起こると成立しない事に注意しよう．そうならない十分条件として c_i 達の初項が全て p.c. であるとした．超離散化については [32, 91, 92] も参考にされたい．

定理 6.3 の証明の基本方針は，広田・三輪方程式 (6.19) を超離散化する事である．その際タウ関数のパラメーターを rigged configuration に応じて上手く選び，超離散極限をとる．

まず $\tau_{n+1}(\emptyset)$ (6.4) と σ_N (6.15) を結び付けよう．三つ組み $(\hat{\xi}_i, p_i, q_i)$[*1] を

[*1]　自由フェルミオンの「運動量と振幅」[62] に対応する．

各 string に対応させる.それには N を string の総数 に等しく,即ち

$$N = \ell_1 + \cdots + \ell_n \tag{6.23}$$

ととる.パラメーター $p_1, p_2, \ldots, p_N$ 等の添字を二重添字に改め

$$(p_1^{(1)}, p_2^{(2)}, \ldots, p_{\ell_1}^{(1)}), \ldots, (p_1^{(n)}, p_2^{(n)}, \ldots, p_{\ell_n}^{(n)}), \tag{6.24}$$

などと表す[*1].$q_i^{(a)}, \xi_i^{(a)}$ も同様.$\delta_i^{(a)} > 0$, $\kappa^{(a)} > \kappa^{(a+1)}$ を満たす generic な定数を導入し,string $(\mu_i^{(a)}, J_i^{(a)})$ に対して

$$p_i^{(a)} = \kappa^{(a)} - \delta_i^{(a)} q^{\mu_i^{(a)}}, \quad q_i^{(a)} = \kappa^{(a+1)} + \delta_i^{(a)} q^{\mu_i^{(a)}}, \tag{6.25}$$

とおけば極限 $q \to +0$ で (6.15) の a_{ij} は

$$\begin{aligned}
a_{(a,i),(a,j)} &\simeq \frac{(\delta_i^{(a)} q^{\mu_i^{(a)}} - \delta_j^{(a)} q^{\mu_j^{(a)}})^2}{(\kappa^{(a)} - \kappa^{(a+1)})^2} \simeq (\text{p.c.}) q^{2 \min(\mu_i^{(a)}, \mu_j^{(a)})}, \\
a_{(a,i),(a+1,j)} &\simeq \frac{(\kappa^{(a)} - \kappa^{(a+1)})(\kappa^{(a+1)} - \kappa^{(a+2)})}{(\kappa^{(a)} - \kappa^{(a+2)})(\delta_i^{(a)} q^{\mu_i^{(a)}} + \delta_j^{(a+1)} q^{\mu_j^{(a+1)}})} \\
&\simeq (\text{p.c.}) q^{-\min(\mu_i^{(a)}, \mu_j^{(a+1)})}
\end{aligned} \tag{6.26}$$

などとなる.よって $a_{(a,i),(b,j)}$ は正であり,

$$a_{(a,i),(b,j)} \simeq (\text{p.c.}) q^{C_{ab} \min(\mu_i^{(a)}, \mu_j^{(b)})}. \tag{6.27}$$

そこで,パラメーター $\hat{\xi}_i^{(a)}$ を rigging $J_i^{(a)}$ に依存して

$$\hat{\xi}_i^{(a)} = \delta_i'^{(a)} q^{J_i^{(a)} + \mu_i^{(a)}}, \quad \delta_i'^{(a)} > 0 \, (\text{定数}) \tag{6.28}$$

ととれば,σ_N (6.15) は超離散極限で超離散タウ関数となる.即ち (6.21) が成り立つ.

次に $\tau_{n+1}(\emptyset)$ 以外の超離散タウ関数を導こう.それには rigging のずらし (6.7) を実現すればよい.パラメーター β_j $(1 \leq j \leq L)$ を

$$\beta_j = \kappa^{(1)} + \delta_j'' q^{l_j}, \quad \delta_j'' > 0 \, (\text{定数}) \tag{6.29}$$

とおけば,V_{β_j} の作用 $V_{\beta_j}(\hat{\xi}_i^{(a)}) = \hat{\xi}_i^{(a)} \dfrac{\beta_j - q_i^{(a)}}{\beta_j - p_i^{(a)}}$ に現れる係数は

[*1] この $p_j^{(a)}$ を vacancy (5.3) と混同せぬよう.

$$\frac{\beta_j - q_i^{(a)}}{\beta_j - p_i^{(a)}} \simeq \begin{cases} \dfrac{\kappa^{(1)} - \kappa^{(a+1)}}{\kappa^{(1)} - \kappa^{(a)}} \simeq (\text{p.c.}) & a > 1, \\ \dfrac{\kappa^{(1)} - \kappa^{(2)}}{\delta_j'' q^{l_j} + \delta_i^{(1)} q^{\mu_i^{(1)}}} \simeq (\text{p.c.}) q^{-\min(l_j, \mu_i^{(1)})} & a = 1 \end{cases} \quad (6.30)$$

となる．同様に，$V_{\kappa^{(d)}}\ (1 \leq d \leq n+1)$ に関しては

$$\frac{\kappa^{(d)} - q_i^{(a)}}{\kappa^{(d)} - p_i^{(a)}} \simeq \begin{cases} \dfrac{\kappa^{(d)} - \kappa^{(d+1)}}{\delta_i^{(d)} q^{\mu_i^{(d)}}} \simeq (\text{p.c.}) q^{-\mu_i^{(d)}} & a = d, \\ \dfrac{\delta_i^{(d-1)} q^{\mu_i^{(d-1)}}}{\kappa^{(d-1)} - \kappa^{(d)}} \simeq (\text{p.c.}) q^{\mu_i^{(d-1)}} & a = d-1, \\ \dfrac{\kappa^{(d)} - \kappa^{(a+1)}}{\kappa^{(d)} - \kappa^{(a)}} \simeq (\text{p.c.}) & a \neq d, d-1 \end{cases} \quad (6.31)$$

である．従って σ_N は V_{β_j}, $V_{\kappa^{(d)}}$ を作用させても正であり，対応する超離散タウ関数は，rigging のずらし

$$\begin{aligned} V_{\beta_j} &: J_i^{(a)} \mapsto J_i^{(a)} - \delta_{a,1} \min(l_j, \mu_i^{(a)}), \\ V_{\kappa^{(d)}} &: J_i^{(a)} \mapsto J_i^{(a)} - \delta_{a,d} \mu_i^{(a)} + \delta_{a,d-1} \mu_i^{(a)} \end{aligned} \quad (6.32)$$

で与えられる．特に $V_{\kappa^{(1)}}$ は逆時間発展 T_∞^{-1} に対応する．よって f を $\overline{\tau}_{k-1,d}$ に対応する σ_N とすれば，次の対応が得られる $(2 \leq d \leq n+1)$．

$\tau_{k-1,d}$	$\overline{\tau}_{k,d-1}$	$\overline{\tau}_{k,d}$	$\tau_{k-1,d-1}$	$\tau_{k,d}$	$\overline{\tau}_{k-1,d-1}$
$V_{\kappa^{(1)}}(f)$	$V_{\kappa^{(d)},\beta_k}(f)$	$V_{\beta_k}(f)$	$V_{\kappa^{(d)},\kappa^{(1)}}(f)$	$V_{\kappa^{(1)},\beta_k}(f)$	$V_{\kappa^{(d)}}(f)$

広田・三輪方程式 (6.19) を，各項が正になる様に

$$\begin{aligned} &(\beta_k - \kappa^{(d)}) V_{\kappa^{(1)}}(f) V_{\beta_k, \kappa^{(d)}}(f) \\ &= (\kappa^{(1)} - \kappa^{(d)}) V_{\beta_k}(f) V_{\kappa^{(d)}, \kappa^{(1)}}(f) + (\beta_k - \kappa^{(1)}) V_{\kappa^{(d)}}(f) V_{\kappa^{(1)}, \beta_k}(f) \end{aligned}$$

と書いて，$q \to +0$ とすれば，超離散広田・三輪方程式 (6.12) が得られる．∎

第7章

ソリトン・セルオートマトン

crystal により可積分な 1 次元セルオートマトンが系統的に構成される．A 型の典型的な例は箱玉系と呼ばれ，ソリトン方程式 (古典可積分系) と可解格子模型 (量子可積分系) が超離散化と結晶化により歩み寄った接点に位置する．本章では主に n 種の玉からなる箱玉系を題材とし，遠方で自明な境界条件 (本質的に無限系) を扱う．crystal, KKR 全単射，超離散タウ関数を応用し，対称性と保存量，ソリトンとその散乱規則，作用・角変数，逆散乱法による初期値問題の解，Fermi 公式の準粒子描像，N ソリトン解の明示式等を与える．

7.1 箱 玉 系

7.1.1 高橋・薩摩の箱玉系

箱が一列に左右の彼方まで並んでいる．各箱に玉を高々一個入れる．玉の総数は任意だが有限とし，従って十分遠方は全て空箱である．この様な玉の配置をある時刻における状態と見なし，その**時間発展**を次の様に定める [80]．

(i) 最も左にある玉を，それより右にある最隣接の空箱に移す．

(ii) まだ動かしてない玉を，左のものから順に (i) と同様に全て一度ずつ動かす．

状態の時間発展を上から下へと順に列記して観察しよう．

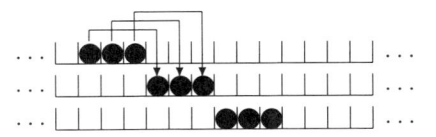

最初のステップでは玉の動かし方を矢印で示した．玉の並び●●●がそのま

ま速さ3で右に進んでいる．一般に k 個の玉が連続した並びは，他に玉がなければ同様に速さ k で進む．これを**振幅 k のソリトン**と呼ぶ．振幅の違うソリトンを配置して時間発展させると衝突が起こる．

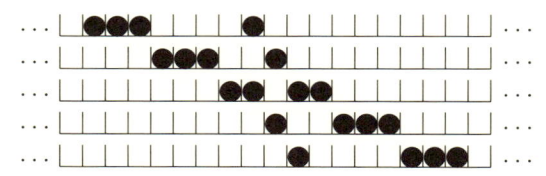

これは振幅3と1のソリトンの散乱である．十分離れている場合には互いに干渉せず，速さ3と1で進んでいる．この様な状況を**漸近状態**という．衝突により一旦二つの●●に分かれるが，最終的には元の振幅1, 3を回復して遠ざかって行く．漸近状態におけるソリトンの軌道は衝突の前後でシフトしている．これを**位相のずれ**（上の例では2）という．位相のずれは，漸近軌道が単純な重ね合わせでない事，つまりダイナミクスの非線形性の現れである．また，4個の玉がくっついて●●●●になったり，ばらばらに分散してしまわない事は，玉の総数以外にも隠れた保存量がある事の現れである．これらの性質はソリトンの多重散乱でも同様である．

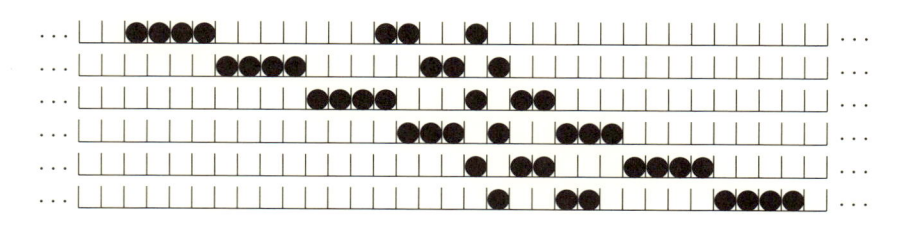

これは3個のソリトンの散乱の様子である．漸近状態におけるソリトンの振幅 4, 2, 1 は多重散乱の前後で一致している．

注意 7.1 (アーク則) 時間発展則 (i), (ii) は次の様に述べる事もできる．((i), (ii) との同値性については (7.5) の下の説明を参照のこと．)

(i') 隣接対 ●□ を全て弧で結ぶ．

(ii') 弧で結ばれた対を無視すると隣接対 ●□ となるものを全て弧で結ぶ．

(iii') (ii') を繰返して全ての●が弧の左端になった状態で●を弧の右端に移す．

例 7.2 先の例の時間発展の 3, 4 行目に関与する弧を描く.

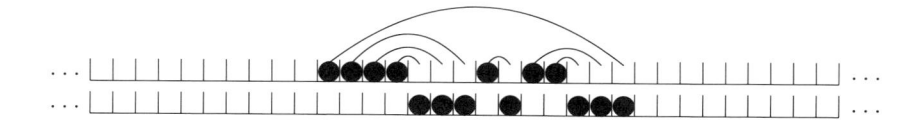

この時点で crystal との関係の一端を知りたい読者は注意 7.9 参照のこと.

7.1.2 n 色箱玉系

正整数 n を固定する.前節の箱玉系を,n 色 (n 種類) の玉がある場合へ拡張する [78].玉の色を $2, \ldots, n+1$ で表す.(後で空箱を 1 と記す.) 高々一個の玉の入る箱が左右の彼方まで一列に並んでいるとしよう.ある時刻における状態とは,これらの箱に色 $2, \ldots, n+1$ で識別される玉が有限個入っている配置のことである.十分遠方が全て空箱である事は $n = 1$ の場合と同じである.

与えられた状態に対し,K_i という操作を以下の様に定める.$(i = 2, \ldots, n+1)$

(i) 最も左にある色 i の玉を,それより右にある最隣接の空箱に移す.

(ii) まだ動かしてない色 i の玉を,左のものから順に (i) と同様に全て一度ずつ動かす.

以上の操作は,動かす対象を色 i の玉に限定する以外は前節の (i), (ii) と同じである.また (i')–(iii') と同様の言い換えも可能で,弧を描く隣接対を色 i の玉と空箱からなる隣接対に限定すればよい.n 色箱玉系の時間発展 T を

$$T = K_2 K_3 \cdots K_{n+1} \tag{7.1}$$

と定義する.玉の移動は非局所的な操作だが,K_i をプログラミングしやすい局所的操作の合成として実現する事もできる.$2 \leq i \leq n+1$ に対して写像

$$\mathcal{L}_i : \mathbb{Z}_{\geq 0} \times \{\boxed{1}, \boxed{2}, \ldots, \boxed{n+1}\} \to \{\boxed{1}, \boxed{2}, \ldots, \boxed{n+1}\} \times \mathbb{Z}_{\geq 0} \tag{7.2}$$
$$(m, b) \longmapsto (b', m')$$

を図式

$$
\begin{array}{c}
m \text{ ----}|\text{---- } m' \\
b'
\end{array}
\tag{7.3}
$$

により表し，具体的に以下の 4 パターンにより定める $(m \geq 0)$.

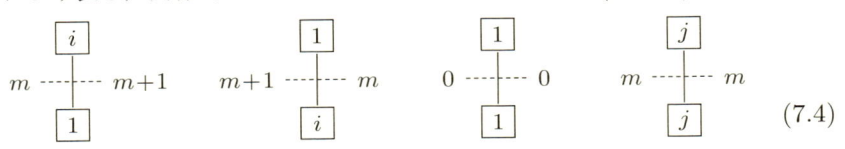

$$
\begin{array}{cccc}
\boxed{i} & \boxed{1} & \boxed{1} & \boxed{j} \\
m \text{----}|\text{----} m+1 \quad & m+1 \text{----}|\text{----} m \quad & 0 \text{----}|\text{----} 0 \quad & m \text{----}|\text{----} m \\
\boxed{1} & \boxed{i} & \boxed{1} & \boxed{j}
\end{array}
\tag{7.4}
$$

ここで $j \neq 1, i$. 組合せ R の図と混同しないよう横線は点線にした．また，図には明記されないが $\mathcal{L}_i$ の i は点線に付随した情報と考える．縦線上の $\boxed{1}$ は空箱，$\boxed{2}, \ldots, \boxed{n+1}$ はそれぞれの色の玉が一つ入った箱と見なすと $K_i(b_1 b_2 \cdots b_L) = b'_1 b'_2 \cdots b'_L$ は $\mathcal{L}_i$ を合成した次の図式で与えられる．

$$
\begin{array}{cccc}
b_1 & b_2 & & b_L \\
0 \text{----}|\text{----}|\text{----} \cdots \text{----}|\text{----} & m_L \\
b'_1 & b'_2 & & b'_L
\end{array}
\tag{7.5}
$$

この図は左から**荷車**が来て，色 i の玉を積んだり降ろしたりしながら点線に沿って右に進む過程と解釈される．(7.4) の意味は以下の通り．まず点線上の数字は荷車に載っている色 i の玉の数である．もし箱に色 i の玉があったら荷車に載せ，その箱は空になる (左端の図)．もし箱が空で荷車に色 i の玉があればそれを箱に移す (左から 2 番目の図)．箱も荷車も空であるか (左から 3 番目の図)，箱に i 以外の色の玉が入っている場合 (右端の図) は素通りする．もちろん (7.5) で十分 L が大きく右側に沢山の空箱が続くのであれば $m_L = 0$ となる．荷車上の複数の玉を区別する必要はないが，特に過去に載せたものから順に空箱に降ろすと考えれば玉の移動アルゴリズム (i), (ii) を再現し，新しく載せたものから順に降ろすとすれば注意 7.1 のアーク則を与える．

例 7.3 $n = 2$ とし，T の作用を書くと以下の様になる．

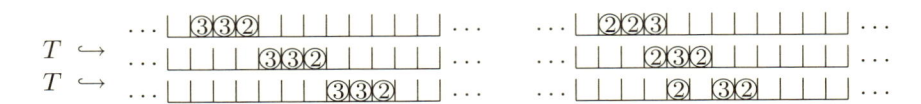

7.1 箱玉系

$T = K_2 K_3$ であり，K_2 と K_3 の作用も書くと次の様になる．

```
         ...┌─┬─┬─┬─┬─┬─┬─┐...      ...┌─┬─┬─┬─┬─┬─┬─┐...
            │③③②│ │ │ │ │ │         │②②③│ │ │ │ │ │
K_3 ↪    ...│ │ │②③③│ │ │ │...      ...│ │②② │③│ │ │ │...
K_2 ↪    ...│ │ │③③②│ │ │ │...      ...│ │ │ │②③②│ │ │...
K_3 ↪    ...│ │ │ │②③③│ │ │...      ...│ │ │②│ │②③│ │...
K_2 ↪    ...│ │ │ │③③②│ │ │...      ...│ │ │ │②│ │③②│...
```

③③②という並び(左の例)はそのままのパターンを保って速さ3で進むが，②②③という並び(右の例)は②と③②に分裂している．一般に k 個の連なった玉の並びで，色が左から右へ非増加になっているパターンは，他の玉と十分離れていれば T によりそのまま k だけ右に進む．これが**振幅 k のソリトン**である．色のとり方は，ハドロンのクォーク組成 uud, udd の様に，その**内部自由度**と考える事ができる．たとえば2色箱玉系における振幅 $k = 3$ のソリトンとしては ③③③，③③②，③②②，②②② の4種類がある．以下特に断らない限り，一段ごとに K_i ではなく T が作用していると了解する．

例 7.4 二つのソリトンの散乱の例をあげる

衝突の前後で振幅3,2は同じであるが，ソリトンの内部自由度は変化する(右側の例)．位相のずれは左側の例では3，右側の例では4であり，衝突するソリトンの振幅だけでなく内部自由度に依存している．

一般に，ソリトンの**散乱規則**，即ち内部自由度の変化と位相のずれがどの様に，望むべくは最もエレガントに特徴付けられるか，想像されたい[*1]．

例 7.5 3体散乱の例を観察しよう．

[*1] お急ぎの読者は定理 7.18 または (7.42)．例 7.4 の場合は (7.43)．

```
| |④③②| |④②| |③| | | | | | |
| | | |④③②| |④②| | |③| | | |
| | | | |④③②| |④②②| |③| | |
| | | | | |④③| |④②③②| | | |
| | | | | | |④③| |②|④③②| | |
| | | | | | | |④③|②| |④③②| |
| | | | | | | | |④| |③②| |④③②| |
```

ソリトン ④③②, ④②, ③ が衝突により最終的に ④, ③②, ④③② と変化している. これは3体散乱であるが, よく見ると入射ソリトンのうち, まず左側の ④③② と ④② が2体散乱して ④③ と ④②② になっている. 右側の ④② と ③ が最初に衝突する場合の3体散乱は以下の様になる.

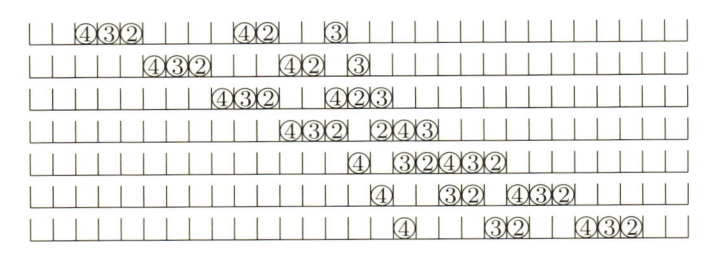

```
| |④③②| |④②| |③| | | | | | |
| | | |④③②| | |④②|③| | | | |
| | | | |④③②| | |④②③| | | |
| | | | | |④③②|②④③| | | | |
| | | | | | |④|③②④③②| | | |
| | | | | | | |④| |③②|④③②| |
| | | | | | | | |④| |③②| |④③②| |
```

散乱の途中では先の場合と大分異なる状態をとるが, 終状態におけるソリトン ④, ③②, ④③② は同じである. つまり3体散乱は衝突の順序に依らない. 順次2体衝突とは言えない様なタイミングで3つのソリトンが一気にぶつかる場合にも終状態のソリトンは上と同じである. 試みられたい.

以上の様なおおらかな観察を数学的に定式化するのが次節以降の内容である.

7.2　$U_q(\widehat{sl}_{n+1})$ crystal による定式化

7.2.1　状態と時間発展

$U_q(\widehat{sl}_{n+1})$ の crystal B_1 (2.49) を考える. 前節と同様に $\boxed{1} \in B_1$ を空箱, $\boxed{a} \in B_1$ を「色」 a の玉が一つ入った箱と見なす ($2 \leq a \leq n+1$). 例えば $\boxed{1} \otimes \boxed{3} \otimes \boxed{1} \otimes \boxed{3} \otimes \boxed{2}$ は ｜③｜③②｜ という玉の並びを表す. 本章では系

のサイズ L は大きく，十分遠方では空箱という境界条件を満たす状態，即ち

$$\boxed{1} \otimes \cdots \otimes \boxed{1} \otimes c_1 \otimes \cdots \otimes c_k \otimes \boxed{1} \otimes \cdots \otimes \boxed{1} \in B_1^{\otimes L} \quad (c_i \in B_1) \quad (7.6)$$

で，左右の空箱部分は十分長いものを考える．

組合せ $R : B_l \otimes B_k \simeq B_k \otimes B_l$ は定理 2.6 または (2.72)-(2.73) で与えられる．$k = 1$ の場合を陽に書くと以下の様になる．

$$\boxed{i_1 \ldots i_l} \otimes \boxed{a} \simeq \begin{cases} \boxed{i_\alpha} \otimes \boxed{i_1 \ldots i_{\alpha-1}\, a\, i_{\alpha+1} \ldots i_l} & (i_1 < a), \\ \boxed{i_l} \otimes \boxed{a\, i_1 \ldots i_{l-1}} & (i_1 \geq a). \end{cases} \quad (7.7)$$

ここで第 1 の場合の α は $i_j < a$ を満たす最大の j である．組合せ R を繰り返し適用する事により写像 (u_l の定義は (2.48))

$$\begin{aligned} B_l \otimes B_1 \otimes \cdots \otimes B_1 &\xrightarrow{\sim} B_1 \otimes \cdots \otimes B_1 \otimes B_l \\ u_l \otimes b_1 \otimes \cdots \otimes b_L &\mapsto \tilde{b}_1 \otimes \cdots \otimes \tilde{b}_L \otimes \tilde{u} \end{aligned} \quad (7.8)$$

が得られる．$L' < j \leq L$ で $b_j = \boxed{1}$ となっていて，$L - L'$ が十分大きければ (l 以上であれば) (7.7) により $\tilde{u} = u_l$ となる．このとき (7.8) を

$$T_l(b_1 \otimes \cdots \otimes b_L) = \tilde{b}_1 \otimes \cdots \otimes \tilde{b}_L \quad (7.9)$$

と書き，状態の (l 番目の) **時間発展** という．組合せ R の図示 (2.65) を用いると T_l の作用は以下の様に図示される．

$$u_l \begin{array}{c} b_1 \quad b_2 \quad\quad\quad b_L \\ \text{―}\!\!\!\!\!\!\!\!\!\!\!\!+\!\!\!\text{―}\!\!\!\!\!\!\!\!\!\!\!\!+\!\!\!\text{―} \cdots \text{―}\!\!\!\!\!\!\!\!\!\!\!\!+\!\!\!\text{―} \\ \tilde{b}_1 \quad \tilde{b}_2 \quad\quad\quad \tilde{b}_L \end{array} \tilde{u} = u_l \quad (7.10)$$

同型写像 (7.8) を北西のデータから南東への遷移として表している．組合せ R は可逆なので (7.10) を南東から北西のデータにさかのぼる遷移とみなせば $T_l^{-1}(\tilde{b}_1 \otimes \cdots \otimes \tilde{b}_L) = b_1 \otimes \cdots \otimes b_L$ である．以下では考察に必要な回数だけ T_l および T_l^{-1} が作用できる様に左右両端には常に十分多くの空箱があると了解する．要約すると状態 $p = b_1 \otimes \cdots \otimes b_L$ の時間発展 $T_l(p)$ は crystal の同型

$$B_l \otimes B_1^{\otimes L} \simeq B_1^{\otimes L} \otimes B_l$$
$$u_l \otimes p \xrightarrow{\sim} T_l(p) \otimes u_l \qquad (7.11)$$

により定義される．特に T_1 は単純である．組合せ R は $B_1 \otimes B_1$ 上では恒等演算子であり，(4.9) の様に図示される．これを (7.10) に適用すると T_1 は状態を右に 1 スロットだけずらす操作

$$T_1(b_1 \otimes \cdots \otimes b_L) = \boxed{1} \otimes b_1 \otimes \cdots \otimes b_{L-1}. \qquad (7.12)$$

となる事がわかる．

一般に，与えられた行列を適当な性質で特徴付けられる二つの行列の積 $\mathcal{ML}$ に一意的に分解する手続 (QR 分解など) があるとしよう．こうして得られた $\mathcal{M}$ と $\mathcal{L}$ を逆順にかけて再び $\mathcal{LM} = \mathcal{M}'\mathcal{L}'$ と分解する事により $(\mathcal{L}, \mathcal{M})$ から $(\mathcal{L}', \mathcal{M}')$ が定まる．これを時間発展とみなせば $\mathcal{L}_t \mathcal{M}_t = \mathcal{M}_{t+1} \mathcal{L}_{t+1}$ という **Lax 形式**で表される[*1)]．(7.11) はその crystal 版である．

(7.8) における B_l，つまり図 (7.10) の横線上の自由度は最多で l 個の玉を載せる事ができるので，容量 l の**運搬車**と呼ぶ．crystal の元 $(x_1, \ldots, x_{n+1}) \in B_l$ ((2.46) における表示) は，色 i の玉が x_i 個積まれていて ($2 \leq i \leq n+1$)，空きスペースが x_1 ある運搬車と解釈できる．特に $u_l = \boxed{1\ldots1}$ は空の運搬車である．運搬車が組合せ R に従って玉を積み降ろししながら右に進むと時間発展 T_l が引き起こされる[*2)]．前節の T (7.1) は，実は T_∞ に一致する (命題 7.8)．

運搬車というアイデアは，箱玉系と crystal の関係の発見 [28, 21, 25] 以前に，$n = 1$ の場合に [79] で導入された．この「隠れた変数」を用いない記述は，最隣接の空箱を探したり，弧を描いたり，非局所的にならざるを得ない．運搬車は，時間発展を局所的な操作 (組合せ R) に還元し，$T = T_\infty$ を $T_1, T_2, \ldots$ に拡張する重要な役割を果たす．本章では，$B_1^{\otimes L}$ に時間発展の族 $\{T_l\}_{l \geq 1}$ が導入された系を $\widehat{sl}_{n+1}$ **ソリトン・セルオートマトン**または $\widehat{sl}_{n+1}$ **箱玉系**と呼ぶ．

(7.10) は可解格子模型の転送行列の図 (1.30) と形式的に同じである．実際，本節の定義は $U_q(\widehat{sl}_{n+1})$ に付随する頂点模型の結晶化 $q \to 0$ に相当する．1.7

[*1)] この様な定式化により，離散戸田格子をはじめ可積分な差分方程式系は行列の固有値の数値解析等に応用を持つ．例えば [13, 63] 参照．
[*2)] 運搬車と (7.5) の下で述べた荷車は別物．後者は点線で表され，K_i を引き起こす．

節，1.8 節参照．今の場合，初めから crystal によって定式化する事により，この極限をとる手間は省けているのである．

	可解頂点模型	$\widehat{sl}_{n+1}$ 箱玉系
局所変数	U_q の基本表現	crystal B_1
局所相互作用	量子 R	組合せ R
T_l	転送行列	時間発展

7.2.2 T_∞ の因子化

今後半標準盤 $\boxed{1}$, $\boxed{123}$ を $1, 123$ 等と，状態 $\cdots \otimes \boxed{1} \otimes \boxed{2} \otimes \boxed{4} \otimes \boxed{1} \otimes \cdots$ を $\cdots 1241 \cdots$ 等と適宜略記する．

T_l の図 (7.10) で b_i を固定して u_l の l を大きくすると $\tilde{b}_i$ 達は l に依らなくなる．即ち極限 $T_\infty = \lim_{l \to \infty} T_l$ が存在する．T_∞ は玉の移動による時間発展 T (7.1) に一致する．命題 7.8 で証明する前に例を見ておこう．

例 7.6 T_3 による時間発展は以下の通り．

$$111 \xrightarrow{1} 111 \xrightarrow{2} 111 \xrightarrow{2} 112 \xrightarrow{3} 122 \xrightarrow{1} 123 \xrightarrow{1} 112 \xrightarrow{1} 111 \xrightarrow{1} 111 \xrightarrow{1} 111 \xrightarrow{1} 111$$
$$\,_{1}\,_{1}\,_{1}\,_{2}\,_{3}\,_{2}\,_{1}\,_{1}\,_{1}$$
$$111 \xrightarrow{1} 111 \xrightarrow{1} 111 \xrightarrow{1} 111 \xrightarrow{2} 112 \xrightarrow{3} 113 \xrightarrow{2} 123 \xrightarrow{1} 112 \xrightarrow{1} 111 \xrightarrow{1} 111$$
$$\,_{1}\,_{1}\,_{1}\,_{1}\,_{2}\,_{1}\,_{1}\,_{3}\,_{2}\,_{1}$$

縦線の上の自由度だけに着目したものは例 7.3 の右側の時間発展を再現している．横線には B_3 の元がのっているが，それらは全て $\boxed{1ij}$ という半標準盤である．これらを一斉に $\boxed{ij}$ や $\boxed{1...1ij}$ という半標準盤に置き換えても組合せ R の規則 (7.7) が各頂点で成り立つ．即ち上図の第 1 行の状態を $p = b_1 \otimes \cdots \otimes b_9 \in B_1^{\otimes 9}$ とすると $l \geq 2$ に対して $T_l^t(p) = T_\infty^t(p)$ $(t = 1, 2)$ となっている．

crystal B_1 と $i \in \mathbb{Z}_{n+1}$ に対し次の写像 $\mathcal{E}_i$ を導入する．

$$\mathcal{E}_i : \mathbb{Z}_{\geq 0} \times B_1 \longrightarrow B_1 \times \mathbb{Z}_{\geq 0}$$
$$(m, b) \longmapsto (b', m') \tag{7.13}$$
$$m' = (m - \varepsilon_i(b))_+ + \varphi_i(b), \quad b' = \tilde{e}_i^{(\varepsilon_i(b) - m)_+} b.$$

ここで $(x)_+ = \max(x, 0)$ である．(m, b) と (b', m') がこの関係にある事を

$$\begin{array}{c} b \\ m \;\text{---}\!\bullet\!\text{---}\; m' \\ b' \end{array} \tag{7.14}$$

という図式で表す．(7.3) と区別するため ● をつけた．縦線に B_1，点線に i という情報が付随する．crystal グラフ (2.49) に注意して具体的に書くと以下の 4 個のパターンになる．

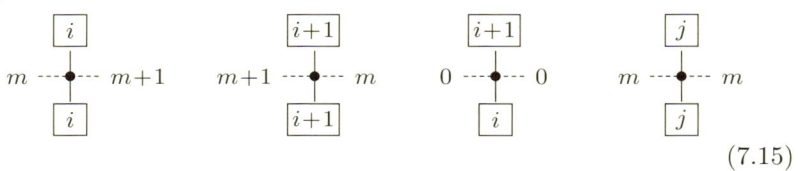

$$\begin{array}{cccc} \boxed{i} & \boxed{i+1} & \boxed{i+1} & \boxed{j} \\ m\;\text{---}\!\bullet\!\text{---}\;m+1 & m+1\;\text{---}\!\bullet\!\text{---}\;m & 0\;\text{---}\!\bullet\!\text{---}\;0 & m\;\text{---}\!\bullet\!\text{---}\;m \\ \boxed{i} & \boxed{i+1} & \boxed{i} & \boxed{j} \end{array} \tag{7.15}$$

ここで，$m \geq 0, j \neq i, i+1$ である．(7.4) との関係は命題 7.8 で示す．

次の補題は crystal の符号規則 ((2.8) 辺り) を箱玉系の玉の動きに関係付ける．

補題 7.7 $b_1 \otimes \cdots \otimes b_L \in B_1^{\otimes L}$ に対して $\mathcal{E}_i$ (7.14) を合成した図式

$$\begin{array}{ccccc} b_1 & b_2 & & b_L & \\ 0\;\text{---}\!\bullet\!\text{---}\!\bullet\!\text{---}\cdots\text{---}\!\bullet\!\text{---}\; m_L & \\ b'_1 & b'_2 & & b'_L & \end{array} \tag{7.16}$$

は以下の関係式と同値である．((2.82) と同様に $\tilde{e}_i^{\max} p = \tilde{e}_i^{\varepsilon_i(p)} p$ と書く．)

$$m_L = \varphi_i(b_1 \otimes \cdots \otimes b_L), \quad b'_1 \otimes \cdots \otimes b'_L = \tilde{e}_i^{\max}(b_1 \otimes \cdots \otimes b_L). \tag{7.17}$$

証明 L についての帰納法．$L = 1$ は (7.14) で $m = 0$ とおけば明らか．$p = b_1 \otimes \cdots \otimes b_{L-1}$ とおくと (2.11)–(2.14) から以下の関係式が成り立つ．

$$\begin{aligned} \varphi_i(p \otimes b_L) &= (\varphi_i(p) - \varepsilon_i(b_L))_+ + \varphi_i(b_L), \\ \tilde{e}_i^{\max}(p \otimes b_L) &= \tilde{e}_i^{\max} p \otimes \tilde{e}_i^{(\varepsilon_i(b_L) - \varphi_i(p))_+} b_L. \end{aligned} \tag{7.18}$$

これに帰納法の仮定 $\varphi_i(p) = m_{L-1}$，$b'_1 \otimes \cdots \otimes b'_{L-1} = \tilde{e}_i^{\max} p$ を代入した式と (7.13) から，図式 (7.16) は (7.18) が m_L と $\tilde{e}_i^{\max} p \otimes b'_L$ に等しい事，つまり (7.17) と同値である事が分かる． ■

補題 7.7 は符号規則だけに基づくので，$b_1 \otimes \cdots \otimes b_L \in B_{l_1} \otimes \cdots \otimes B_{l_L}$ の場合 (箱の容量が拡張された箱玉系，7.9.1 項) にも成立する．

7.2 $U_q(\widehat{sl}_{n+1})$ crystal による定式化 143

命題 7.8 T_∞ は玉の移動操作 K_i による時間発展 T (7.1) と一致する．即ち

$$T_\infty = K_2 K_3 \cdots K_{n+1}. \tag{7.19}$$

証明 (7.11) で $l \gg 1$ の状況が問題であるが，これには定理 2.8 で $a = 1$, $l_1 = \cdots = l_L = 1$ とした場合があてはまる．よって (2.82) から

$$T_\infty(p) = \sigma \tilde{e}_2^{\max} \tilde{e}_3^{\max} \cdots \tilde{e}_{n+1}^{\max} p \tag{7.20}$$

である．ただし見やすさのために $\tilde{e}_0$ を $\tilde{e}_{n+1}$ と書いた．σ は (2.76) とその下に定義されている．s_i を $B_1^{\otimes L}$ の成分ごとに働く Weyl 群作用素 $s_i(b_1 \otimes \cdots \otimes b_L) = S_i b_1 \otimes \cdots \otimes S_i b_L$ としよう ($i \in \mathbb{Z}_{n+1}$)．S_i の定義は (2.47)．勿論 $s_i^2 = \mathrm{id}$ であり，また (2.78) により $\sigma = s_{n+1} \cdots s_3 s_2$ が成り立つ．$\tilde{e}_i^{\max}$ の「ゲージ変換」

$$\bar{K}_i = s_{n+1} \cdots s_{i+1} s_i \tilde{e}_i^{\max} s_{i+1} s_{i+2} \cdots s_{n+1} \quad (2 \leq i \leq n+1) \tag{7.21}$$

を導入し，(7.20) を $T_\infty(p) = \bar{K}_2 \bar{K}_3 \cdots \bar{K}_{n+1}(p)$ と書く．玉の移動 K_i (7.5) を $B_1^{\otimes L}$ 上の写像とみなしたとき，$K_i = \bar{K}_i$ となる事を示す．補題 7.7 により，$\tilde{e}_i^{\max}$ は $\mathcal{E}_i$ の合成なので，$\bar{K}_i$ は同様に次の $\bar{\mathcal{E}}_i$ を合成したものになる．

$$\bar{\mathcal{E}}_i := (S_{n+1} \cdots S_{i+1} S_i \times \mathrm{id}) \mathcal{E}_i (\mathrm{id} \times S_{i+1} S_{i+2} \cdots S_{n+1}). \tag{7.22}$$

ここで id は (7.13) の $\mathbb{Z}_{\geq 0}$ 部分への自明な作用を表す．S_j 達は (7.16) の各縦線に独立に働く．具体的には crystal グラフ (2.49) から

$$S_{n+1} \cdots S_i \boxed{a} = \begin{cases} \boxed{a} & 2 \leq a < i, \\ \boxed{1} & a = i, \\ \boxed{a-1} & \text{その他,} \end{cases} \quad S_{i+1} \cdots S_{n+1} \boxed{a} = \begin{cases} \boxed{i+1} & a = 1, \\ \boxed{a} & 2 \leq a \leq i, \\ \boxed{a+1} & \text{その他.} \end{cases} \tag{7.23}$$

一方 K_i は $\mathcal{L}_i$ (7.2) の合成であり，$\mathcal{L}_i$ は $\bar{\mathcal{E}}_i$ と同様に $\mathbb{Z}_{\geq 0} \times B_1 \to B_1 \times \mathbb{Z}_{\geq 0}$ という写像と見なせる．よって $\mathcal{L}_i = \bar{\mathcal{E}}_i$ を示せば十分だが，それには (7.4) と (7.15) が (7.23) で移りあう事を見ればよい．これはすぐに確認できる． ■

注意 7.9 $n = 1$ では (7.20) は $T_\infty = \sigma \tilde{e}_0^{\max}$ となる．注意 7.1 と例 7.2 で 0-符号を考えると，● = $\boxed{2}$ が $+$，空箱 = $\boxed{1}$ が $-$ を持つので，弧は簡約 0

符号において消去される +− 対に対応する．これを考慮すると符号規則による $\sigma \tilde{e}_0^{\max}$ の作用が玉の移動 (i')–(iii') と一致するのは明らか．

7.3 対称性と保存量

前節で導入された時間発展 $\{T_l\}_{l \geq 1}$ は全て可換であり，それらに付随する保存量 $\{E_l\}_{l \geq 1}$ を構成できる [21]．これを見るために同型 (7.11) のアフィン版[*1)]

$$\mathrm{Aff}(B_l) \otimes \mathrm{Aff}(B_1)^{\otimes L} \simeq \mathrm{Aff}(B_1)^{\otimes L} \otimes \mathrm{Aff}(B_l)$$
$$z^0 u_l \otimes (z^0 b_1 \otimes \cdots \otimes z^0 b_L) \xmapsto{\sim} (z^{h_1} \tilde{b}_1 \otimes \cdots \otimes z^{h_L} \tilde{b}_L) \otimes z^{-E_l^*(p)} u_l$$
(7.24)

を活用する．ここで $p = b_1 \otimes \cdots \otimes b_L$ とおいた．z の冪がアフィン crystal のモード (2.5 節) である．$\mathrm{Aff}(B_1)^{\otimes L}$ 部分は $B_1^{\otimes L}$ と区別せずにおおらかに $p, T_l(p)$ と書く事にすると，(7.24) は (7.11) をアフィン化した式

$$z^0 u_l \otimes p \simeq T_l(p) \otimes z^{-E_l^*(p)} u_l$$

になる．(7.24) に相当する図は (7.10) にモードをつけたもの

$$\begin{array}{c} z^0 b_1 \quad z^0 b_2 \qquad\quad z^0 b_L \\ z^0 u_l \;\vdash\!\!\!\!\!\dashv\;\vdash\!\!\!\!\!\dashv\; \cdots \;\vdash\!\!\!\!\!\dashv\; z^{-E_l^*(p)} u_l \\ z^{h_1} \tilde{b}_1 \quad z^{h_2} \tilde{b}_2 \qquad\quad z^{h_L} \tilde{b}_L \end{array} \qquad (7.25)$$

である．h_j と $E_l^*(p)$ は図 (2.65) に注意して

$$E_l^*(p) = \sum_{j=1}^L h_j, \quad h_j = -H(b^{(j-1)} \otimes b_j) \qquad (7.26)$$

と与えられる．ただし $b^{(j-1)} \in B_l$ は同型 $B_l \otimes B_1^{\otimes j-1} \xrightarrow{\sim} B_1^{\otimes j-1} \otimes B_l$ による像 $u_l \otimes b_1 \otimes \cdots \otimes b_{j-1} \mapsto \tilde{b}_1 \otimes \cdots \otimes \tilde{b}_{j-1} \otimes b^{(j-1)}$ から定まる元である．H は局所 energy (2.70) であり，今の場合

[*1)] それが本来の組合せ R であった．

7.3 対称性と保存量

$$H\left(\boxed{i_1\ldots i_l}\otimes\boxed{a}\right) = \begin{cases} 0 & (i_1 < a), \\ 1 & (i_1 \geq a) \end{cases} \quad (7.27)$$

で与えられる．特に $H(u_l \otimes u_1) = 1$ なので，(7.25) で右側に沢山の空箱が続く場合は $E_l^*(p)$ は $-L$ に比例する寄与を持つ．これを相殺する様に定数ずらした量

$$E_l(p) = \sum_{j=1}^{L} \overbrace{\left(H(u_l \otimes u_1) - H(b^{(j-1)} \otimes b_j)\right)}^{\text{unwinding 数}} \, (= E_l^*(p) + L) \quad (7.28)$$

を，状態 p の (l 番目の) **行 energy** と呼ぶ．これは (7.25) の頂点にわたる和であり，結晶化した (行) 転送行列のアフィン部分である[*1]．(7.28) の各項 $H(u_l \otimes u_1) - H(b^{(j-1)} \otimes b_j)$ は H の原点の取り方に依らない量であり，定理 2.6 の unwinding 数である．T_∞ では運搬車には常に空きスペース (数字 1) があるので箱に玉があれば (なければ) 定理 2.6 の H-線は必ず unwinding (winding) になる．よって $\lim_{l\to\infty} E_l(p)$ が存在し，これを $E_\infty(p)$ と書くと次が成り立つ．

$$E_\infty(p) = \text{状態 } p \text{ に含まれる全ての色の玉の総数.} \quad (7.29)$$

次の事実は (1.39) の $\widehat{sl}_{n+1}$ 版の $q = 0$ 版である．

命題 7.10 ([21])　時間発展 T_l は可換であり，行 energy E_l は保存量である．即ち状態 p について (1)　$T_l T_{l'}(p) = T_{l'} T_l(p)$, (2)　$E_l(T_{l'}(p)) = E_l(p)$ が成立.

証明　アフィン crystal の同型 $\mathrm{Aff}(B_l) \otimes \mathrm{Aff}(B_{l'}) \otimes \mathrm{Aff}(B_1)^{\otimes L} \xrightarrow{\sim} \mathrm{Aff}(B_1)^{\otimes L} \otimes \mathrm{Aff}(B_{l'}) \otimes \mathrm{Aff}(B_l)$ による $z^0 u_l \otimes z^0 u_{l'} \otimes p$ の像を組合せ R と (7.24) を用いて 2 通りのやり方で求める．

[*1]　対照的に，p の energy (3.21) あるいは (4.11) は，局所 energy の角領域にわたる和であり，結晶化した角転送行列のアフィン部分である．(1.42), (4.8) 参照のこと．

$$u_l \otimes u_{l'} \otimes p \simeq z^{-\delta} u_{l'} \otimes z^{\delta} u_l \otimes p$$
$$\simeq z^{-\delta} u_{l'} \otimes T_l(p) \otimes z^{-E_l^*(p)+\delta} u_l$$
$$\simeq T_{l'} T_l(p) \otimes z^{-E_{l'}^*(T_l(p))-\delta} u_{l'} \otimes z^{-E_l^*(p)+\delta} u_l.$$

ただし $\delta = H(u_l \otimes u_{l'})$ とおいた．一方始めに (7.24) を $z^0 u_{l'} \otimes p$ に適用すると

$$u_l \otimes u_{l'} \otimes p \simeq u_l \otimes T_{l'}(p) \otimes z^{-E_{l'}^*(p)} u_{l'}$$
$$\simeq T_l T_{l'}(p) \otimes z^{-E_l^*(T_{l'}(p))} u_l \otimes z^{-E_{l'}^*(p)} u_{l'}$$
$$\simeq T_l T_{l'}(p) \otimes z^{-E_{l'}^*(p)-\delta} u_{l'} \otimes z^{-E_l^*(T_{l'}(p))+\delta} u_l.$$

Yang-Baxter 方程式からこれらは一致する．$E_l(p)$ と $E_l^*(p)$ は定数の差しかないので (1) と (2) の性質が従う．∎

証明の 2 通りの変形を図に表すと次の様になる．

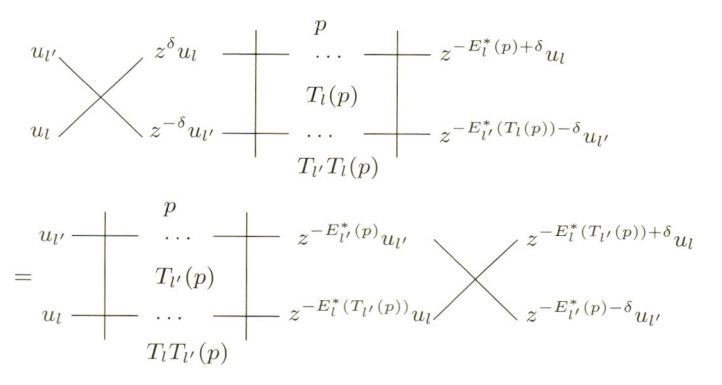

E_l は保存量なので，勝手な時間発展の後に計算してもよい．次節で示す様に E_l はソリトンの振幅に関係する．次の例はそのヒントになる．

例 7.11 定理 2.6 に従って unwinding 数を求め, その和として以下の行 energy の値を確認するのは容易. 慣れると今後の議論が分かりやすくなる.

	E_1	E_2	E_3	E_4	E_5	$\cdots$
例 7.2	3	5	6	7	7	$\cdots$
例 7.3(左)	1	2	3	3	3	$\cdots$
例 7.3(右)	2	3	3	3	3	$\cdots$
例 7.4	2	4	5	5	5	$\cdots$
例 7.5	3	5	6	6	6	$\cdots$

命題 7.12 (sl_n 対称性) ある $i \in \{2,\ldots,n\}$ について, 状態 $p \in B_1^{\otimes L}$ は $\tilde{e}_i p \neq 0$ を満たすとする. このとき任意の l について (1) $T_l(\tilde{e}_i p) = \tilde{e}_i T_l(p)$, (2) $E_l(\tilde{e}_i p) = E_l(p)$ が成り立つ. $\tilde{f}_i$ についても同様.

証明 (1) B_1 の crystal グラフ (2.49) から $\boxed{1} \in B_1$ は $\tilde{e}_i (i = 2,\ldots,n)$ の作用に関与しない. (符号規則で i-符号に寄与無し.) $u_l \in B_l$ も同様. 故に時間発展の定義式 $u_l \otimes p \simeq T_l(p) \otimes u_l$ (7.11) の両辺に $\tilde{e}_i$ を作用させると $u_l \otimes (\tilde{e}_i p) \simeq (\tilde{e}_i T_l(p)) \otimes u_l$ となる. 仮定から両辺は 0 でないので $T_l(\tilde{e}_i p) = \tilde{e}_i T_l(p)$ が従う. (2) 同様に (7.24) の両辺に $\tilde{e}_i$ を作用させ, $\tilde{e}_0, \tilde{f}_0$ 以外では局所 energy の値は不変である事 (2.63) を用いると (2) が従う. $\tilde{f}_i$ についても同様. ∎

$U_q(\widehat{sl}_{n+1})$ crystal B_1 の crystal グラフ (2.49) で, 柏原作用素 $\tilde{e}_i, \tilde{f}_i$, ($i = 2,\ldots,n$) が関与する部分は $U_q(sl_n)$ crystal $B(\bar{\Lambda}_1)$ のもの, 即ち (2.25) で n を $n-1$ としてラベルを読み換えたものと一致する. この意味で命題 7.12 は時間発展の sl_n **対称性**を示している. 特に (1) で状態 p に対する操作 $p \mapsto \tilde{e}_i p, \tilde{f}_i p$ は「解を別の解に移す」**Bäcklund 変換**と見る事ができる. これに付随する保存量を記述しよう.

箱玉系の状態 $p = \boxed{i_1} \otimes \cdots \otimes \boxed{i_L} \in B_1^{\otimes L}$ において, 数列 $i_1,\ldots,i_L$ から 1 を除いたものを $w_1,\ldots,w_k$ とする. word $w_k \ldots w_1$ の P-symbol $P(w_k \ldots w_1)$ を $P(p)$ と書いて状態 p の P-symbol と呼ぼう. (2.31) を参照のこと. 定義から $P(p)$ は数字 $2,3,\ldots n+1$ からなる半標準盤である.

命題 7.13 P-symbol は保存量, 即ち任意の $l \geq 1$ で $P(T_l(p)) = P(p)$.

証明 B_l, B_1 を，$\tilde{e}_0, \tilde{f}_0$ の作用を忘れる事により $B(l\bar{\Lambda}_1), B(\bar{\Lambda}_1)$ と見なせば $U_q(\widehat{sl}_{n+1})$ crystal の同型 (7.11) は $U_q(sl_{n+1})$ crystal の同型を引き起こす. 故に (7.11) の両辺の RSK 対応 (2.44) による P-symbol は等しい. $p = \boxed{i_1} \otimes \cdots \otimes \boxed{i_L}$, $T_l(p) = \boxed{i'_1} \otimes \cdots \otimes \boxed{i'_L}$ とすると，(7.11) で $u_l \otimes p$ と $T_l(p) \otimes u_l$ の P-symbol はそれぞれ $P(w), P(w')$ となる. 但し word w, w' は (2.42)–(2.43) に従って $w = i_L \ldots i_1 \overbrace{1 \ldots 1}^{l}$, $w' = \overbrace{1 \ldots 1}^{l} i'_L \ldots i'_1$ で与えられる. $P(w) = P(w')$ であるが，w, w' から数字 1 をのぞいた word を $\tilde{w}, \tilde{w}'$ とすると補題 2.1 から $P(\tilde{w}) = P(\tilde{w}')$ が従う. これは $P(p) = P(T_l(p))$ に他ならない. ∎

この証明で，$P(w), P(w')$ のままでも保存量であるが，遠方は全て空箱という境界条件により，これらの 1 行目は長さが等しく全て数字 1 が入るので，一致する事は自明になる. 非自明なのは 2 行目以下の一致で，それが $P(\tilde{w}) = P(\tilde{w}')$ であり，sl_{n+1} でなく sl_n 対称性に帰着する所以である. 上の証明は，crystal の同型 (2.45) における P-symbol の表現論的意味に基づいているが，純粋に組合せ論的な証明や Q-symbol の時間発展則 [20] も知られている.

注意 7.14 高橋・薩摩 の箱玉系 ($n = 1$) では，命題 7.13 と別の保存量がやはり P-symbol により構成されている [93]. 注意 7.1 によると時間発展 T_∞ は弧に沿った玉の移動としても記述される. そこで，全部で m 個の玉があり，ある時刻でそれらを左から順に $1, 2, \ldots, m$ と番号づけ，弧に沿って移動した次の時刻では番号が $r_1, r_2, \ldots, r_m$ という順に並んだとする. このとき P-symbol $P(r_1 \ldots r_m)$ の shape は保存量となる. たとえば例 7.2 の二つの時刻の状態では

$$P(4325761) = \begin{array}{|c|c|c|} \hline 1 & 5 & 6 \\ \hline 2 & 7 \\ \cline{1-2} 3 \\ \cline{1-1} 4 \\ \cline{1-1} \end{array}, \quad P(3427651) = \begin{array}{|c|c|c|} \hline 1 & 4 & 5 \\ \hline 2 & 6 \\ \cline{1-2} 3 \\ \cline{1-1} 7 \\ \cline{1-1} \end{array}$$

となり，shape は等しい. この保存量は行 energy と次の関係にある [4].

$$\text{shape の第 } k \text{ 行の長さ} = E_k - E_{k-1} \tag{7.30}$$

但し $E_0 = 0$ とした. この関係とソリトンの多重度の定義 (7.34) から, shape

の列の長さのリストは状態に含まれるソリトンの振幅のリストに一致する事が分かる．実際，例 7.2 は注意 7.1 の直前の時間発展の一部であった．散乱前後の漸近状態で確かに振幅が 4, 2, 1 のソリトンが確認できる．また，(7.30) は例 7.11 からも確認できる．(7.36) も参照のこと．

いろいろな保存量を構成したが，完全な組は何か，という問いの答えは逆散乱法により (7.46) で与えられる．これまで議論したものは全てこれに含まれる．

7.4 ソリトン

振幅 k のソリトンとは，素朴には，k 個の玉の連続した並びであって，他に玉がなければ時間発展でそのまま並進し，多体衝突では振幅が個別に保存される様なパターンの事である．例 7.3 では $\widehat{sl}_3$ 箱玉系の振幅 3 のソリトンは，

$$\boxed{2}\otimes\boxed{2}\otimes\boxed{2},\quad \boxed{3}\otimes\boxed{2}\otimes\boxed{2},\quad \boxed{3}\otimes\boxed{3}\otimes\boxed{2},\quad \boxed{3}\otimes\boxed{3}\otimes\boxed{3}$$

の 4 種類ある事が示唆された．これらを $U_q(\widehat{sl}_2)$ crystal B_3 の元

$$\boxed{111},\quad \boxed{112},\quad \boxed{122},\quad \boxed{222}$$

によりラベルしよう．一般に $\widehat{sl}_{n+1}$ 箱玉系のソリトンの記述にはランクが一つ下がった $U_q(\widehat{sl}_n)$ の crystal が適合する．そこで後者の crystal B_k を B'_k と書く．なお，$n=1$ の場合，形式的に $U_q(\widehat{sl}_1)$ の crystal B'_k は $u_k = \boxed{1\ldots 1}$ だけからなる集合と了解する．以上の予備的考察をふまえて，写像 $\iota_k\,(k\geq 1)$ を

$$\begin{aligned}\iota_k : U_q(\widehat{sl}_n)\ \text{crystal}\ B'_k &\longrightarrow U_q(\widehat{sl}_{n+1})\ \text{crystal}\ B_1^{\otimes k}\\ (x_1,\ldots,x_n) &\longmapsto \boxed{n+1}^{\otimes x_n}\otimes\cdots\otimes\boxed{2}^{\otimes x_1}\end{aligned} \quad (7.31)$$

により導入する．記号 $(x_1,\ldots,x_n)$ は (2.46) で n を $n-1$ にしたものである．B'_k は自然に $U_q(sl_n)$ crystal $B(k\bar{\Lambda}_1)$ とみなせる．右辺も $\tilde{e}_0,\tilde{e}_1,\tilde{f}_0,\tilde{f}_1$ を忘れ，残りの $\tilde{e}_i,\tilde{f}_i$ を $\tilde{e}_{i-1},\tilde{f}_{i-1}$ と読み換えれば $U_q(sl_n)$ crystal $B(\bar{\Lambda}_1)^{\otimes k}$ とみなせる．この様に両辺を $U_q(sl_n)$ crystal とみたとき，ι_k は日本語読み (2.26) に他ならない．日本語読みは $U_q(sl_n)$ crystal の埋め込みである事と $\boxed{1}\in B_1$ は i-符号 $(i=2,3,\ldots,n)$ に寄与しない事から以下の補題が従う．

補題 7.15 $b_1 \otimes \cdots \otimes b_N \in B'_{k_1} \otimes \cdots \otimes B'_{k_N}$ とし，状態

$$p = \ldots\ldots \iota_{k_1}(b_1)\ldots\ldots\iota_{k_2}(b_2)\ldots\ldots\ldots\ldots\iota_{k_N}(b_N)\ldots\ldots \in B_1^{\otimes L}$$

において，.... は $\boxed{1}^{\otimes j}$ とする．$j \geq 0$ は場所ごとに任意[*1]．$i \in \{1, 2, \ldots, n-1\}$ に対し，$\tilde{e}_i(b_1 \otimes \cdots \otimes b_N) = \tilde{b}_1 \otimes \cdots \otimes \tilde{b}_N$ ならば

$$\tilde{e}_{i+1}p = \ldots\ldots \iota_{k_1}(\tilde{b}_1)\ldots\ldots\iota_{k_2}(\tilde{b}_2)\ldots\ldots\ldots\ldots\iota_{k_N}(\tilde{b}_N)\ldots\ldots \in B_1^{\otimes L}.$$

(.... の部分は p と同じ．) $\tilde{f}_i$ と $\tilde{f}_{i+1}$ についても同じ関係が成り立つ．

まずソリトンが単独で存在する状態を考察する．

命題 7.16 任意の元 $b \in B'_k$ に対し，状態 $p = \cdots 11\iota_k(b)11\cdots$ は次の性質を持つ．

(1) $E_l(p) = \min(l, k)$. (特に $E_1(p) = 1$.)
(2) $T_l(p)$ は p で $\iota_k(b)$ の位置を $\min(l, k)$ だけ右にずらした状態である．
(3) $E_1(p) = 1$ となるのはこの様な状態 p に限る．

$\iota_k(b)$ の部分を振幅 k のソリトンと呼ぶ．$b \in B'_k$ はその内部自由度のラベルである．(2) は $u_l \otimes \iota_k(b) \otimes \boxed{1}^{\otimes \min(l,k)} \simeq \boxed{1}^{\otimes \min(l,k)} \otimes \iota_k(b) \otimes u_l$ と同値である．命題の証明は易しい．$b = \boxed{1223} \in B'_4, l = 3$ の例を提示しておく．

$$111 \overset{1}{\underset{1}{+}} 111 \overset{4}{\underset{1}{+}} 114 \overset{3}{\underset{1}{+}} 134 \overset{3}{\underset{1}{+}} 334 \overset{2}{\underset{4}{+}} 233 \overset{1}{\underset{3}{+}} 123 \overset{1}{\underset{3}{+}} 112 \overset{1}{\underset{2}{+}} 111$$

この様に，運搬車の容量 l がソリトンの振幅 k より小さいと，積み残しが起こり，ソリトンの速度は k ではなく l になる (2)．また，unwinding 数の定義 (定理 2.6) から，その和である E_l (7.28) が $\min(l, k)$ に等しくなる事 (1) や (3) の性質も容易に見てとれる．更に (2) で $l = \infty$ とすると，時間発展 T_∞ ではソリトンの速度は振幅に等しいという観察 (7.1 節) と整合する．並進 T_1 (7.12) との可換性 (命題 7.10) により，これらの性質はソリトン $\iota_k(b)$ が何処にあっても同じである．

状態

[*1] 補題は j 任意で成り立つが，j が小さいと p は (7.37) の意味で N ソリトン状態とは限らない．

$$p = \ldots\ldots \iota_{k_1}(b_1)\ldots\ldots \iota_{k_2}(b_2)\ldots\ldots\ldots \iota_{k_N}(b_N)\ldots\ldots \quad (7.32)$$

において，… は十分沢山の $\boxed{1}$ のテンソル積とすると，運搬車 $\in B_l$ はそこを通過する間に空 $(= u_l)$ になるので，命題 7.16 により $E_l(p) = \sum_{i=1}^{N} \min(l, k_i)$ となる．時間発展につれて，$\iota_{k_i}(b_i)$ 達は接近，衝突するかも知れないが，E_l の値は不変である．以上の事から任意の状態 p に対し，

$$E_l(p) = \sum_{k \geq 1} \min(l, k) m_k, \quad (E_0 = 0), \quad (7.33)$$

$$(\text{つまり } m_k = -E_{k-1}(p) + 2E_k(p) - E_{k+1}(p) \,) \quad (7.34)$$

により $m_k = m_k(p)$ を導入し，状態 p における振幅 k の**ソリトンの個数**，または**多重度**と呼ぶ．m_k は保存量なので，適当な時間発展で (7.32) の様にソリトンが十分離れる状態では明らかに $m_k \geq 0$ である．しかし一般にはその様な分離が起こるとは限らない．実際，同じ振幅のソリトンが複数いると，それらは他のソリトンの影響がなければどんな時間発展をさせても相対距離を変えずに寄り添い続ける[*1]．従って $m_k \geq 0$ は一般には非自明な性質である．これは後述の (7.52) による．

例 7.17

$$
\begin{array}{llcccccl}
 & E_1 & E_2 & E_3 & E_4 & \ldots & & \mu^{(1)} \\
\ldots 11222133311\ldots & 2 & 4 & 6 & 6 & \ldots & (m_l = 2\delta_{l3}) & \\
\ldots 11223344111\ldots & 3 & 6 & 6 & 6 & \ldots & (m_l = 3\delta_{l2}) & \\
\end{array}
$$

これらの状態は，任意の T_l でそのまま並進する．（他にソリトンがあると，それとの衝突で相対位置や内部自由度の組み換えは起こりうる．試されたい．）

ここでは予め $m_k \geq 0$ を認めて

$$\begin{aligned}\mu^{(1)} &= \text{長さ } k \text{ の行が } m_k \text{ 個あるヤング図} \\ &= \text{ソリトンの振幅のリスト}\end{aligned} \quad (7.35)$$

[*1] 対照的に，KdV 方程式など通常のソリトン方程式では，ソリトン解を構成する自由フェルミオンに排他律が働くので，同じ振幅のソリトンが複数いる解は存在しない．

と定義する．ヤング図を，(列の長さでなく) 行の長さの multiset とみている．
$\{E_l\}_{l\geq 1}, \{m_l\}_{l\geq 1}, \mu^{(1)}$ は全て同等な保存量であり，

$$E_l = \mu^{(1)} \text{の第 1 列から第 } l \text{ 列までの升目の数} \qquad (7.36)$$

となる[*1]．特に

$$E_1(p) = m_1 + m_2 + \cdots = \text{状態 } p \text{ に含まれるソリトンの総数} \qquad (7.37)$$

である．(7.29) と比較されたい．一般に $E_1(p) = N$ となる状態 p を **N ソリトン状態**と定義する．命題 7.16 (3) は 1 ソリトン状態の分類を与えている．定義から，任意の状態 p は $E_1(p)$ ソリトン状態であり，ソリトンの振幅のリストは保存量となった．例 7.17 の様に，一般には十分時間発展させても寄り添い続けるソリトンが存在しうるが漸近状態は後述の (7.51) の様に記述可能である．

7.5 散 乱 規 則

相異なる振幅のソリトンを互いに十分離れて配置して時間発展させると一般に接近して衝突が起こるが，十分時間が経過すると元の振幅を持ったソリトンとなって復活し，互いに遠ざかっていく．その際，例 7.4–7.5 で視察した様に，内部自由度が変化し，各ソリトンの漸近軌道に位相のずれが生じる．この様な現象を定式化し，散乱規則を決定しよう．

N ソリトン状態

$$p = \ldots\ldots\iota_{k_1}(b_1)\ldots\ldots\iota_{k_2}(b_2)\ldots\ldots\ldots\iota_{k_N}(b_N)\ldots\ldots \quad \in B_1^{\otimes L} \qquad (7.38)$$

を考える．ソリトンは十分離れていると仮定する．具体的には $\iota_{k_i}(b_i)$ と $\iota_{k_{i+1}}(b_{i+1})$ の間に k_i 個以上の $\boxed{1}$ があれば十分で，$T_l(p)$ は 依然として p と同じ形に表され，異なるのは空箱部分 ... の長さだけである[*2]．状態 p に $U_q(\widehat{sl}_n)$ のアフィン crystal のテンソル積の元

$$b_1[d_1] \otimes \cdots \otimes b_N[d_N] \in \text{Aff}(B'_{k_1}) \otimes \cdots \otimes \text{Aff}(B'_{k_N}) \qquad (7.39)$$

[*1] $\widehat{sl}_2$ の場合，注意 7.14 の P-symbol の shape は $\mu^{(1)}$ の転置に等しい．
[*2] 実際にはもっと接近する事が許される．注意 7.19，命題 7.24 参照．

を対応させる．ここでモード d_j は次の様に定める．

$$d_j = (p \ \text{で} \ \iota_{k_j}(b_j) \ \text{より左にある} \ B_1 \ \text{の数}) - \sum_{1 \leq i < j} \min(k_i, k_j). \quad (7.40)$$

$b_1[d_1] \otimes \cdots \otimes b_N[d_N]$ を状態 p の**散乱データ**と呼ぶ[*1)]．$k_1, \ldots, k_{i-1} \leq k_i \leq k_{i+1}$ ならば $d_{i+1} - d_i$ は $\iota_{k_i}(b_i)$ と $\iota_{k_{i+1}}(b_{i+1})$ の間の $\boxed{1}$ の数に等しい．

定理 7.18 (2 体散乱則 [21])　十分離れた二つのソリトンからなる状態

$$p = \ldots\ldots\ldots\iota_k(b)\ldots\ldots\iota_m(c)\ldots\ldots\ldots\ldots\ldots \quad (k > m)$$

の時間発展 $T_l^t(p) \, (l > m)$ は，t が十分大で，遠ざかる 2 ソリトン状態

$$T_l^t(p) = \ldots\ldots\ldots\ldots\ldots\ldots\ldots\ldots\iota_m(c')\ldots\ldots\iota_k(b')\ldots\ldots$$

になる．p の散乱データを $b[d] \otimes c[e]$ とすると，$T_l^t(p)$ の散乱データ $c'[e'] \otimes b'[d']$ はアフィン crystal の同型を用いて次の様に決定される．

$$\begin{array}{ccc}
\mathrm{Aff}(B'_k) \otimes \mathrm{Aff}(B'_m) & \simeq & \mathrm{Aff}(B'_m) \otimes \mathrm{Aff}(B'_k) \\
b[d + t\min(l,k)] \otimes c[e + t\min(l,m)] & \mapsto & c'[e'] \otimes b'[d'].
\end{array} \quad (7.41)$$

定理の仮定 $l > m$ は，振幅 k と m のソリトンの速度が $\min(l,k) > \min(l,m)$ となるための条件である．(勿論仮定から $\min(l,m) = m$). 組合せ R の定義 (2.61) から，局所 energy H (2.70) を用いると (7.41) のモード部分は

$$d' = d + t\min(l,k) + H(b \otimes c), \quad e' = e + t\min(l,m) - H(b \otimes c)$$

という関係を表す．始状態 p と終状態 $T_l^t(p)$ において，状態の左端から各ソリトンまでの距離を $L_b, L_c, L_{c'}, L_{b'}$ とする．ソリトンの速度を考慮して

$$L_{b'} = L_b + t\min(l,k) + \Delta, \quad L_{c'} = L_c + t\min(l,m) + \Delta'$$

とおくと，Δ, Δ' が衝突による位相のずれと呼ぶべき量である．また (7.40) は

$$d = L_b, \ e = L_c - \min(k,m), \ e' = L_{c'}, \ d' = L_{b'} - \min(k,m)$$

[*1)] この定義はソリトンが十分離れていて，その位置が個別に認識できる状態にしか適用できない．highest パス一般に通用する定義は (7.48)–(7.49) で与えられる．

となり，これらの関係式から，$\Delta = -\Delta' = H(b \otimes c) + \min(k,m)$ が従う．要約すると，定理 7.18 は **2 体散乱規則**

内部自由度の交換 : $b \otimes c \mapsto c' \otimes b'$ (同型 $B'_k \otimes B'_m \simeq B'_m \otimes B'_k$ による)，

位相のずれ : $\Delta = -\Delta' = H(b \otimes c) + \min(k,m)$ (7.42)

を散乱データを用いて表したものとなっている．今の場合，$\min(k,m) = m$ であるが，一般に位相のずれに対するこの寄与は衝突する二つのソリトンの振幅の min と記憶すべきである．今後散乱における位相のずれとは単に Δ の事とする．散乱規則 (7.42) は，$l > m$ である限り時間発展 T_l の l に依らない事に注意しよう．これは可換性 (命題 7.10) の帰結である．なお，$n = 1$ の場合は内部自由度は無いので振幅だけが交換され，$H(b \otimes c) = \min(k,m)$ と了解する．従って 高橋・薩摩 の箱玉系では位相のずれは常に $2\min(k,m)$ である．例 7.4 の散乱は，以下の組合せ R の例に対応している．

$$\boxed{112} \otimes \boxed{12} \simeq \boxed{12} \otimes \boxed{112}, \quad H = 1, \Delta = 1 + 2$$
$$\boxed{112} \otimes \boxed{11} \simeq \boxed{12} \otimes \boxed{111}, \quad H = 2, \Delta = 2 + 2.$$
(7.43)

定理 7.18 の証明 補題 7.15 と，T_l が $\tilde{e}_2, \ldots, \tilde{e}_n$ と可換である事 (命題 7.12)，組合せ R (7.41) のモードは $\tilde{e}_1, \ldots, \tilde{e}_{n-1}$ の作用で不変である事から，$b \otimes c$ は $U_q(sl_n)$ crystal として highest な元，つまり $\tilde{e}_1(b \otimes c) = \cdots = \tilde{e}_{n-1}(b \otimes c) = 0$ となるものについて証明すれば十分である．その様な $b \otimes c$ は，i, j を $i + j = m$ を満たす非負整数として，次のもので全部である．

$$b = \boxed{\underbrace{11\ldots\ldots\ldots 1}} \in B'_k, \quad c = \boxed{\overbrace{1\ldots1}^{i}\overbrace{2\ldots2}^{j}} \in B'_m.$$

始めに $T_{l=\infty}$ を考える．(7.19) で $K_4, \ldots, K_{n+1}$ は自明なので $T_{l=\infty} = K_2 K_3$ である．二つのソリトンの間隔を w とする．$T_\infty^{-1}(p) = K_3^{-1} K_2^{-1}(p)$ は，p と同じ二つのソリトンが更に離れた状態にすぎない事から $w \geq i$ であるべき事が分かる．($K_2^{-1}(p)$ を考えてみよ．) $T_\infty(p), T_\infty^2(p)$ を求める．

7.5 散乱規則

$$p = \ldots\ldots \overbrace{2\cdots\cdots 2}^{k}\overbrace{1\cdots 1}^{w}\overbrace{3\cdot 3}^{j}\overbrace{2\cdot\cdot 2}^{i}\ldots\ldots\ldots\ldots\ldots\ldots$$

$$K_3(p) = \ldots\ldots \overbrace{2\cdots\cdots 2}^{k}\overbrace{1\cdots\cdots 1}^{w+j}\overbrace{2\cdot\cdot 2}^{i}\overbrace{3\cdot 3}^{j}\ldots\ldots\ldots$$

$$K_2K_3(p) = \ldots\ldots\ldots\ldots\ldots \overbrace{2\cdots\cdots 2}^{w+j}\overbrace{1\cdot\cdot 1}^{i}\overbrace{3\cdot 3}^{j}\overbrace{2\cdots 2}^{k-w-j+i}\ldots\ldots\ldots$$

$$K_3T_\infty(p) = \ldots\ldots\ldots\ldots\ldots \overbrace{2\cdots\cdots 2}^{w+j}\overbrace{1\cdots\cdots 1}^{i+j}\overbrace{2\cdots 2}^{k-w-j+i}\overbrace{3\cdot 3}^{j}\ldots\ldots\ldots$$

$$T_\infty^2(p) = \ldots\ldots\ldots\ldots\ldots\ldots\ldots \overbrace{2\cdots\cdots 2}^{i+j}\overbrace{1\cdot\cdot 1}^{k-w-j+i}\overbrace{3\cdot 3}^{j}\overbrace{2\cdots 2}^{k-j}\ldots$$

ソリトンの衝突を調べるため,$K_3(p) \to K_2K_3(p)$ のステップでは $k > w+j$ と仮定した (さもないと二つのソリトンは接近だけに終始する). $T_\infty^2(p)$ 以降は二つのソリトンが遠ざかるだけである. 結局

内部自由度の交換:$\boxed{\overbrace{11\ldots\ldots\ldots 1}^{k}} \otimes \boxed{\overbrace{1\ldots 12\ldots 2}^{i}\overbrace{}^{j}} \mapsto \boxed{\overbrace{11\ldots\ldots 1}^{m}} \otimes \boxed{\overbrace{1\ldots\ldots 12\ldots\ldots 2}^{k-j}^{j}}$

位相のずれ:$i+m$

となる. これが (7.42) と符合する事, 特に $H(b \otimes c) =$ winding 数が i である事は定理 2.6 から確認できる.

一般の T_l $(l > m)$ による時間発展の場合は可換性 $T_l^t = T_\infty^{-s} T_l^t T_\infty^s$ を用いればよい. s を十分大きくとると, $T_\infty^s(p)$ は今示した 2 体散乱則に従って, 衝突後のソリトン $\iota_m(c')$ と $\iota_k(b')$ が十分離れた状態になる. $T_l^t T_\infty^s(p)$ では $l > m$ なのでこれらは速さ m と $\min(l,k)$ で進み, 更に遠ざかる. $T_\infty^{-s} T_l^t T_\infty^s(p)$ では引き戻されて接近するが, t を十分大きくとれば衝突する事はなく十分離れたままである. 衝突しない限り内部自由度の交換も位相のずれも生じないので T_l での 2 体散乱則は T_∞ のそれに一致する. ∎

注意 7.19 証明の中で $w \geq i$ でないと, 見かけによらず p には内部自由度 b, c を持った二つのソリトンがいる事にならなかった. この様な p は別のソリトンの**衝突の中間状態**となっている. 一般に $b \in B'_k, c \in B'_m$ とし, 状態

$$p = \ldots\ldots 11\iota_k(b) \overbrace{1\ldots 1}^{w} \iota_m(c) 11 \ldots\ldots$$

に内部自由度 b と c のソリトンがいるため条件，即ち任意の l と $t > 0$ に対して

$$T_l^{-t}(p) \ (k > m), \qquad T_l^t(p) \ (k < m), \qquad T_l^{\pm t}(p) \ (k = m)$$

が，$\iota_k(b)$ と $\iota_m(c)$ のシフトになるための条件は $w \geq H(b \otimes c)$ である．特に $k = m$ の場合，ソリトンの間隔 w は (他に玉がなければ) 任意の時間発展で不変である．この様に，局所 energy H (winding 数) はソリトンが独自性を保てる**最接近距離**を与える．命題 7.24 (2) も参照のこと．

定理 7.20 (多体散乱則 [21]) $k_1 > k_2 > \cdots > k_N$ とする．十分離れた N 個のソリトンからなる状態

$$p = \ldots\ldots \iota_{k_1}(b_1) \ldots\ldots \iota_{k_2}(b_2) \ldots\ldots\ldots\ldots \iota_{k_N}(b_N) \ldots\ldots\ldots\ldots\ldots$$

の時間発展 $T_l^t(p) \ (l > k_2)$ は，t 十分大で互いに遠ざかる N ソリトン状態

$$T_l^t(p) = \ldots\ldots\ldots\ldots\ldots\ldots \iota_{k_N}(b'_N) \ldots\ldots\ldots\ldots \iota_{k_2}(b'_2) \ldots\ldots\ldots \iota_{k_1}(b'_1) \ldots\ldots$$

になる．p の散乱データを $b_1[d_1] \otimes \cdots \otimes b_N[d_N]$ とすると，$T_l^t(p)$ の散乱データ $b'_N[d'_N] \otimes \cdots \otimes b'_1[d'_1]$ はアフィン crystal の同型

$$\mathrm{Aff}(B'_{k_1}) \otimes \cdots \otimes \mathrm{Aff}(B'_{k_N}) \simeq \mathrm{Aff}(B'_{k_N}) \otimes \cdots \otimes \mathrm{Aff}(B'_{k_1}) \tag{7.44}$$

$$b_1[d_1 + t\min(l, k_1)] \otimes \cdots \otimes b_N[d_N + t\min(l, k_N)] \mapsto b'_N[d'_N] \otimes \cdots \otimes b'_1[d'_1]$$

により決定される．

証明 $N = 3$ とする．$T_l^t = T_{k_2}^{-s} T_l^t T_{k_2}^s$ に注意して，始めに T_{k_2} による時間発展をさせる．b_1 と b_2 は同じ速さ k_2 で進むので b_3 と個別に 2 体散乱して

$$T_{k_2}^s(p) = \ldots\ldots\ldots\ldots \iota_{k_3}(b'_3) \ldots\ldots\ldots\ldots\ldots \iota_{k_1}(c_1) \ldots\ldots\ldots \iota_{k_2}(c_2) \ldots\ldots\ldots$$

となる．次に T_l^t を行うと，速さは $k_3 < k_2 < \min(l, k_1)$ なので b'_3 はもはや

7.6 逆散乱法

追いつけず，c_1 と c_2 だけが 2 体散乱して

$$T_l^t T_{k_2}^s(p) = \ldots\ldots\ldots\ldots\iota_{k_3}(b_3')\ldots\ldots\ldots\ldots\ldots\iota_{k_2}(b_2')\ldots\ldots\iota_{k_1}(b_1')\ldots\ldots$$

となる．この後 $T_{k_2}^{-s}$ により b_3' と b_2' が接近するが，t を十分大きくとっておけば衝突しない．こうして 3 体散乱は 2 体散乱の合成になる．定理 7.18 により 2 体散乱則は組合せ R なので，その合成は同型 (7.44) を与える．一般の N の場合も同様に $T_{k_2}, T_{k_3}, \ldots, T_{k_{N-1}}$ を用いて $N(N-1)/2$ 個の 2 体散乱に因子化でき，同じ議論が適用できる． ∎

例 7.5 の最初の 3 体散乱を散乱データで表すと

$$z^2 \boxed{123} \otimes z^5 \boxed{13} \otimes z^{11} \boxed{2} \mapsto z^{16} \boxed{3} \otimes z^{17} \boxed{12} \otimes z^{21} \boxed{123}$$

となる．ここで $b[d]$ を $z^d b$ と記した．

同型 (7.44) を組合せ R の合成として実現するやり方は複数あるが，Yang-Baxter 方程式 (定理 2.4) により，結果は一意的である．始状態のソリトンの配置によっていろいろな順序での衝突，特に 3 個以上のソリトンが一気にぶつかる様に見える状況もあるが，最終結果はそういう事情に依らずに 2 体散乱の合成として計算したものに等しい．この様な性質をもった散乱を**因子化散乱**という．因子化散乱系では 2 体散乱則が全ての多体散乱を決定する．また，整合性から 2 体散乱則は Yang-Baxter 方程式を満たさねばならない．因子化散乱は $(1+1)$ 次元の可積分系に特徴的な様相である．

7.6 逆 散 乱 法

7.6.1 時間発展の線形化

状態 $p = b_1 \otimes \cdots \otimes b_L \in B_1^{\otimes L}$ が highest ならば，KKR 全単射により rigged configuration と 1:1 対応する (定理 5.9)．$u_l \otimes p$ も highest であり，$u_l \otimes p \simeq T_l(p) \otimes u_l$ により $T_l(p)$ も highest である．こうして $p \mapsto T_l(p)$ は rigged configuration の時間発展を引き起こす．その具体形を与えよう．

定理 7.21 (逆散乱形式 [55])　rigged configuration の時間発展 T_l を

$$T_l : \bigl((1^L), (\mu^{(a)}, J^{(a)})_{a=1}^n\bigr) \mapsto \bigl((1^L), (\mu^{(a)}, J'^{(a)})_{a=1}^n\bigr),$$
$$J'^{(a)}_{j,\alpha} = J^{(a)}_{j,\alpha} + \delta_{a1} \min(j, l) \tag{7.45}$$

により定義すると，次の可換図が成立する．

$$\begin{array}{ccc} \text{highest パス} & \xrightarrow{\phi_*} & \text{rigged configuration} \\ T_l \downarrow & & \downarrow T_l \\ \text{highest パス} & \xrightarrow{\phi_*} & \text{rigged configuration} \end{array}$$

証明 p の rigged configuration を $((1^L), (\mu^{(1)}, J^{(1)}), \ldots, (\mu^{(n)}, J^{(n)}))$ とする．可換図の右上を通って右下に行くと (7.45) の右辺が得られる．左下を通るルートを調べよう．補題 5.14 により，$u_l \otimes p$ の rigged configuration は (7.45) の $\mu^{(a)}, J'^{(a)}$ を用いて $((l, 1^L), (\mu^{(1)}, J'^{(1)}), \ldots, (\mu^{(n)}, J'^{(n)}))$ と書ける．パス $u_l \otimes p \in B_l \otimes B_1^{\otimes L}$ を組合せ R により $T_l(p) \otimes u_l \in B_1^{\otimes L} \otimes B_l$ に変形する．対応する rigged configuration は R 不変性 (定理 5.10) により，型 $(l, 1^L)$ を $(1^L, l)$ と並べ変えるだけでよく，$((1^L, l), (\mu^{(1)}, J'^{(1)}), \ldots, (\mu^{(n)}, J'^{(n)}))$ となる．これに削除を施すと $T_l(p) \otimes u_l$ が得られる事になるが，始めに型の l の部分を削る際に u_l が得られ，$(\mu^{(1)}, J'^{(1)}), \ldots, (\mu^{(n)}, J'^{(n)})$ 部分は変更されない．よって

$$\begin{aligned} T_l(p) \otimes u_l &= \phi^*((1^L, l), (\mu^{(1)}, J'^{(1)}), \ldots, (\mu^{(n)}, J'^{(n)})) \\ &= \phi^*((1^L), (\mu^{(1)}, J'^{(1)}), \ldots, (\mu^{(n)}, J'^{(n)})) \otimes u_l \end{aligned}$$

となる．つまり $\phi_*(T_l(p))$ も (7.45) の右辺に等しい． ∎

注意 7.22 highest でないパスと拡張 rigged configuration (5.5.3 項) についても R 不変性 (定理 5.10) が成り立つ [71]．故に拡張 rigged configuration の時間発展 T_l が同様に定義され，その具体形は定理 7.21 と全く同じである．なお (7.45) は (6.11) の特殊な場合 $\mu^{(0)} = (1^L)$ に相当する．

7.6 逆散乱法

例 7.23 highest パス $\in B_1^{\otimes 52}$ の時間発展 T_∞^t を与える.

$t = 0$:　1111222211111133211143111111111111111111111111111111
$t = 1$:　1111111122221111133211143111111111111111111111111111
$t = 2$:　1111111111112222111133214311111111111111111111111111
$t = 3$:　1111111111111111222211133243111111111111111111111111
$t = 4$:　1111111111111111111122221132433111111111111111111111
$t = 5$:　1111111111111111111111112221322433111111111111111111
$t = 6$:　1111111111111111111111111111221132243332111111111111
$t = 7$:　1111111111111111111111111111111122113221433211111111
$t = 8$:　1111111111111111111111111111111111122111322114332111111
$t = 9$:　111111111111111111111111111111111111122111113221114332111

対応する rigged configurations は以下で与えられる.

$$\begin{array}{cccc}
\mu^{(0)} & \mu^{(1)} & \mu^{(2)} & \mu^{(3)} \\
(1^{52}) & \begin{array}{l} 38 \\ 40 \\ 43 \end{array} \begin{array}{l} \square\square\square\square\square \; 0+4t \\ \square\square\square\square \; 7+3t \\ \square\square\square \; 13+2t \end{array} & 1 \; \square\square \; 1 & 0 \; \square \; 0 \\
& & 0 \; \square \; 0 &
\end{array}$$

$t = 5$ の状態を $1^{\otimes 20} \otimes p \otimes 1^{\otimes 18}$, $p = 11112221322433$ と書くと, p は highest であり, その rigged configuration は 例 5.6 に与えられている. 上の結果との整合性が確認できる.

ソリトン方程式は非線形だが, 散乱データ (作用・角変数) に移り, 時間発展を線形化する事により初期値問題を解く事ができる. その際, もとの波の変数から散乱データへの変換は**順散乱**, 逆変換は**逆散乱**または **Gelfand-Levitan 変換**と呼ばれる. これらは線形と非線形な時間発展をつなぐ非自明な操作であり, それを用いて初期値問題の解を与える手法を**逆散乱法**という [1, 10, 23].

定理 7.21, 注意 7.22 は箱玉系の逆散乱法を与えている. (拡張) rigged configuration は時間発展を線形化する. T_l は, カラー 1 で長さ j の string の rigging が「速度ベクトル」$\min(j, l)$ で変化する「**等速直線運動**」である. 可換な時間発展 $T_1, T_2, \ldots$ は速度ベクトルの違いに反映される. 完全な保存量の組は

カラー 1 の rigging 以外のデータ $(\mu^{(1)}, (\mu^{(2)}, J^{(2)}), \ldots, (\mu^{(n)}, J^{(n)}))$
$$\tag{7.46}$$
である*1). rigged configuration は散乱データと等価であり (7.6.2 項), KKR 写像 ϕ_* は順散乱, ϕ^* は逆散乱変換に他ならない. 初期値問題 $p \mapsto T_l^t(p)$ の解は, 定理 7.21 の可換図を辿って $T_l^t(p) = \phi^* \circ T_l^t \circ \phi_*$ と与えられる. 右辺の T_l^t は rigging に速度ベクトルの t 倍を加える操作に過ぎず, アルゴリズムのステップ数は t に依らない.

Bethe 仮説をソリトン方程式に対する逆散乱法の量子化と捉える事は Faddeev らによる量子逆散乱法の重要な知見であった [76, 86]. KKR 理論は Bethe 仮説の組合せ論的類似なので, 何らかの可積分系の逆散乱法と関係するのは自然である. 1980 年代中期に Fermi 公式の証明のために開発され, その後 crystal に鍛えられた KKR 理論が箱玉系に巡り会い, 第 2 の真価を発揮したのは誕生からほぼ 20 年後の事であった [55, 56, 59, 82].

箱玉系	組合せ Bethe 仮説	crystal
散乱データ (作用・角変数)	rigged configuration	$\mathrm{Aff}(B'_{k_1}) \otimes \cdots \otimes \mathrm{Aff}(B'_{k_N})$
順・逆散乱写像	KKR 全単射	「頂点作用素」([55, 56, 70] 参照)

7.6.2 散乱データと rigged configuration

7.5 節で導入した散乱データ (7.39) のモードを指定する式 (7.40) はソリトンが十分離れている状態 (7.38) にしか適用できない. KKR 全単射を用いてこれを補完し, rigged configuration との正確な対応を与えておく*2).

簡単のため highest パス p を扱う. p の rigged configuration $\phi_*(p) = ((1^L), (\mu^{(a)}, J^{(a)})_{a=1}^n)$ に対して $(\mu', J') := (\mu^{(1)}, (\mu^{(a)}, J^{(a)})_{a=2}^n)$ は n が 1 減少した rigged configuration となる (注意 5.2). そこで ϕ^* による像を

$$\phi^*(\mu', J') = b_1 \otimes \cdots \otimes b_N \in B'_{k_1} \otimes \cdots \otimes B'_{k_N} \tag{7.47}$$

とおく. B'_k は $U_q(\widehat{sl}_n)$ の crystal であり, $\mu^{(1)} = (k_1, \ldots, k_N)$ とした. p の散乱データの一般の定義式は以下の通り.

---

*1) カラー 1 で同じ長さの string の rigging の差 (相対値) も時間発展で不変である. これは同じ (7.46) を持つ複数の連結成分を仕分けするラベルと見なせる. 8.5 節に関連事項あり.

*2) 本節の内容は技術的なので, 適宜スキップして構わない.

$$b_1[d_1] \otimes \cdots \otimes b_N[d_N] \in \mathrm{Aff}(B'_{k_1}) \otimes \cdots \otimes \mathrm{Aff}(B'_{k_N}), \qquad (7.48)$$

$$d_j = J_j + k_j + \sum_{1 \le i < j} H(b_i \otimes b_j^{(i+1)}). \qquad (7.49)$$

記号 $b_i \otimes b_j^{(i+1)}$ は (4.11) 参照. H は局所 energy (2.70) である. J_i は $\phi_*(p)$ の $\mu^{(1)} = (k_1, \ldots, k_N)$ に対応する rigging $J^{(1)} = (J_1, \ldots, J_N)$ の成分であり, $k_\alpha = k_\beta$ ($\alpha < \beta$) の場合は $J_\alpha \le J_\beta$ となる様に定める[*1].

rigging の時間発展 (7.45) と (7.49) に鑑みて, 散乱データにも線形な時間発展

$$b_1[d_1] \otimes \cdots \otimes b_N[d_N] \xmapsto{T_l} b_1[d_1+\min(l,k_1)] \otimes \cdots \otimes b_N[d_N+\min(l,k_N)] \qquad (7.50)$$

を導入する. これは散乱規則 (7.41), (7.44) と整合している. 散乱データを用いると, ソリトンへの分離 (漸近状態) は次の様に具体的に記述できる[*2].

命題 7.24 ([59] 主に Lem. 6.5)

(1) モードが十分離れている場合：(7.48) で $d_1 \ll \cdots \ll d_N$ ならば, 対応する状態 p は b_i でラベルされるソリトンが十分離れた (7.38) となる. モード (7.49) は (7.40) に帰着してソリトンの位相 (位置) を定める.

(2) 散乱の十分後の状態：$T_\infty^t(p)$ ($t \gg 1$) の散乱データは, その同型な表示 $c_1[e_1] \otimes \cdots \otimes c_N[e_N]$ の中で $e_1 \le \cdots \le e_N$ を満たすものは一意的であり, $c_i \in B'_{l_i}$ とすると $l_1 \le \cdots \le l_N$ となる. $T_\infty^t(p)$ は次の様になる.

$$T_\infty^t(p) = \ldots\ldots \iota_{l_1}(c_1) \ldots\ldots\ldots \iota_{l_i}(c_i) \overbrace{1\ldots 1}^{\delta_i} \iota_{l_{i+1}}(c_{i+1}) \ldots\ldots\ldots \iota_{l_N}(c_N) \ldots\ldots \qquad (7.51)$$

ここで $\delta_i = e_{i+1} - e_i$ が成り立つ. 特に $l_i < l_{i+1}$ ならば $\delta_i \gg 1$, $l_i = l_{i+1}$ ならば (7.49) により $\delta_i \ge H(c_i \otimes c_{i+1}) (\ge 0)$ である.

漸近形 (7.51) を用いると状態 p の行 energy (7.28) は $E_l(T_\infty^t(p))$ として計

[*1] (7.48) を組合せ R により $\mathrm{Aff}(B'_{k_{\sigma(1)}}) \otimes \cdots \otimes \mathrm{Aff}(B'_{k_{\sigma(N)}})$ に変換した元は散乱データとして同一視する. 但し $\sigma \in \mathfrak{S}_N$ は $k_\alpha = k_\beta$ ($\alpha < \beta$) なら $\sigma(\alpha) < \sigma(\beta)$ を満たす任意の置換.

[*2] 同じ振幅のソリトンが複数いると, 時間発展してもモード差は一定に留まるので, 命題 7.24 で (1) と (2) に分ける. 散乱の十分前についても (2) と類似の結果が成り立つ.

算できて，次の結果が得られる [59].

$$E_l(p) = \sum_{i=1}^{N} \min(l, k_i) = \sum_{k} \min(l, k) m_k. \quad (7.52)$$

ここで m_k は $\mu^{(1)} = (k_1, \ldots, k_N)$ の中の k の多重度である (本来の記号は $m_k^{(1)}$). つまり configuration のカラー 1 部分はソリトンの振幅のリストと同定される．カラーが 2 以上の string は (7.47) によりソリトンの内部自由度に反映される．これらの事実をまとめて**ソリトン/string 対応**と呼ぼう．$n = 1$ の場合は 1.3 節で注意した．

命題 7.24 から，散乱データ $b_1[d_1] \otimes \cdots \otimes b_N[d_N]$ は，ソリトンの情報を以下の様に保持している事が分かる．

$$b_1, \ldots, b_N \leftrightarrow \text{振幅と内部自由度}, \quad d_1, \ldots, d_N \leftrightarrow \text{位相}.$$

散乱は組合せ R で表される (命題 7.20). 一方 rigged configuration では

$$\mu^{(1)} \leftrightarrow \text{振幅}, \quad J^{(1)} \leftrightarrow \text{位相}, \quad (\mu^{(a)}, J^{(a)})_{a \geq 2} \leftrightarrow \text{内部自由度} \quad (7.53)$$

と対応し，散乱は (μ', J') の型 $\mu^{(1)}$ の並べ換えになる (定理 5.10).

(7.51) で，間隔 δ_i はソリトンの最接近距離以上である (注意 7.19). よって任意の状態は，ソリトンに分離した状態に漸近する．一般に連続系のソリトン方程式ではソリトン解以外にも「**さざ波**」解が許容されるのと対照的である．

7.7　分配関数と Fermi 公式

簡単のため $\widehat{sl}_2$ 箱玉系を例にとり，ソリトンの振幅のリスト $m = (m_1, m_2, \ldots)$ を指定した「**分配関数**」

$$Z(m) := \sum_{p:\text{highest}}^{(m)} q^{\bar{E}(p)}, \quad \bar{E}(p) = \sum_{k=1}^{L-1} (L-k)\, \theta(b_k < b_{k+1}) \quad (7.54)$$

を計算してみよう[*1)]．左の和は振幅 j のソリトンが m_j 個いる p にわたる．右式では $p = b_1 b_2 \ldots b_L$ ($b_i = 1, 2$) とした．$\bar{E}(p)$ は coenergy で，上の具体形

[*1)] $Z(m)$ は古典制限 1 次元状態和，即ち (5.43) の左辺の部分和である.

7.7 分配関数と Fermi 公式   163

は (5.42), (3.21), (2.71) による. 但し $\theta(真) = 1$, $\theta(偽) = 0$.

例えば振幅 1 と 3 のソリトンが 1 個ずついる $Z(1,0,1,0,\ldots)$ への寄与は

$$\overbrace{1\ldots1}^{j\geq 3}222\overbrace{1\ldots1}^{k\geq 1}211\ldots1, \qquad q^6 \begin{bmatrix} L-6 \\ 2 \end{bmatrix}_q,$$

$$121\overbrace{\ldots1}^{j\geq 3}22211\ldots\ldots1, \quad q^{L+2} \begin{bmatrix} L-7 \\ 1 \end{bmatrix}_q,$$

$$112\overbrace{1\ldots1}^{j\geq 2}22211\ldots\ldots1, \quad q^{L+1} \begin{bmatrix} L-7 \\ 1 \end{bmatrix}_q,$$

$$\overbrace{1\ldots1}^{j\geq 3}21\overbrace{\ldots1}^{k\geq 1}12221\ldots1, \qquad q^8 \begin{bmatrix} L-6 \\ 2 \end{bmatrix}_q,$$

$$\overbrace{1\ldots1}^{j\geq 3}2212211\ldots\ldots1, \qquad q^7 \frac{1-q^{2L-14}}{1-q^2}.$$

j の不等式は highest 条件 (3.10) による. 最後のパターンは振幅 1 と 3 のソリトンの衝突の中間状態であって,振幅 2 のソリトンが 2 個の状態ではない事に注意. これらの総和から次の結果を得る.

$$Z(1,0,1,0,\ldots) = q^6 \begin{bmatrix} L-3 \\ 1 \end{bmatrix}_q \begin{bmatrix} L-7 \\ 1 \end{bmatrix}_q = \begin{pmatrix} \text{Fermi 型和 (1.15) で} \\ \text{configuration} = \text{▭▭} \text{ の項} \end{pmatrix}.$$

これは Fermi 公式 (5.43) と,ソリトン/string 対応 (7.6.2 項) の帰結である. Fermi 型和は色々な configuration にわたるが,その一つを選ぶ事は string のリストを選ぶ事であり,箱玉系ではソリトンの振幅のリストを指定する事に対応する. こうして Fermi 公式 (5.43) は,configuration $m = (m_j)$ ごとの等式

$$Z(m) = q^{cc(m)} \prod_j \begin{bmatrix} p_j + m_j \\ m_j \end{bmatrix}_q, \quad \begin{pmatrix} cc(m) = \sum_{j,k} \min(j,k) m_j m_k \\ p_j = L - 2\sum_{k\geq 1} \min(j,k) m_k \end{pmatrix}$$
(7.55)

に精密化される. $\widehat{sl}_{n+1}$ 箱玉系でも,configuration のカラー 2 以上部分を,ソリトンの内部自由度を反映する「高次の振幅リスト」と解釈すれば同様である.

等式 (7.55) は Fermi 型和に対し,箱玉系による**準粒子描像**を提供する. 今の

場合，準粒子とはソリトンであり，パスの中に棲息する．ソリトン達は，振幅のリスト $m = (m_j)$ から決まる空きスペース (p_j) が与えられ，その範囲で許される限りの配位をとる．その数の q 類似が $Z(m)$ である．

ソリトン達は自らの存在により，vacancy p_j を目減りさせてしまう．一般に，準粒子同士が位相空間の占有をめぐって競合する様子・規則を**排他統計** [24] という．エントロピーを介した相互作用の一種と言っても良い．Bose, Fermi 統計は最も単純な排他統計の例である．Bethe 仮説により解かれる多くの系では，Bethe 方程式という制約が Bethe 根の排他統計に翻訳される．箱玉系はその典型的な例であり，それを集約，定量化するのが vacancy p_j である．そこには振幅 j と k のソリトンが独自性を保つ最接近距離 $\min(j,k)$ (注意 7.19) が反映されている．位相空間 (rigged configuration の集合) に移らずとも，先の計算の様にソリトンの排他性を「実空間」において肉眼で観察できる所が箱玉系の特徴の一つである．

7.8 超離散タウ関数と箱玉系

7.8.1 N ソリトン解

逆散乱法と超離散タウ関数 (6 章) を併せると，箱玉系の初期値問題の解の明示式が得られる．任意の状態 $p \in B_1^{\otimes L}$ は KKR 写像 ϕ_* により拡張 rigged configuration $(\mu, J) = \phi_*(p)$ に写される (5.5.3 項). p 自身は (μ, J) に付随する超離散タウ関数 (6.4) により表される (定理 6.1, 注意 6.2). 時間発展は，逆散乱法 (定理 7.21, 注意 7.22) に従い，rigging J をずらせばよい．

$(\mu, J) = ((1^L), (\mu^{(a)}, J^{(a)})_{a=1}^n)$ において $\mu^{(1)} = (\mu_1, \ldots, \mu_N)$, $J^{(1)} = (J_1, \ldots, J_N)$ とすると，これらはソリトンの振幅と位相のリストであり，N ソリトン状態である (7.6.2 項). これらの記号を用いて結論を述べる．

定理 7.25 ($\widehat{sl}_{n+1}$ 箱玉系の N ソリトン解 [59])　任意の状態 p は $(\mu, J) = \phi_*(p)$ に付随する超離散タウ関数により，以下の様に表される．

$$p = b_1 \otimes \cdots \otimes b_L, \quad b_k = (x_{k,1}, \ldots, x_{k,n+1}) \in B_1, \qquad (7.56)$$

$$x_{k,d} = \tau_{k,d} - \tau_{k-1,d} - \tau_{k,d-1} + \tau_{k-1,d-1}, \qquad (7.57)$$

$$\tau_{k,d} = \max_{K \subseteq \{1,\ldots,N\}} \Big\{ \sum_{i \in K}(k - J_i) - \sum_{i,j \in K} \min(\mu_i, \mu_j) + \tau_d^{(1)}(\mu_K) \Big\}. \qquad (7.58)$$

ここで $\mu_K = \{\mu_i \mid i \in K\}$. 時間発展 T_j は $J_i \mapsto J_i + \min(i,j)$ で与えられる.

ここで, $\tau_{k,0}$ は (7.58) でなく, $\tau_{k,0} = \tau_{k,n+1} - k$ で与えられる. (6.4) 参照. 今考えている箱玉系では, 状態は $B_1^{\otimes L}$ の元なので, (6.10) を $\forall l_i = 1$ に特殊化した. また, $\tau_{k,d}$ に漸化式 (6.9) を適用した. $\tau_1^{(1)}, \ldots, \tau_{n+1}^{(1)}$ はランクが 1 下がった超離散タウ関数であり, (6.8) 辺りに定義されている.

2^N 個にわたる max (7.58) は N ソリトン解に特徴的な構造である. 時間発展する変数は $\{J_i\}$ だけであり, $\tau_d^{(1)}(\mu_K)$ は $n > 1$ の効果, 即ちソリトンの内部自由度である $U_q(\widehat{sl}_n)$ crystal に起因する非自明な位相を集約している.

ここで注意すべきは, N ソリトン解の N の意味が, KP と箱玉系で異なる事である. (μ, J) の各カラーの string の本数を (6.2) の様に $\ell_1, \ldots, \ell_n$ とすると, 超離散タウ関数の源になる KP の解は $(\ell_1 + \cdots + \ell_n)$ ソリトン解である. (6.23) 参照. 一方, それに対応するのは箱玉系の ℓ_1 ソリトン状態である. 両者が一致するのは $n = 1$ だけで, $n > 1$ では, KP のソリトン $(\ell_2 + \cdots + \ell_n)$ 個は箱玉ソリトンの内部自由度として $\tau_d^{(1)}(\mu_K)$ に集約される. 一般解の要はこの様なランクに関する入れ子構造を正確に捉える事である. その鍵となる指針 (6 章) は

「KP のタウ関数を Fermi 公式の charge (6.3) に合致する様に超離散化する」

であった. 組合せ Bethe 仮説による最も有益な知見の一つと言えよう.

7.8.2 角転送行列の類似

超離散タウ関数は, 区分線形関数による定義 (6.6) の他に, 箱玉系の玉の個数に関連した直接的意味をつける事ができる. 後述の定理 7.28 の準備として, ここでは角転送行列の類似 $\rho_{k,d}$ を導入する.

状態 $p = b_1 \otimes \cdots \otimes b_L \in B_1^{\otimes L}$ (highest と仮定しない) の時間発展を

$$T_\infty^t(b_1 \otimes \cdots \otimes b_L) = b_1^t \otimes \cdots \otimes b_L^t, \quad b_j^t = (x_{j,1}^t, x_{j,2}^t, \ldots, x_{j,n+1}^t) \quad (7.59)$$

と表す．$x_{j,d}^t = 0, 1$ は「箱」b_j^t の中の色 d の玉の個数 $(2 \leq d \leq n+1)$ であり，空箱は $b_j^t = (1, 0, \ldots, 0)$ に対応する．$0 \leq k \leq L, 1 \leq d \leq n+1$ に対し，

$$\rho_{k,d}(p) = \sum_{j=1}^{k}(x_{j,2}^0 + \cdots + x_{j,d}^0) + \sum_{t \geq 1}\sum_{j=1}^{k}(x_{j,2}^t + \cdots + x_{j,n+1}^t) \quad (7.60)$$

と定義する．第 2 項は有限である．何故なら，ある箱より左が全て空箱ならば，T_∞ で発展した状態ではその箱も含めて左側が全て空箱になるから．p の時間発展を上から順に列記すると，$\rho_{k,d}(p)$ は次の角領域にある玉を数えている．

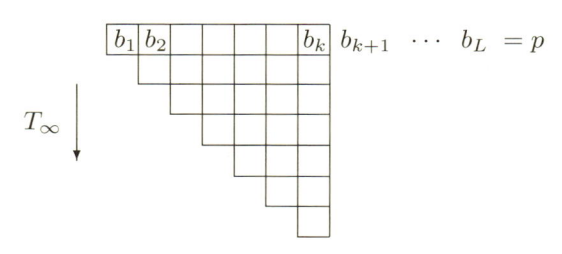

第 1 行が p である．$b_1, \ldots, b_k$ については色 $2, 3, \ldots, d$ の玉だけを，一方 2 行目以下では全ての色 $2, \ldots, n+1$ の玉を数えている．角領域より左または下は全て空箱である．$\rho_{k,d}(p)$ は $b_{k+1}, \ldots, b_L$ には依らない．定義から $\rho_{k,1}(p) = \rho_{k,n+1}(T_\infty(p))$ が成り立つ．$b_k = b_k^0$ に合わせて $x_{k,d} = x_{k,d}^0$ と書こう．角領域に付随する大域変数から局所変数 (右上隅) を得るには 2 階差分

$$x_{k,d} = \rho_{k,d} - \rho_{k-1,d} - \rho_{k,d-1} + \rho_{k-1,d-1} \quad (1 \leq d \leq n+1) \quad (7.61)$$

をとればよい．ここで $\rho_{k,d} = \rho_{k,d}(p)\, (1 \leq d \leq n+1)$ と略記しており，$\rho_{k,0}(p)$ は，$x_{k,1} + \cdots + x_{k,n+1} = 1$ が満たされる様に次で定義する．

$$\rho_{k,0}(p) = \rho_{k,n+1}(p) - k. \quad (7.62)$$

$\rho_{k,d}$ は角転送行列 (Corner Transfer Matrix, CTM, (1.42) 参照) の箱玉系における類似物であり，(7.61) は「1 点関数」を表す式と解釈できる．

例 7.26 例 7.5 の最初の図の第 1 行を $p = 11432114211113111111\ldots$ とする.

k	1	2	3	4	5	6	7	8	9	10	11	12	13	14	15	16
$\rho_{k,1}(p)$	0	0	0	0	0	1	2	3	4	6	8	10	12	14	17	20
$\rho_{k,2}(p)$	0	0	0	0	1	2	3	4	6	8	10	12	14	16	19	22
$\rho_{k,3}(p)$	0	0	0	1	2	3	4	5	7	9	11	13	15	18	21	24
$\rho_{k,4}(p)$	0	0	1	2	3	4	5	7	9	11	13	15	17	20	23	26

7.8.3 T_∞ の双線形化

以下, 略記号 $\bar{\rho}_{k,d} = \rho_{k,d}(T_\infty(p))$ を用いる. よって例えば $\rho_{k,1} = \bar{\rho}_{k,n+1}$.

時間発展 $T_\infty = T$ は (7.1) により $K_2 \cdots K_{n+1}$ と因子化され, 各 K_d は $\mathcal{L}_d$ (7.2) の合成であった. $\mathcal{L}_d$ の定義 (7.3), (7.4) において $b = (y_1, \ldots, y_{n+1})$, $b' = (y'_1, \ldots, y'_{n+1})$ とおくと次が成り立つ.

$$y'_1 = y_1 + m' - m, \quad m' = y_d + \max(m - y_1, 0) \quad (2 \leq d \leq n+1). \quad (7.63)$$

箱玉系の時間発展 T_∞ に関する運動方程式を与えよう[*1].

定理 7.27 ([25, 59]) $2 \leq d \leq n+1$ で次が成立する.

$$\bar{\rho}_{k,d-1} + \rho_{k-1,d} = \max(\bar{\rho}_{k,d} + \rho_{k-1,d-1}, \bar{\rho}_{k-1,d-1} + \rho_{k,d} - 1). \quad (7.64)$$

証明 状態 $p \in B_1^{\otimes L}$ の時間発展 $T_\infty(p) = K_2 \cdots K_{n+1}(p)$ (7.1) のうち, K_d の作用を考える. $\mathcal{L}_d$ に対する図 (7.3) で, b, b' はパスの左端から k 番目の箱の状態とする. $b = (y_1, \ldots, y_{n+1})$, $b' = (y'_1, \ldots, y'_{n+1})$ とおく. K_d を実行する直前には色 $2, \ldots, d$ の玉の配置は元の p と同じである事に注意すると, (7.3) の m, m', y_d (b の成分) は次で与えられる.

$$m' = \sum_{j=1}^{k}(\rho_{j,d} - \rho_{j-1,d} - \rho_{j,d-1} + \rho_{j-1,d-1}) - (\rho \to \bar{\rho})$$
$$= (\rho_{k,d} - \rho_{k,d-1}) - (\bar{\rho}_{k,d} - \bar{\rho}_{k,d-1}),$$
$$m = m'|_{k \to k-1},$$
$$y_d = \rho_{k,d} - \rho_{k-1,d} - \rho_{k,d-1} + \rho_{k-1,d-1} \quad (2 \leq d \leq n+1).$$

[*1] T_l の発展方程式としては, 局所変数が従う組合せ R の区分線形関係式 (2.72) がある.

ここで (7.61) を用いた．一方，b の空きスペースの数 $y_1 (= 0, 1)$ は

$$y_1 = 1 + \bar{\rho}_{k,d} - \bar{\rho}_{k-1,d} - \rho_{k,d} + \rho_{k-1,d} \quad (2 \leq d \leq n+1) \quad (7.65)$$

となる事を，d についての帰納法で $d = n+1, n, \ldots, 2$ の順に示す．目標の式 (7.64) はそれと同時に示される．まず $d = n+1$ のとき，(7.65) は (7.61) の $x_{k,1}$ に等しいので成り立つ．$d = d$ で (7.65) を仮定すると (7.63) の第 2 式は (7.64) に他ならない．K_d の後，新たな空きスペース y_1' は (7.63) の第 1 式から $1 + \bar{\rho}_{k,d-1} - \bar{\rho}_{k-1,d-1} - \rho_{k,d-1} + \rho_{k-1,d-1}$ となる．これは (7.65) で d を $d-1$ としたものに等しいので，帰納法が働く． ■

定理 6.3 と定理 7.27 により，超離散タウ関数 $\tau_{k,d}$ と「箱玉 CTM」$\rho_{k,d}$ は共に同じ発展方程式，即ち超離散広田・三輪方程式を満たす[*1)．また，$\tau = \rho$ のもとに (6.10) と (7.61) は同じ式になる．実際，境界条件の一致を確かめる事により次の定理が得られる．

定理 7.28 ([59] Th. 7.4) 任意の状態 $p \in B_1^{\otimes L}$ について，その拡張 rigged configuration に付随する超離散タウ関数 $\tau_{k,d}$ と「箱玉 CTM」$\rho_{k,d}$ は一致する．

$$\tau_{k,d} = \rho_{k,d} \quad (0 \leq k \leq L, 1 \leq d \leq n+1). \quad (7.66)$$

本節の知見をこれまでのものと対比してまとめておこう．

	Bethe 根	角転送行列
組合せ論的類似	rigged configuration	$\rho_{k,d}$
箱玉系での役割	作用・角変数	タウ関数
時間発展	線形	双線形[*2)]

7.9 様々なソリトン・セルオートマトン

量子群に関連した箱玉系の一般化を幾つか紹介しておく．本節は「お話」に過ぎず，未定義事項や曖昧な記述を含むので，読み飛ばして差支えない．

[*1)] 定理 6.3 では $\forall l_k = 1$ の場合とする．従って (6.6) で $\lambda = (1^k)$ としたものである．
[*2)] 正確には超離散化された双線形方程式に従うという意味．

7.9.1 状態と時間発展の一般化

これまで状態は $B_1^{\otimes L}$ の元としたが，$B_{l_1} \otimes B_{l_2} \otimes \cdots \otimes B_{l_L}$ にしても様相は本質的に変わらない．箱と玉の配置としては，例えば

$$B_2 \otimes B_3 \otimes B_1 \otimes \cdots \ni \boxed{24} \otimes \boxed{133} \otimes \boxed{2} \otimes \cdots \longleftrightarrow \boxed{24} \; \boxed{33} \; \boxed{2} \cdots$$

の様に，箱の容量が $l_1, l_2, \ldots$ と解釈すればよい．振幅 m のソリトンがランクが 1 小さい $U_q(\widehat{sl}_n)$ の crystal B_m でラベルされ，散乱での内部自由度の組み換えは組合せ R で与えられる事は $\forall l_i = 1$ の場合と同じである．

例 7.29

```
14·3·123·111·24·1·1·111·11·1·1111·1111·11111·11111·111·1111
11·1·114·233·11·4·2·111·11·1·1111·1111·11111·11111·111·1111
11·1·111·111·34·3·5·1·224·11·1·1111·1111·11111·11111·111·1111
11·1·111·111·11·1·4·113·34·2·1112·1111·11111·11111·111·1111
11·1·111·111·111·111·11·14·13·1·1234·1112·11111·11111·111·1111
11·1·111·111·111·11·111·14·3·1114·1223·11111·11111·111·1111
11·1·111·111·111·111·11·1134·1234·11112·11111·111·1111
11·1·111·111·111·11·111·1111·2334·11114·11112·111·1111
11·1·111·111·111·11·111·1111·1134·11123·11114·112·1111
11·1·111·111·111·11·111·1111·1111·12334·11111·114·1112
```

$\boxed{123}$ を 123，$\otimes$ を · などと書いた．箱の容量が非一様なので，見かけはガクガクしているが，ソリトンの散乱は以下の様に記述される．

$$\boxed{1223} \otimes \boxed{13} \mapsto \boxed{23} \otimes \boxed{1123} \mapsto \boxed{1223} \otimes \boxed{13}$$

新しい様相として，ソリトンの速さは振幅と箱の容量との兼ね合いで決まる [25]．後半では小さいソリトンが大きいソリトンを抜き返して元に戻っている．

$B_{l_1} \otimes \cdots \otimes B_{l_L}$ 上の箱玉系でも逆散乱法や完全な N ソリトン解が得られており，$\forall l_i = 1$ の場合と同様である [55, 59]．KKR 全単射は 5 章で記述したものが適用できる．超離散広田・三輪方程式 (7.64) は，最後の -1 を $-l_k$ の置き換えたものが成り立ち，(6.12) と一致する．定理 7.28 もそのまま成立する．

状態と時間発展の一般性を最も徹底させたものは，$B = B^{k_1,l_1} \otimes \cdots \otimes B^{k_L,l_L}$ の

元を状態とし,「空の運搬車」$u_{k,l} \in B^{k,l}$ (2.58) を同型 $B^{k,l} \otimes B \simeq B \otimes B^{k,l}$ により状態の左端から右に送る操作を時間発展 $T_l^{(k)}$ とする系である.$\forall l_i = 1, k_i = k$ の場合は [96] で扱われている.

KKR 全単射にも $B^{k_1,l_1} \otimes \cdots \otimes B^{k_L,l_L}$ に対応する拡張版 [52, 71] が知られている.それを用いると,適当な境界条件を満たす状態に対し,これまでと同様に逆散乱法が定式化でき,$T_l^{(k)}$ はカラー k の rigging の線形な運動に変換される ([55, Prop. 2.6] 参照).この様な系では,configuration が作用変数 (保存量),rigging が角変数 (線形な流れ) と識別できる.

7.9.2 他のアフィン Lie 環への拡張

n 色箱玉系は $U_q(\widehat{sl}_{n+1})$ の crystal に付随していた.$A_n^{(1)} = \widehat{sl}_{n+1}$ を他のアフィン Lie 環に置き換える事により,可積分なセルオートマトンを系統的に構成できる [28].特に非例外型系列 $B_n^{(1)}, C_n^{(1)}, D_n^{(1)}, A_n^{(2)}, D_n^{(2)}$ の場合は,対生成・消滅する**粒子・反粒子系**として記述でき,ソリトンとその散乱規則が決定されている [26].結果は 7.2–7.5 節と同様である.箱玉系は反粒子の無いセクターと同定される.

例 7.30 $D_4^{(1)}$ の場合.振幅 6 と 3 のソリトンの散乱の例.$\bar{a}$ は粒子 $a\,(a \neq 1)$ の反粒子である.1 は真空,$\bar{1}$ は粒子と反粒子の束縛状態と解釈される.散乱の前後でペア $3, \bar{3}$ が $4, \bar{4}$ に変化している.

```
111\bar{3}\bar{3}432211111\bar{2}\bar{2}41111111111111111111111111111111
1111111111\bar{3}\bar{3}432211\bar{2}\bar{2}41111111111111111111111111111
111111111111111\bar{3}\bar{3}43\bar{2}1\bar{2}411111111111111111111111111
111111111111111111111\bar{3}4\bar{1}\bar{1}4\bar{4}\bar{4}111111111111111111
11111111111111111111111111422\bar{2}\bar{2}3\bar{4}\bar{4}\bar{4}11111111111111
11111111111111111111111111114221111\bar{2}\bar{2}3\bar{4}\bar{4}\bar{4}111111111
111111111111111111111111111111114221111111\bar{2}\bar{2}3\bar{4}\bar{4}\bar{4}11
```

KKR 全単射の非例外型アフィン Lie 環への拡張は [69, 73] に与えられている.この他に,超対称 Lie 環に付随する系 [30] や箱玉系の量子化 [34] 等も扱われている.

7.9.3 反射壁のあるソリトン・セルオートマトン

境界における可積分性は**反射方程式 (境界 Yang-Baxter 方程式)**

$$KR^\vee KR = R^{\vee\vee} KR^\vee K$$

として表現される．$R(R^{\vee,\vee})$ は右向き (左向き) に進むソリトン同志の散乱，$R^\vee$ は右向きと左向きのソリトンの散乱，K はソリトンの反射則を表す．反射方程式は，下図の様に，二つのソリトンが境界で交互に衝突と反射をする際に，終状態のソリトンがその順序に依らない事を表す．

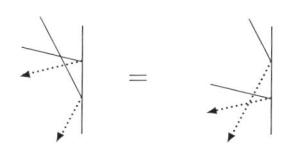

局所状態を $U_q(\widehat{sl}_{n+1})$ の crystal $B^{1,1} \otimes B^{n,1}$ (2.4.2 項の記号) にとると，反射方程式を満たす**組合せ K** が存在する．組合せ R と組合せ K を用いて時間発展を上手くデザインすると，この様な系が実現される [57]．

例 7.31 $B^{1,1} \otimes B^{n,1}$ の元を $\alpha\bar{\beta}$ で表す ($\alpha, \beta = 1, \ldots, n+1$)．記号 .. は「真空」$1 \otimes \overline{n+1}$ を表す．以下は $n = 5$ の例．反射方程式の成立を視察しよう．

```
.. 5̄6 4̄6 3̄6 3̄6 2̄6 ..    .. 5̄6 4̄6 2̄6 ..    .. .. .. .. .. ..
.. .. .. 5̄6 4̄6 3̄6 3̄6 .. 5̄6 4̄6 2̄6 .. .. .. .. ..
.. .. .. .. .. 5̄6 4̄6 3̄6 .. 5̄6 4̄6 3̄6 2̄6 2̄6 .. ..
.. .. .. .. .. .. .. 5̄6 4̄6 3̄6 .. .. 5̄6 4̄2 2̄3 ..
.. .. .. .. .. .. .. .. 5̄2 4̄2 2̄3 1̄4 1̄5 .. ..
.. .. .. .. .. 1̄2 1̄2 1̄3 1̄3 1̄4 .. .. 4̄6 3̄6 2̄6 ..
.. .. .. .. 1̄2 1̄2 1̄3 1̄3 1̄4 .. .. .. .. 1̄2 4̄3 ..
.. 1̄2 1̄2 1̄3 1̄3 1̄4 .. .. .. .. .. 1̄2 1̄3 1̄5 .. ..
```

反射と散乱の順序が逆でも終状態のソリトンは同じである．

```
..  5̄6̄ 4̄6̄ 3̄6̄ 3̄6̄ 2̄6̄  ..           ..                              5̄6̄ 4̄6̄ 2̄6̄  ..  ..
..  ..  5̄6̄ 4̄6̄ 3̄6̄ 3̄6̄ 2̄6̄  ..                                  ..  5̄6̄ 4̄6̄ 2̄6̄
..  ..  ..  5̄6̄ 4̄6̄ 3̄6̄ 3̄6̄ 2̄6̄                              ..  ..  1̄3 1̄4 15
..  ..  ..  ..  5̄6̄ 4̄2̄ 3̄4̄ 2̄5 2̄6̄
..  ..  ..  ..  1̄2̄ 1̄3 1̄4  ..                 ..  1̄2̄ 4̄2̄ 23
..  ..  ..  1̄2̄ 1̄3 1̄4  ..  1̄2̄ 1̄2̄ 1̄3 1̄3 15
..  ..  1̄2̄ 1̄2̄ 1̄3 1̄3 1̄4  ..  1̄2̄ 1̄3 15
..  1̄2̄ 1̄2̄ 1̄3 1̄3 1̄4  ..         1̄2̄ 1̄3 15
```

7.9.4 組合せ論的 Yang 系

$l_1, \ldots, l_L$ を正整数とし $\widetilde{B} = \cup_{\rho \in \mathfrak{S}_L} B^\rho$, $B^\rho = B_{l_{\rho(1)}} \otimes \cdots \otimes B_{l_{\rho(L)}}$ とおく. ここで $\mathfrak{S}_L$ は L 次対称群である. 各 B^ρ には $\langle S_0, \ldots, S_n, \sigma \rangle$ が拡大アフィン Weyl 群 $\widetilde{W}(\widehat{sl}_{n+1})$ (2.5.4 項) として作用する.

一方 B^ρ の左から k 番目と $(k+1)$ 番目の成分に作用する組合せ R を R_k ($k = 1, \ldots, L-1$) と書こう. また P を成分の巡回シフト, 即ち $B^\rho = B_{\mathrm{left}} \otimes B_{l_{\rho(L)}} \ni p_{\mathrm{left}} \otimes b$ に対して $P(p_{\mathrm{left}} \otimes b) = b \otimes p_{\mathrm{left}}$ と定める. $R_0 := P^{-1} R_1 P$ を導入し R_k の添え字を $k \in \mathbb{Z}_L$ と見なすと $\langle R_0, \ldots, R_{L-1}, P^{-1} \rangle$ も拡大アフィン Weyl 群 $\widetilde{W}(\widehat{sl}_L)$ の定義関係式 (2.77) を満たす事は容易に確認できる.

以上から $\widetilde{B}$ には $\widetilde{W}(\widehat{sl}_{n+1})$ と $\widetilde{W}(\widehat{sl}_L)$ という二つの拡大アフィン Weyl 群が働くが, これらは互いに可換である. 実際 $R_1, \ldots, R_{L-1}$ は crystal の同型なので S_a のみならず柏原作用素とさえ可換である. 一方 P は同型ではないが (2.17) によりやはり S_a と可換である. 他の可換性も容易に確認できる. 一方の拡大アフィン Weyl 群の平行移動部分群を時間発展と見なすと, もう一方の拡大アフィン Weyl 群はそれと可換な状態の変換, 即ち Bäcklund 変換の役をはたす[*1].

(1) $\widetilde{W}(\widehat{sl}_{n+1})$ の平行移動から時間発展がつくられる系

平行移動は $\mathcal{T}_a := \sigma S_{a+1} S_{a+2} \cdots S_{a+n}$ ($a \in \mathbb{Z}_{n+1}$) で生成され,

$$\mathcal{T}_a \mathcal{T}_b = \mathcal{T}_b \mathcal{T}_a, \qquad \mathcal{T}_0 \mathcal{T}_1 \cdots \mathcal{T}_n = \mathrm{id} \qquad (7.67)$$

の関係を満たす. 7.2.2 項によると, 各 S_a はゲージ変換を度外視すれば特定

[*1] 幾何 crystal における同様の設定 [41] の超離散化に相当する.

の色の玉をアーク則によって移動する操作を表していた．今の場合遠方で「空箱」と限らないので，この移動は周期境界条件の下に行なわれる．命題 8.2 (3) と (2.81) 参照．この様にして $\mathcal{T}_a$ は非一様パスの集合 B^ρ 上の周期的 $\widehat{sl}_{n+1}$ 箱玉系の T_∞ の一般化に相当する[*1)]．

(2) $\widetilde{W}(\widehat{sl}_L)$ の平行移動から時間発展がつくられる系

平行移動の生成元として

$$\mathcal{Y}_k := R_{k-1} \cdots R_2 R_1 P R_{L-1} \cdots R_{k+1} R_k \quad (1 \leq k \leq L) \tag{7.68}$$

をとると，これらは各 B^ρ に働き，$\mathcal{T}_a$ と同様の関係式

$$\mathcal{Y}_k \mathcal{Y}_j = \mathcal{Y}_j \mathcal{Y}_i, \qquad \mathcal{Y}_1 \mathcal{Y}_2 \cdots \mathcal{Y}_L = \mathrm{id}. \tag{7.69}$$

を満たす．実際，組合せ R の Yang-Baxter 方程式と反転関係式 (2.64) は Weyl 群の定義関係式と見立てられ，P と併せて (7.69) が従うという事実は (7.67) と同様であり，容易に確かめられる．特に $L = 2$ では右の関係は反転関係式に他ならない．

各 crystal B_{l_i} を「粒子」と見なすと，$\mathcal{Y}_k$ は k 番目の粒子が他の粒子を追い越して右に進み，周回遅れにする過程 (例 7.32 参照) として図示される．この様な周回運動が関係式 (7.69) を満たす事は，C. N. Yang [99] により指摘された因子化散乱系の性質の組合せ論的類似になっている．その意味で (2) の系を**組合せ論的 Yang 系** (combinatorial Yang's system) と呼ぼう．

以上 (1), (2) の設定は B_{l_i} を B^{k_i, l_i} に，σ を pr^{-1} (2.4.2 項) に置き換えても通用する．また他のアフィン Lie 環 $\hat{\mathfrak{g}}$ の crystal に置き換える事も可能であり，$\widetilde{W}(\hat{\mathfrak{g}})$ と $\widetilde{W}(\widehat{sl}_L)$ が可換に働く．$\hat{\mathfrak{g}}$ は内部自由度を，$\widehat{sl}_L$ は長さ L の系に周期境界条件を課す事を表す．要約すると，非一様周期的箱玉系 (1) と組合せ論的 Yang 系 (2) は互いに可換な流れをなし，それぞれ $\widetilde{W}(\widehat{sl}_L)$ 対称性と $\widetilde{W}(\hat{\mathfrak{g}})$ 対称性を持つ．

例 7.32 $B^\rho = B_4 \otimes B_3 \otimes B_2 \otimes B_1$ とし，Yang の時間発展を列記する．

[*1)] 次章の「周期箱玉系」は，最も簡単な $n = 1, \forall l_i = 1$ の場合に，より細かい時間発展 $\{T_l\}_{l \geq 1}$ を入れた系を指す．

	$\mathcal{Y}_1^t(p)$	$\mathcal{Y}_3^t(p)$	$\mathcal{Y}_4^t(p)$
$t=0$	$1134\cdot234\cdot24\cdot1$	$1134\cdot234\cdot24\cdot1$	$1134\cdot234\cdot24\cdot1$
$t=1$	$1224\cdot113\cdot34\cdot4$	$1112\cdot334\cdot24\cdot4$	$1114\cdot233\cdot44\cdot2$
$t=2$	$1144\cdot224\cdot13\cdot3$	$1244\cdot114\cdot33\cdot2$	$1112\cdot334\cdot24\cdot4$
$t=3$	$1334\cdot114\cdot24\cdot2$	$1223\cdot444\cdot11\cdot3$	$1124\cdot134\cdot23\cdot4$
$t=4$	$2244\cdot334\cdot11\cdot1$	$1233\cdot124\cdot44\cdot1$	$1244\cdot114\cdot33\cdot2$
$t=5$	$1113\cdot224\cdot44\cdot3$	$1334\cdot112\cdot24\cdot4$	$1224\cdot144\cdot13\cdot3$

略記の仕方は例 7.29 と同様である．例えば $\mathcal{Y}_3(p) \mapsto \mathcal{Y}_3^2(p)$ は次の図による．

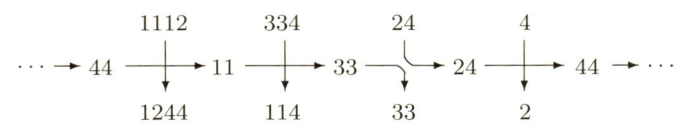

```
           1112      334       24        4
  ··· → 44 ───→ 11 ───→ 33 ─┐→ 24 ───→ 44 → ···
           │         │        │          │
           ↓         ↓        ↓          ↓
          1244      114      33          2
```

第8章

周期箱玉系

周期境界条件を課すと,箱玉系は一層興味深い有限系となる.組合せ Bethe 仮説による解析から,Abel-Jacobi 写像,Liouville-Arnold の定理,不変トーラス,Riemann テータ関数といった古典解析・可積分系の華ともいうべき構造の組合せ論版が見えてくる.

8.1 状態と時間発展

本章では専ら $U_q(\widehat{sl}_2)$ の場合を扱う.crystal $B_1, B_2, \ldots$ は集合としては $B_1 = \{\boxed{1}, \boxed{2}\}$, $B_2 = \{\boxed{11}, \boxed{12}, \boxed{22}\}$ 等であった.以下 $B_1 = \{1, 2\}$, $B_2 = \{11, 12, 22\}$ 等と略記する.$B_1^{\otimes L}$ の元をパスと呼び,$b_1 \otimes \cdots \otimes b_L$ を 1 と 2 からなる数列 $p = b_1 \cdots b_L$ として表示する.また p の**ウェイト**を $\mathrm{wt}(p) = (1 \text{ の個数}) - (2 \text{ の個数})$ と同一視する.次の集合を導入する[*1].

$$\mathcal{P} = \{b_1 \cdots b_L \in B_1^{\otimes L} \mid \mathrm{wt}(b_1 \cdots b_L) \geq 0\}, \tag{8.1}$$

$$\mathcal{P}_+ = \{b_1 \cdots b_L \in B_1^{\otimes L} \mid \mathrm{wt}(b_1 \cdots b_k) \geq 0 \ (1 \leq k \leq L)\}. \tag{8.2}$$

$\mathcal{P}_+$ の元を **highest パス**という.$1 \in B_1$ を空箱,$2 \in B_1$ を玉が一つ入った箱と見なす (7.2 節 $n=1$ の場合と同じ).周期箱玉系は $\mathcal{P}$ 上に可換な時間発展 $T_1, T_2, \ldots$ が導入された離散力学系である.

時間発展 $T_l : \mathcal{P} \to \mathcal{P}$ を定義しよう.組合せ $R : B_l \otimes B_1 \to B_1 \otimes B_l$ を北西から南東へ転送する頂点として図示すると以下の 4 パターンになる.

[*1] 入れ換え $1 \leftrightarrow 2$ の対称性に鑑みて最初からパスのウェイトは非負に限定した.

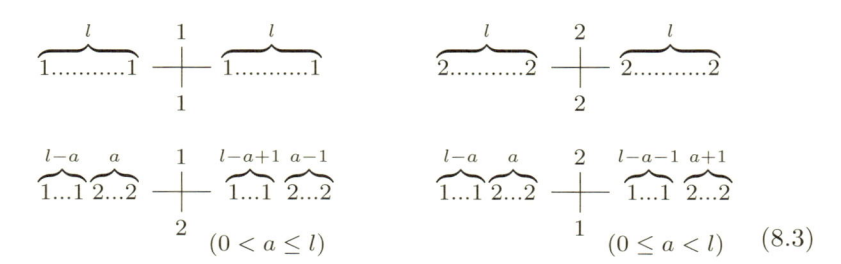

$$\underbrace{1\ldots\ldots\ldots 1}_{l}\,\substack{1\\+\\1}\,\underbrace{1\ldots\ldots\ldots 1}_{l} \qquad\qquad \underbrace{2\ldots\ldots\ldots 2}_{l}\,\substack{2\\+\\2}\,\underbrace{2\ldots\ldots\ldots 2}_{l}$$

$$\underbrace{1\ldots 1}_{l-a}\underbrace{2\ldots 2}_{a}\,\substack{1\\+\\2}\,\underbrace{1\ldots 1}_{l-a+1}\underbrace{2\ldots 2}_{a-1} \qquad \underbrace{1\ldots 1}_{l-a}\underbrace{2\ldots 2}_{a}\,\substack{2\\+\\1}\,\underbrace{1\ldots 1}_{l-a-1}\underbrace{2\ldots 2}_{a+1}$$
$$(0<a\le l) \qquad\qquad\qquad (0\le a<l) \qquad (8.3)$$

組合せ R を合成して写像 $B_l \otimes B_1^{\otimes L} \to B_1^{\otimes L} \otimes B_l$ を作る。

$$\underbrace{1\ldots 1}_{x_1}\underbrace{2\ldots 2}_{x_2}\,\substack{b_1\\+\\b'_1}\,\substack{b_2\\ \\b'_2}\,\cdots\,\substack{b_L\\+\\b'_L}\,\underbrace{1\ldots 1}_{y_1}\underbrace{2\ldots 2}_{y_2} \qquad (8.4)$$

ここで $x_1+x_2 = y_1+y_2 = l$. $p = b_1\cdots b_L$, $p' = b'_1\cdots b'_L$ とおき，これを $x \otimes p \simeq p' \otimes y$ と書こう。p', y は p, x から一意的に決まる。

補題 8.1 任意のパス $p \in \mathcal{P}$ と $l \in \mathbb{Z}_{\ge 1}$ に対し，(8.4) で $y = x$ となる $x \in B_l$ が存在する。その様な x が複数ある場合，p' はその選択に依存しない。

証明 p, l を固定し，$y_2 = y_2(x_2)$ と書く．(8.3) から $y_2(x_2+1) = y_2(x_2)$ または $y_2(x_2+1) = y_2(x_2)+1$ である．後者が起こり得るのは，(8.4) の全ての頂点が (8.3) の下二つの場合であり，$\mathrm{wt}(p) = -\mathrm{wt}(p')$ に限られる．先ず $\mathrm{wt}(p) > 0$ の場合を示す．$c := y_2(0) = \cdots = y_2(a) < y_2(a+1)(= c+1)$ となる $0 \le a < l$ があれば，ウェイト保存 $(l-2a) + \mathrm{wt}(p) = (l-2c) + \mathrm{wt}(p')$ と上の注意から $a - c = \mathrm{wt}(p) > 0$ なので $x_2 = c$ が $y = x$ を満たす唯一の x を与える．その様な a が無いのは $y_2(i) = c(\forall i)$ または $c = l$ なのでやはり $x_2 = c$ が題意の x を与える．次に $\mathrm{wt}(p) = 0$ の場合を示す．先の議論と c を用いると，ある範囲 $c \le x_2 \le c'(\le l)$ で $y_2(x_2) = x_2$ が成り立つ．このとき (8.4) の頂点は全て (8.3) の下二つのパターンに留まるので，$b'_1\cdots b'_L$ は x_2 に依らない． ■

補題 8.1 の x を v_l と書き，p' を p の**時間発展** $T_l(p) \in \mathcal{P}$ と定義する．即ち，
$$v_l \otimes p \simeq T_l(p) \otimes v_l. \qquad (8.5)$$

$v_l \in B_l$ は,補題 8.1 から $u_l \otimes p \simeq p^* \otimes v_l$ により指定してよい,但し $u_l = \boxed{1...1} \in B_l$ (2.48) である.パス p^* は表立った役を果たさない.明らかに T_l はウェイトを保存する.$T_l(b_1 \cdots b_L) = b'_1 \cdots b'_L$ のとき,**行 energy** を

$$E_l(b_1 \cdots b_L) = \Big[(b_i, b'_i) = (2,1) \text{ となる } i \, (1 \le i \le L) \text{ の個数}\Big] \quad (8.6)$$

と定義する.これは図 (8.4) において,(8.3) の右下のパターン (unwinding) の登場回数である.(7.28) 参照のこと.

以上の T_l, E_l は,$\widehat{sl}_2$ 箱玉系[*1)]に周期的境界条件を取り入れた改訂版になっている.玉が左右の端から十分離れているパスでは $v_l = u_l$ となり,以前の定義に帰着する.運搬車 v_l を (8.5) を満たす様に選ぶ所がより複雑であるが,興味深い性質の源となる.7 章と同様にして以下の性質を示すのは易しい.

命題 8.2 ([60])
(1) [巡回シフト] $T_1(b_1 b_2 \cdots b_L) = b_L b_1 \cdots b_{L-1}$. (故に $T_1^L = \mathrm{id}$.)
(2) [可逆性] $T_k^{-1}(p) = \varrho(T_k(\varrho(p)))$. $\varrho(b_1 \ldots b_L) = b_L \cdots b_1$ は順序の逆転.
(3) [アフィン Weyl 群による記述] $T_\infty = \sigma S_0$. 記号は (2.76), (2.15) 参照.
(4) [可換性] $T_l T_k = T_k T_l$.
(5) [保存量] $E_l(T_k(p)) = E_l(p)$.

例 8.3 $L = 13$ のパス p の時間発展 $T_3^t(p)$(左) と $T_2^t(p)$(右) を列記する.

$t=0$	2221111221121	2221111221121
$t=1$	1112221112212	1122211112212
$t=2$	2211122211121	2211222111121
$t=3$	1122111122212	1122112221112
$t=4$	2211122211121	2111221122211
$t=5$	1122111122212	1211112211222
$t=6$	2211222111121	2122111122112
$t=7$	1122111222112	1212221111221
$t=8$	2211221111221	2121122211112
$t=9$	1122112221112	1212211222111

振幅 3, 2, 1 のソリトンが右に進み,周期的に端を廻りこみながら衝突を繰り

[*1)] 7 章で扱ったもの.本章では「無限系」とも呼ぶ.

返している．$T_3^3(p)$ から $T_3^4(p)$ への時間発展は次の様に決定されている．

$$\begin{array}{c}1\\122\\2\end{array}\!+\!\begin{array}{c}1\\112\\2\end{array}\!+\!\begin{array}{c}2\\111\\1\end{array}\!+\!\begin{array}{c}2\\112\\1\end{array}\!+\!\begin{array}{c}2\\122\\1\end{array}\!+\!\begin{array}{c}1\\222\\2\end{array}\!+\!\begin{array}{c}1\\122\\2\end{array}\!+\!\begin{array}{c}1\\112\\2\end{array}\!+\!\begin{array}{c}2\\111\\1\end{array}\!+\!\begin{array}{c}2\\111\\1\end{array}\!+\!\begin{array}{c}2\\112\\1\end{array}\!+\!\begin{array}{c}1\\122\\2\end{array}\!+\!\begin{array}{c}2\\112\\1\end{array}\!+\!\begin{array}{c}\\122\\\end{array}$$

保存量の値は $E_1(p) = 3, E_2(p) = 5, E_3(p) = E_4(p) = \cdots = 6$ である．

本書では $\{T_l\}_{l \geq 1}$ が導入された系 [60] を**周期箱玉系**と呼ぶ．T_∞ を時間発展とする系は [101] において導入された．命題 8.2 (3) は，アーク則 (注意 7.1) を周期的に適用するアルゴリズム [100, 101] と同等である．注意 7.9 も参照のこと．

8.2 作用・角変数

8.2.1 作用変数と等位集合

任意のパス $p \in \mathcal{P}$ は巡回シフトで highest にできる．即ち $p = T_1^d(p_+)$ となる $p_+ \in \mathcal{P}_+$ と $d \in \mathbb{Z}$ がある (証明は初等的)．前章に倣い，p_+ の rigged configuration を用いて p の作用変数 (保存量)，角変数 (線形な時間発展する変数) を定義したい．問題は，与えられた p に対し，(d, p_+) は一意的と限らない点である．異なる表示 $T_1^d(p_+) = T_1^{d'}(p'_+)$ があると，$p_+ = T_1^e(p'_+)$ となり $(0 < e < L)$，長さが $e, L-e$ のパス q, q' により $p_+ = q \otimes q'$, $p'_+ = q' \otimes q$ と表される．highest 性の定義から q, q' も highest となる．幸いにも，この様な p_+ と p'_+ の rigged configuration は，補題 5.15 により同一の configuration を持つ．それは q と q' の configuration (ヤング図) を行の multiset と見なして和をとったものに等しい．以上の考察と定義を次にまとめる．

命題・定義 8.4 パス $p \in \mathcal{P}$ を $p = T_1^d(p_+)$ $(d \in \mathbb{Z}, p_+ \in \mathcal{P}_+)$ と表し，p_+ の rigged configuration を $\phi_*(p_+) = ((1^L), (\mu, J))$ とせよ．このときヤング図 μ は (d, p_+) の選択に依らない．これを $\mu_*(p)$ と書き，p の**作用変数**と呼ぶ．

例 8.5 $L = 19$ のパス $p = 2211221112122111221$ の highest パスによる表示は $p = T_1^2(p_+) = T_1^6(p'_+) = T_1^{13}(p''_+)$ の 3 通りある．ここ

で $p_+ = 1122111212211122122$, $p'_+ = 1112122111221221122$, $p''_+ = 1112212211221112122$. KKR 写像の像は[*1)]

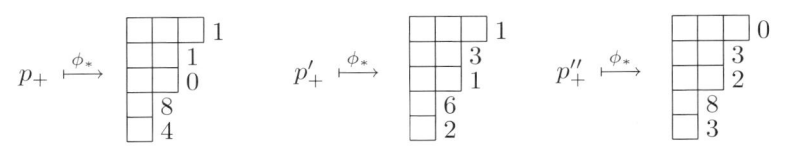

$$p_+ \stackrel{\phi_*}{\longmapsto} \begin{array}{c}1\\1\\0\\8\\4\end{array} \qquad p'_+ \stackrel{\phi_*}{\longmapsto} \begin{array}{c}1\\3\\1\\6\\2\end{array} \qquad p''_+ \stackrel{\phi_*}{\longmapsto} \begin{array}{c}0\\3\\2\\8\\3\end{array}$$

どれも $\mu_*(p) = (3, 2, 2, 1, 1)$ を与える.

命題 8.2 (5) により, パス p に保存量 $E_l(p)$ $(l \geq 1)$ を付随させる事ができていた. これらと作用変数の関係は次で与えられる.

命題 8.6 ([60] Prop. 3.4) パス $p \in \mathcal{P}$ の作用変数を $\mu_*(p) = (k_1, \ldots, k_N)$ とすると $E_l(p) = \sum_{i=1}^N \min(l, k_i)$ が成り立つ.

略証 $E_l(T_1(p)) = E_l(p)$ なので p が highest の場合に示せば十分である. 一般に周期箱玉系の $E_l(p)$ (8.6) と無限系の $E_l(p)$ (7.28) は, p が highest であれば一致する [60, Lem. B.1]. よって後者での結果 (7.52) に帰着する. ■

命題 8.6 と命題 8.2 (5) により, 作用変数は行 energy $\{E_l\}$ と同等な保存量となった. $E_l(p)$ はヤング図 $\mu_*(p)$ の第 1〜l 列にある升目の総数に等しい. これらは無限系の場合 (7.35)–(7.36) と同様である. 命題 8.6 は, string とソリトンに起源を持つ二つのヤング図が一致するという主張であり, **ソリトン/string 対応** ((7.52) 辺り) の周期系版である. $\mu_*(p) = (k_1, \ldots, k_N)$ は string の長さのリストであると同時にソリトンの振幅のリストでもあり, $|\mu_*(p)| (\leq L/2)$ は玉の総数である.

作用変数 (保存量) の値 μ で特徴付けられるパスの集合を

$$\mathcal{P}(\mu) = \{p \in \mathcal{P} \mid \mu_*(p) = \mu\} \tag{8.7}$$

と定義し, **等位集合**と名付ける. 時間発展 $\{T_l\}$ は各等位集合に作用する. 例としては (1.28) を見られたい.

[*1)] 今後, 本章では断らない限り型 (1^L) は略す.

5.5.3 項では，highest と限らないパスにも KKR 写像が自然に拡張される事を注意した．何故それを使わずに，ここではわざわざ巡回シフト T_1 で highest 化した後に「元々の」KKR 写像を適用するのか？　例として，highest でないパス $p = 2211112$ の表示 $p = T_1^2(p_+)$ を考える．$p_+ = 1111222$ は highest である．p に拡張された KKR 写像を，p_+ に元々の KKR 写像を適用してみると，得られる configuration は次のとおり．

$$p \text{ の configuration} = \begin{array}{c}\square\square\\\square\end{array} \qquad p_+ \text{ の configuration} = \square\square\square$$

周期系として正しい p のソリトンの振幅のリストは右側であり，これが $\mu_*(p)$ である．左側は p を無限系に $\ldots 11p11\ldots$ と埋め込んだ場合のリストになってしまう．この様に，highest 化は，端を回り込んでいるソリトンを正しく計測するための処方として機能する．E_l でも，(8.5) の v_l が一般には空箱 u_l でない効果が同様の働きをする．

8.2.2　角変数と時間発展

例 8.5 を観察しよう．無限系では T_1 は全ての rigging を一斉に 1 増やす操作であった ((7.45) で $n=1$)．仮にここでもそれを適用するなら p の「rigged configuration の周期系版」として次の三つは同一視されるべきである．

$$(8.8)$$

後の便宜上，長さ j の行の**ブロック**の左に vacancy p_j の値 1, 3, 9 を付記した．角変数は，rigging をこの様な関係で同一視する事により得られる．

正確な定式化に必要な準備をしよう．等位集合 $\mathcal{P}(\mu)$ を指定するヤング図 μ の相異なる行の長さを $i_1 < \cdots < i_g$，長さ i_j の行は m_{i_j} 個あるとする．即ち $\mu = (i_g^{m_{i_g}}, \ldots, i_1^{m_{i_1}})$．次の記号を導入する．

$$\mathcal{I} = \{i_1, \ldots, i_g\}, \qquad p_j = L - 2\sum_{i \in \mathcal{I}} \min(j, i) m_i. \tag{8.9}$$

p_j は **vacancy** $p_j^{(1)}$ (5.3) であり，$p_1 \geq p_2 \geq \cdots \geq p_\infty = L - 2|\mu| \geq 0$ である．rigged configuration (μ, J) は以下の様なデータであった．

$$p_i \; \longleftarrow i \longrightarrow \; \begin{matrix} J_{i,m_i} \\ \vdots \\ J_{i,1} \end{matrix} \qquad \begin{matrix} \text{長さ } i \text{ の行のブロック付近の様子 } (i \in \mathcal{I}) \\ J = (J_{i,\alpha}) \\ 0 \leq J_{i,1} \leq \cdots \leq J_{i,m_i} \leq p_i \end{matrix} \tag{8.10}$$

各 i について，整数列 $J_{i,1}, J_{i,2}, \ldots, J_{i,m_i}$ を**準周期性**

$$J_{i,\alpha+m_i} = J_{i,\alpha} + p_i \quad (\alpha \in \mathbb{Z}) \tag{8.11}$$

により $\alpha \in \mathbb{Z}$ に延長する．これを $\mathbf{J} = (J_{i,\alpha})_{(i\alpha) \in \mathcal{I} \times \mathbb{Z}}$ と書き[*1)]，rigging J の**準周期的延長**または**準周期列**と呼ぶ．$\mathbf{J}$ の成す集合は，ブロックごとの積集合

$$\tilde{\mathcal{J}}(\mu) = \prod_{i \in \mathcal{I}} \tilde{\Lambda}(m_i, p_i),$$
$$\tilde{\Lambda}(m, p) = \{(\lambda_\alpha)_{\alpha \in \mathbb{Z}} \mid \lambda_\alpha \in \mathbb{Z}, \lambda_\alpha \leq \lambda_{\alpha+1}, \lambda_{\alpha+m} = \lambda_\alpha + p \; (\forall \alpha)\} \tag{8.12}$$

になる．$\tilde{\mathcal{J}}(\mu)$ の元も，延長前の rigged configuration と同じく (8.10) の様に表記できる．違いは，$J_{i,\alpha}$ が α の表示範囲外でも準周期的に定まっていると了解するだけの事である．

$\tilde{\mathcal{J}}(\mu)$ に同値関係を入れよう．$k \in \mathcal{I}$ に対し，写像 σ_k を次で定義する．

$$\sigma_k : \tilde{\mathcal{J}}(\mu) \to \tilde{\mathcal{J}}(\mu); \quad (J_{i,\alpha}) \mapsto (J_{i,\alpha+\delta_{ik}} + 2\min(i,k)). \tag{8.13}$$

$\sigma_{i_1}, \ldots, \sigma_{i_g}$ のなす可換な乗法群を $\mathcal{A}$ とし，その作用による同値類の集合

$$\mathcal{J}(\mu) = \tilde{\mathcal{J}}(\mu)/\mathcal{A} \tag{8.14}$$

を導入する．$\mathbf{J} \in \tilde{\mathcal{J}}(\mu)$ の $\mathcal{J}(\mu)$ への像も $\mathbf{J}$ と書くが，同値類である事を強調したい場合は $[\mathbf{J}]$ とも書く．集合 $\mathcal{J}(\mu)$ の元を**角変数**と呼ぶ．

角変数も rigged configuration の様に表記できるが，そのし方は無限にあり，

[*1)] スペースの都合上，(i,α) を $(i\alpha)$ と書いた．以後 $(i\alpha) \in \mathcal{I} \times \mathbb{Z}$ という添え書き自体も適宜略す．

(8.8) の様に同一視がついてまわる．特に rigging は (8.10) の範囲に収まる必然性が無くなる．(8.8) の左側の角変数を $[\mathbf{J}]$ とすると，まん中と右側はそれぞれ $[\sigma_2(\mathbf{J})]$, $[\sigma_1\sigma_2^2(\mathbf{J})]$ である事を確認されたい．

時間発展 $T_l\,(l \geq 1)$ を

$$T_l : \tilde{\mathcal{J}}(\mu) \to \tilde{\mathcal{J}}(\mu); \quad (J_{i,\alpha}) \mapsto (J_{i,\alpha} + \min(i,l)) \tag{8.15}$$

により導入し，これが $\mathcal{J}(\mu)$ に引き起こす作用も T_l と書く．T_l は線形であり，可換である．特に $T_1^d(\mathbf{J}) = \mathbf{J}+d$ 等と略記する．読者は $\prod_{i \in \mathcal{I}} \sigma_i^{m_i}(\mathbf{J}) = \mathbf{J}+L \in \tilde{\mathcal{J}}(\mu)$ を是非確認されたい．これは角変数が T_1^L で不変である事を意味し，命題 8.2 (1) に対応する事になる．

8.3　線形化と初期値問題の解

等位集合の元に角変数を割り当てよう．即ち順散乱写像 $\Phi : \mathcal{P}(\mu) \to \mathcal{J}(\mu)$ を作る．$\mathcal{P}(\mu)$ の部分集合 $\mathcal{P}_+(\mu) = \{p \in \mathcal{P}(\mu) \mid p : \text{highest}\}$ を導入し，以下のスキームを考える．

$$\begin{array}{ccccccc}
\Phi : & \mathcal{P}(\mu) & \longrightarrow & \mathbb{Z} \times \mathcal{P}_+(\mu) & \longrightarrow & \tilde{\mathcal{J}}(\mu) & \longrightarrow & \mathcal{J}(\mu) \\
& p & \longmapsto & (d, p_+) & \longmapsto & \mathbf{J}+d & \longmapsto & [\mathbf{J}+d].
\end{array} \tag{8.16}$$

先ず $p = T_1^d(p_+)$ となる (d, p_+) を一つ選ぶ．次に rigged configuration $\phi_*(p_+)$ の rigging を準周期的に延長して $\mathbf{J}$ を作り，d だけずらす．最後に $\mathcal{A}$ による同一視をする．Φ が意味を持つには (d, p_+) の非一意性が，最後の同一視により相殺されねばならない．(8.8) はそうなっていた．本章の主定理を述べよう．

定理 8.7（[60]）Φ は well-defined，全単射であり，次の可換図が成り立つ．

$$\begin{array}{ccc}
\mathcal{P}(\mu) & \xrightarrow{\Phi} & \mathcal{J}(\mu) \\
T_l \downarrow & & \downarrow T_l \\
\mathcal{P}(\mu) & \xrightarrow{\Phi} & \mathcal{J}(\mu)
\end{array} \tag{8.17}$$

ここで左側の T_l は (8.5)，右側の T_l は (8.15) の下で定義された時間発展で

ある．

証明は補題 5.15 等を用いた初等的なものだが，手間がかかるので省く．

定理 8.7 により $\mathcal{P}(\mu)$ 上の非線形な時間発展は $\mathcal{J}(\mu)$ 上の**等速直線運動**に変換される．これはソリトン方程式の**準周期解** [10, 16, 90] に特徴的な様相である．そこでは **Abel-Jacobi 写像**によりスペクトル曲線の **Jacobi 多様体**上で時間発展が線形化される．今の設定では，周期系に適合化された KKR 写像 Φ が Abel-Jacobi 写像の，角変数の集合 $\mathcal{J}(\mu)$ が Jacobi 多様体の役割をする．8.7 節では Φ^{-1} を**超離散 Riemann テータ関数**で明示する．これは **Jacobi の逆問題**の解の超離散類似を与える．

周期箱玉系の初期値問題の完全な解は，定理 8.7 により可換図 (8.17) を $T_l^{\mathcal{N}} = \Phi^{-1} \circ T_l^{\mathcal{N}} \circ \Phi$ と辿る事により初めて得られた．$T_1, T_2, \ldots$ の多様性は速度ベクトルに反映される．なお，(8.15) から，$l \geq \max \mathcal{I}$ ならば $T_l = T_\infty$ が成り立つ．

例 8.8 Φ^{-1} の求め方の説明を兼ねて，例 8.5 のパス p の時間発展

$$T_2^{1000}(p) = 1211221112122211221, \quad T_3^{1000}(p) = 2112221211221112112 \tag{8.18}$$

を導こう．p の角変数は (8.8) で求められていた．左端の表示を用いると

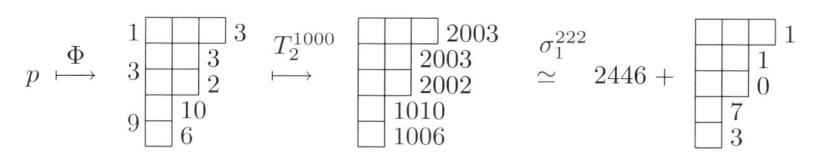

$$p \xmapsto{\Phi} \begin{array}{c}\boxed{}13 \\ 3\boxed{}3 \\ 2 \\ 910 \\ 6\end{array} \xmapsto{T_2^{1000}} \begin{array}{c}\boxed{}2003 \\ 2003 \\ 2002 \\ 1010 \\ 1006\end{array} \xrightarrow{\sigma_1^{222}} 2446 + \begin{array}{c}\boxed{}1 \\ 10 \\ 0 \\ 7 \\ 3\end{array}$$

最初以外は vacancy 1, 3, 9 を略した．最右辺の角変数で，rigged configuration は highest パス $p' = 1122112112211121222$ に対応する．故に Φ^{-1} の像は $T_1^{2446}(p') = T_1^{14}(p')$ であり，(8.18) の $T_2^{1000}(p)$ を再現する．同様に，

$$T_3^{1000}\Phi(p) = \begin{array}{c}\boxed{}3003 \\ 2003 \\ 2002 \\ 1010 \\ 1006\end{array} \xrightarrow{\sigma_1^{740}\sigma_2^{667}} 7150 + \begin{array}{c}\boxed{}1 \\ 20 \\ 0 \\ 4 \\ 0\end{array}$$

最後の rigged configuration に対応する highest パスは $p'' = 12112211121122$ 11222 である．故に Φ^{-1}(最右辺の角変数) は $T_1^{7150}(p'') = T_1^6(p'')$ となり，(8.18) の $T_3^{1000}(p)$ が導かれる．この様に，Φ^{-1} は，$\mathcal{A}$ の作用により代表元を通常の rigged configuration $+ e$ となる様に整形し，前者を KKR 写像でパスに戻した後に巡回シフト T_1^e をすればよい．これが常に可能かつ結果が一意的である事は定理 8.7 が保証する．

8.4 内部対称性と基本周期

パス p に対し，$T_l^{\mathcal{N}}(p) = p$ を満たす最小の正整数 $\mathcal{N}$ を $\mathcal{N}_l$ と書き，p の T_l に関する**基本周期**という．p の角変数を $[\mathbf{J}] \in \mathcal{J}(\mu)$ $(\mathbf{J} = (J_{i,\alpha})_{(i\alpha)})$ とすると，定理 8.7 により，$T_l^{\mathcal{N}}(p)$ のそれは $[\mathbf{J} + (\mathcal{N} \min(i,l))_{(i\alpha)}]$ である．従って $\mathcal{N}_l$ は

$$\sigma(\mathbf{J}) = \mathbf{J} + (\mathcal{N} \min(i,l))_{(i\alpha)} \in \tilde{\mathcal{J}}(\mu) \tag{8.19}$$

を満たす $\sigma \in \mathcal{A}$ が存在する最小の正整数 $\mathcal{N}$ である．この $\mathcal{N}$ の項は α に依らず，i で指定されるブロックごとに一様なシフトである．一方 $\sigma = \prod_{i \in \mathcal{I}} \sigma_i^{n_i}$ とすると，$\sigma_i^{n_i}$ の作用 (8.13) は一様でない変化 $J_{i,\alpha} \mapsto J_{i,\alpha+n_i}$ を含む．(8.19) を成り立たせるには，一様シフトを度外視しても $\sigma(\mathbf{J})$ の $(i\alpha)$ 成分の α 依存性を $\mathbf{J}$ と同じに保つ必要がある．これは少なくとも準周期性 $J_{i,\alpha+m_i} = J_{i,\alpha} + p_i$ (8.11) のおかげで，n_i を m_i の倍数にとれば達成できる．しかし数列 $\ldots, J_{i,1}, J_{i,2}, \ldots$ がより細かい準周期性を持てば，n_i はより多くの可能性を持つ．

以上の考察により，角変数の「**内部対称性**」をどう定式化すべきか，明らかである．ブロック $i \in \mathcal{I}$ の準周期列 $(J_{i,\alpha})_{\alpha \in \mathbb{Z}}$ について

$$\frac{p_i}{d_i} \in \mathbb{Z}, \quad \frac{m_i}{d_i} \in \mathbb{Z}, \quad J_{i,\alpha + \frac{m_i}{d_i}} = J_{i,\alpha} + \frac{p_i}{d_i} \quad (\forall \alpha \in \mathbb{Z}) \tag{8.20}$$

を満たす最大の正整数 d_i を，**可約度**と呼ぶ．正整数の組 $\mathbf{d} = (d_i)_{i \in \mathcal{I}}$ に対し，

$$\mathcal{J}_{\mathbf{d}}(\mu) = \{\mathbf{J} \in \mathcal{J}(\mu) \mid \mathbf{J} \text{ のブロック } i \text{ の可約度} = d_i \ (\forall i \in \mathcal{I})\}, \tag{8.21}$$

$$\mathcal{P}_{\mathbf{d}}(\mu) = \Phi^{-1}(\mathcal{J}_{\mathbf{d}}(\mu)) \tag{8.22}$$

8.4 内部対称性と基本周期

と定義する. 可換図 (8.17) は自然に $\mathcal{J}_{\mathbf{d}}(\mu), \mathcal{P}_{\mathbf{d}}(\mu)$ に細分化される. $g \times g$ 行列

$$F = (F_{i,j})_{i,j \in \mathcal{I}}, \quad F_{\mathbf{d}} = (F_{i,j}/d_j)_{i,j \in \mathcal{I}}, \quad F_{i,j} = \delta_{ij} p_j + 2\min(i,j) m_j \tag{8.23}$$

を導入する. F は一般には対称行列でない事に注意. $F = [\mathbf{f}_{i_1}, \ldots, \mathbf{f}_{i_g}]$ を F の列ベクトル表示として, 第 k 列だけを入れ換えた行列

$$F[i_k] = [\mathbf{f}_{i_1}, \ldots, \overset{k}{\mathbf{h}_l}, \ldots, \mathbf{f}_{i_g}] \quad (1 \le k \le g), \tag{8.24}$$

$$\mathbf{h}_l = {}^t(\min(i_1, l), \ldots, \min(i_g, l)) \tag{8.25}$$

を導入する. 一般に 0 でない有理数 $a_1, \ldots, a_g$ の最小公倍数を次で定義する.

$$\mathrm{LCM}(a_1, \ldots, a_g) = \min |(\mathbb{Z} \cap a_1 \mathbb{Z} \cap \cdots \cap a_g \mathbb{Z}) \setminus \{0\}|.$$

定理 8.9 ([60]) 任意のパス $p \in \mathcal{P}_{\mathbf{d}}(\mu)$ の T_l についての基本周期は次で与えられる.

$$\mathcal{N}_l = \mathrm{LCM}\left(\frac{\det F}{d_{i_1} \det F[i_1]}, \ldots, \frac{\det F}{d_{i_g} \det F[i_g]}\right). \tag{8.26}$$

証明 $\sigma = \prod_{i \in \mathcal{I}} \sigma_i^{n_i}$ とすると, (8.19) が成り立つ条件は, $s_i := n_i/(m_i/d_i)$ が $\forall s_i \in \mathbb{Z}$ と次を満たす事である.

$$\frac{p_i}{d_i} s_i + 2 \sum_{j \in \mathcal{I}} \min(i,j) \frac{m_j}{d_j} s_j = \mathcal{N} \min(i, l) \quad (i \in \mathcal{I}). \tag{8.27}$$

左辺は σ がブロック i に引き起こす一様シフトの値である. (8.13) 参照のこと. 列ベクトル $\mathbf{s} = {}^t(s_i)_{i \in \mathcal{I}}$ を用いると (8.27) は $F_{\mathbf{d}} \mathbf{s} = \mathcal{N} \mathbf{h}_l$ と書けるので, Cramer 公式から $s_i = \frac{\mathcal{N} d_i \det F[i]}{\det F}$ が従う. (8.26) は $\forall s_i \in \mathbb{Z}$ を満たす最小の正整数 $\mathcal{N}$ である. ∎

$\det F = L p_{i_1} p_{i_2} \cdots p_{i_{g-1}} > 0$ と $\det F[i_k] > 0$ を示すのは易しい. 合成した時間発展 $\prod_j T_j^{\beta_j}$ に関する基本周期は, (8.24) で $\mathbf{h}_l \to \sum_j \beta_j \mathbf{h}_j$ とすればよい[*1]. 後の (8.33) では, 基本周期の最も本質的で簡明な特徴づけを与える. なお, LCM の中は書き換えられる. 詳しくは [60]. $\forall d_i = 1$ の場合の $\mathcal{N}_\infty$ の

[*1] $\det F[i_k] = 0$ となる場合は, 対応する引数を LCM から除外する.

閉じた式は，組合せ論的議論により [100] で得られた．

例 8.10 $L = 26$ のパス (一般性失う事なく highest とした)

$q_1 = 12111122112112211222111221$, $\quad q_2 = 12111221112112211222111221$,

$q_3 = 12111122111221211222111221$, $\quad q_4 = 11212211112211121222112211$

の角変数 $\Phi(q_1), \ldots, \Phi(q_4)$ は左から順に以下の通り．

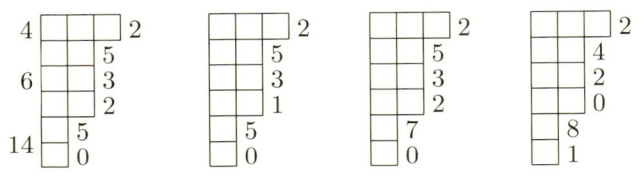

[ヤング図形4つ：
図1: 上段 4□□□ 2, 次 □□□ 5, □□ 3, □ 2, 最下 14□ 5 0
図2: 上段 □□□□ 2, 次 □□□ 5, □□ 3, □ 1, 最下 □ 5 0
図3: 上段 □□□□ 2, 次 □□□ 5, □□ 3, □ 2, 最下 □ 7 0
図4: 上段 □□□□ 2, 次 □□□ 4, □□ 2, □ 0, 最下 □ 8 1]

vacancy は皆同じなので，$\Phi(q_1)$ だけに付記した．$\mathcal{I} = \{1, 2, 3\}$ であり，可約度 $\mathbf{d} = (d_1, d_2, d_3)$ は順に $(1,1,1), (1,3,1), (2,1,1), (2,3,1)$ である．F (8.23) は

$$F = \begin{pmatrix} p_1 + 2m_1 & 2m_2 & 2m_3 \\ 2m_1 & p_2 + 4m_2 & 4m_3 \\ 2m_1 & 4m_2 & p_3 + 6m_3 \end{pmatrix} = \begin{pmatrix} 18 & 6 & 2 \\ 4 & 18 & 4 \\ 4 & 12 & 10 \end{pmatrix}. \quad (8.28)$$

例えば T_3 についての基本周期を求めるには，(8.24) で $l = 3$ として

$$F[1] = \begin{pmatrix} 1 & 6 & 2 \\ 2 & 18 & 4 \\ 3 & 12 & 10 \end{pmatrix}, \quad F[2] = \begin{pmatrix} 18 & 1 & 2 \\ 4 & 2 & 4 \\ 4 & 3 & 10 \end{pmatrix}, \quad F[3] = \begin{pmatrix} 18 & 6 & 1 \\ 4 & 18 & 2 \\ 4 & 12 & 3 \end{pmatrix}$$

から $\mathcal{N}_3 = \text{LCM}\left(\frac{91}{d_1}, \frac{273}{16d_2}, \frac{182}{41d_3}\right)$．$\mathcal{N}_1, \mathcal{N}_2$ も同様に計算すると以下を得る．

	q_1	q_2	q_3	q_4
$\mathcal{N}_1$	26	26	26	26
$\mathcal{N}_2$	182	182	91	91
$\mathcal{N}_3$	546	182	546	182

8.5 トーラスとその多重度

時間発展 $T_l (l \geq 1)$ の成す可換群を $\mathcal{T}$ とする．本節では，パスの仕分け

$$\mathcal{P} \supset \mathcal{P}(\mu) \supseteq \mathcal{P}_{\mathbf{d}}(\mu) \supseteq 連結成分 \qquad (8.29)$$

の最右辺を記述する．パス p の**連結成分**とは集合 $\Sigma(p) := \mathcal{T} \cdot p$，即ち **$\mathcal{T}$-軌道**の事である．定義から $\mathcal{T}$ は各連結成分に推移的に作用する．$\mathbb{T}_{\mathbf{d}}$ を

$$\mathbb{T}_{\mathbf{d}} = \mathbb{Z}^g / F_{\mathbf{d}} \mathbb{Z}^g \qquad (8.30)$$

と定義し，$\mathcal{T}$ が $T_l(\mathbf{r}) = \mathbf{r} + \mathbf{h}_l$ により作用する**トーラス**とする[*1]．

定理 8.11 ([83]) 任意のパス $p \in \mathcal{P}_{\mathbf{d}}(\mu)$ の連結成分 $\Sigma(p)$ に対し，全単射 Φ_χ が存在して次の可換図が成り立つ．

$$\begin{array}{ccc} \Sigma(p) & \xrightarrow{\Phi_\chi} & \mathbb{T}_{\mathbf{d}} \\ \mathcal{T} \downarrow & & \downarrow \mathcal{T} \\ \Sigma(p) & \xrightarrow{\Phi_\chi} & \mathbb{T}_{\mathbf{d}} \end{array} \qquad (8.31)$$

略証 角変数 $\mathbf{J} = (J_{i,\alpha})$ を

$$(J_{i,\alpha}) = (r_i + \lambda_{i,\alpha}), \quad r_i = J_{i,1},\ \lambda_{i,\alpha} = J_{i,\alpha} - J_{i,1} \qquad (8.32)$$

と分ける．$\mathcal{T}$ は $\lambda_{i,\alpha}$ を不変に保つので，r_i のみで記述される．これを組 $\mathbf{r} = {}^t(r_{i_1}, \ldots, r_{i_g})$ にして**簡約角変数**と呼ぼう．$\mathcal{A}$ による $\mathbf{J}$ の同一視を $\mathbf{r}$ に翻訳するには，$\lambda_{i,\alpha}$ を不変にする $\mathcal{A}$ の部分群の効果を見ればよい．これは $\sigma_i^{m_i/d_i}$ で生成され，(8.27) の左辺の計算から，整数ベクトル $\mathbf{s}$ を用いて $\mathbf{r} \mapsto \mathbf{r} + F_{\mathbf{d}} \mathbf{s}$ と表される．よって確かに $\mathbf{r} \in \mathbb{Z}^g / F_{\mathbf{d}} \mathbb{Z}^g = \mathbb{T}_{\mathbf{d}}$ である．また，簡約角変数の時間発展が $T_l(\mathbf{r}) = \mathbf{r} + \mathbf{h}_l$ となる事は (8.15) より明らか．∎

定理 8.11 の Φ_χ は，パスにその簡約角変数を割り当てる写像である．$\mathcal{T}$ は推移的に作用するので，勝手なパス $p_0 \in \Sigma(p)$ について $\Phi_\chi(p_0) = 0 \in \mathbb{T}_{\mathbf{d}}$ と選んでよい．一般のパスの像は $\Phi_\chi(\prod_j T_j^{\beta_j}(p_0)) = \sum_j \beta_j \mathbf{h}_j \mod F_{\mathbf{d}} \mathbb{Z}^g$ と決まる．特に $\Phi_\chi(T_l^{\mathcal{N}}(p_0)) = \mathcal{N} \mathbf{h}_l$ なので，基本周期 $\mathcal{N}_l$ は

$$\mathcal{N} \mathbf{h}_l \in F_{\mathbf{d}} \mathbb{Z}^g \qquad (8.33)$$

[*1] 実トーラス $\mathbb{R}^g / F_{\mathbf{d}} \mathbb{Z}^g$ の整数点集合であるが，簡単のため単にトーラスと呼ぶ．$F_{\mathbf{d}}, \mathbf{h}_l, g$ の定義は (8.23)，(8.25)，(8.9) を見よ．$\mathbb{T}_{\mathbf{d}}$ は $\mathbf{d}$ と μ から決まる．

を満たす最小の正整数 $\mathcal{N}$ に他ならず,基本周期 (8.26) が直ちに従う[*1]. 初期値問題 $T_l^{\mathcal{N}}(p) = ?$ の解も可換図 (8.31) を用いるのが最も効率的である. $\mathcal{N}\mathbf{h}_l = \sum_j \beta_j \mathbf{h}_j \mod F_{\mathbf{d}}\mathbb{Z}^g$ となる「小さい」β_j を適当に選んで $T_l^{\mathcal{N}}(p) = \prod_j T_j^{\beta_j}(p)$ とすればよい.

注意 8.12 速度ベクトル $\mathbf{h}_l$ (8.25) は,勿論全てが独立でないが,例えば $\mathbf{h}_1, \mathbf{h}_{i_1+1}, \ldots, \mathbf{h}_{i_{g-1}+1}$ は $\mathbb{Z}^g$ の基底を成す. $\mathcal{T}$ はこれらに対応する時間発展 $T_1, \ldots, T_{i_{g-1}+1}$ が生成する自由 Abel 群に同型である. この意味で $\mathcal{P}(\mu)$ 上には g 個の独立で可換な流れが存在する.

定理 8.11 は,線形化スキーム (8.17) を最大限に仕分けした姿であり,(8.29) の最右辺の構造を言い切っている.「自由度 N の古典可積分系の有界連結な等位集合は N 次元トーラスに微分同相であり,時間発展はその上の (準) 周期運動である」という **Liouville-Arnold の定理** [5] に謳われた究極の描像をセルオートマトンの世界で組合せ論的に実現している[*2]. 不変トーラスが量子可積分系の Bethe 仮説から生まれたアイデアによって捉えられた事は興味深い.

残る問題として,トーラス $\mathbb{T}_{\mathbf{d}}$ の**多重度**を決定しよう. 等位集合 $\mathcal{P}_{\mathbf{d}}(\mu) \overset{1:1}{\leftrightarrow} \mathcal{J}_{\mathbf{d}}(\mu)$ を構成する連結成分の個数の事である. その為には時間発展で動かない変数 $\lambda_{i,\alpha}$ (8.32) の自由度を数えればよい. これは各 $i \in \mathcal{I}$ について独立に,以下の様に求められる.

まず可約度 $\mathbf{d}$ を問題にしなければ,(8.32) と $(J_{i,\alpha}) \in \tilde{\Lambda}(m_i, p_i)$ (8.12) から,$(\lambda_{i,\alpha}) \in \Lambda(m_i, p_i)$ である. 但し,$\Lambda(m,p) = \{(\lambda_\alpha)_{\alpha \in \mathbb{Z}} \in \tilde{\Lambda}(m,p) \mid \lambda_1 = 0\}$ とおいた. $|\Lambda(m,p)| = \binom{p+m-1}{m-1}$ に注意. ここで可約度を指定した集合

$$\Lambda_d(m,p) = \{(\lambda_\alpha) \in \Lambda(m,p) \mid (\lambda_\alpha) \text{ の可約度} = d\} \tag{8.34}$$

を導入すると,定義から $\Lambda(m,p) = \bigsqcup_d \Lambda_d(m,p)$ なので

$$\binom{p+m-1}{m-1} = \sum_d |\Lambda_d(m,p)| \tag{8.35}$$

[*1] (8.33) が定理 8.9 の証明中の $F_{\mathbf{d}}\mathbf{s} = \mathcal{N}\mathbf{h}_l$ の意味である.
[*2] 時間発展を例えば T_∞ に限定してしまうと $\Sigma(p) = \mathbb{Z}_{\mathcal{N}_\infty}$ という自明な結果になる.

8.5 トーラスとその多重度

が従う．d の和は m と p の公約数にわたる．この様な和は，標準的な包含・排他原理により Möbius 反転できる．その結果，次式が得られる．

$$|\Lambda_d(m,p)| = \sum_k \mu\left(\frac{k}{d}\right)\binom{\frac{p+m}{k}-1}{\frac{m}{k}-1}. \tag{8.36}$$

和の条件は $\frac{k}{d}, \frac{p}{k}, \frac{m}{k} \in \mathbb{Z}$ である．μ は **Möbius 関数** [77] で以下で定義される[*1)]．

$$\mu(1) = 1, \quad \mu(k) = \begin{cases} 0 & k \text{ が素数の 2 乗で割り切れるとき}, \\ (-1)^j & k \text{ が相異なる } j \text{ 個の素数の積のとき}. \end{cases} \tag{8.37}$$

命題 8.13 ([83]) トーラス (連結成分) の数は次で与えられる．

$$\mathcal{P}_{\mathbf{d}}(\mu) \text{ における } \mathbb{T}_{\mathbf{d}} \text{ の多重度} = \prod_{i \in \mathcal{I}} \frac{|\Lambda_{d_i}(m_i, p_i)|}{m_i/d_i}. \tag{8.38}$$

略証 分解 (8.32) と，角変数は $\mathcal{A}$ で同一視される事から，連結成分の数は $(\lambda_{i,\alpha}) \in \prod_{i \in \mathcal{I}} \Lambda_{d_i}(m_i, p_i)$ における $\mathcal{A}$-軌道の個数に等しい．ここで，$\mathcal{A}$ の $(\lambda_{i,\alpha})$ への作用は，分解 (8.32) と (8.13) により $\sigma_k : (\lambda_{i,\alpha}) \mapsto (\lambda_{i,\alpha+\delta_{ik}} - \lambda_{i,1+\delta_{ik}})$ と定められる．故に各 σ_i は $\Lambda_{d_i}(m_i, p_i)$ だけに作用し，可約度の定義から，その位数つまり $\mathcal{A}$-軌道のサイズは丁度 m_i/d_i である． ■

定理 8.7，定理 8.11 と命題 8.13 を以て周期箱玉系の位相空間の構造は完全に決定された．

例 8.14 例 8.10 の作用変数 $\mu = (3,2,2,1,1)$ を考える．長さ $i = 1,2,3$ の行のブロックに対し，(8.38) の因子 $|\Lambda_{d_i}(m_i, p_i)|\frac{d_i}{m_i}$ は次の通り．

	$i=1$	$i=2$	$i=3$
	$\|\Lambda_1(2,14)\|\frac{1}{2} = 7$	$\|\Lambda_1(3,6)\|\frac{1}{3} = 9$	$\|\Lambda_1(1,4)\|\frac{1}{1} = 1$
	$\|\Lambda_2(2,14)\|\frac{2}{2} = 1$	$\|\Lambda_3(3,6)\|\frac{3}{3} = 1$	

$\mathbf{d}_1, \ldots, \mathbf{d}_4 = (1,1,1), (1,3,1), (2,1,1), (2,3,1)$ とすると

[*1)] 作用変数と同じ記号だが，混同しないよう．

$$\mathcal{P}(\mu) = \mathcal{P}_{\mathbf{d}_1}(\mu) \sqcup \mathcal{P}_{\mathbf{d}_2}(\mu) \sqcup \mathcal{P}_{\mathbf{d}_3}(\mu) \sqcup \mathcal{P}_{\mathbf{d}_4}(\mu)$$
$$\stackrel{\Phi_\chi}{\longmapsto} 63\,\mathbb{T}_{\mathbf{d}_1} \sqcup 7\,\mathbb{T}_{\mathbf{d}_2} \sqcup 9\,\mathbb{T}_{\mathbf{d}_3} \sqcup \mathbb{T}_{\mathbf{d}_4}. \tag{8.39}$$

$F_{\mathbf{d}_1}$ は (8.28) に等しく,他は次で与えられる.

$$F_{\mathbf{d}_2} = \begin{pmatrix} 18 & 2 & 2 \\ 4 & 6 & 4 \\ 4 & 4 & 10 \end{pmatrix}, \quad F_{\mathbf{d}_3} = \begin{pmatrix} 9 & 6 & 2 \\ 2 & 18 & 4 \\ 2 & 12 & 10 \end{pmatrix}, \quad F_{\mathbf{d}_4} = \begin{pmatrix} 9 & 2 & 2 \\ 2 & 6 & 4 \\ 2 & 4 & 10 \end{pmatrix}.$$

$|\mathbb{T}_{\mathbf{d}_k}| = \det F_{\mathbf{d}_k}$ から,この等位集合のパスの総数は次の様に求められる.

$$|\mathcal{P}(\mu)| = 63 \times 2184 + 7 \times 728 + 9 \times 1092 + 364 = 152880. \tag{8.40}$$

8.6　$q = 0$ での Bethe 根との関係

(8.40) の和は一般的に実行できる [83].

$$|\mathcal{P}(\mu)| = \sum_{\mathbf{d}} |\mathcal{P}_{\mathbf{d}}(\mu)| = \sum_{\mathbf{d}} (\mathbb{T}_{\mathbf{d}} \text{ のサイズ}) \times (\mathbb{T}_{\mathbf{d}} \text{ の多重度})$$
$$\stackrel{(8.38)}{=} \sum_{\mathbf{d}} \det F_{\mathbf{d}} \prod_{i \in \mathcal{I}} \frac{|\Lambda_{d_i}(m_i, p_i)|}{m_i/d_i} = \frac{\det F}{\prod_{i \in \mathcal{I}} m_i} \sum_{\mathbf{d}} \prod_{i \in \mathcal{I}} |\Lambda_{d_i}(m_i, p_i)|$$
$$= \frac{\det F}{\prod_{i \in \mathcal{I}} m_i} \prod_{i \in \mathcal{I}} \left(\sum_{d_i} |\Lambda_{d_i}(m_i, p_i)| \right)$$
$$\stackrel{(8.35)}{=} \det F \prod_{i \in \mathcal{I}} \frac{1}{m_i} \binom{p_i + m_i - 1}{m_i - 1} \stackrel{\star}{=} \frac{L}{p_{i_g}} \prod_{i \in \mathcal{I}} \binom{p_i + m_i - 1}{m_i}. \tag{8.41}$$

但し $\stackrel{\star}{=}$ では $\det F = L p_{i_1} \cdots p_{i_{g-1}}$ を用いたので,$p_{i_g} = L - 2|\mu|$ が 0 の場合には,最後の表示の因子 $\frac{L}{p_i}\binom{p_i + m_i - 1}{m_i}$ $(i = i_g)$ は L/m_{i_g} と解釈する.

(8.41) の最下行は $q = 0$ での Bethe 根の数 $|\mathcal{U}(\mu)|$ (1.24) に等しい.この非自明な一致は (1.27) で言及した.上の導出は,これに周期箱玉系の等位集合の**トーラス分解**という意味づけを与えている.

string 中心方程式 (1.18) を用いて $q = 0$ での Bethe 根 $\mathcal{U}(\mu)$ (1.20) と角変数 $\mathcal{J}(\mu)$ の間に全単射を作り,(8.17) を $\mathcal{U}(\mu)$ を含めた可換図に拡張でき

る [60, sec. 4.2]. なお (8.41) の最後の表式は組合せ論的な議論 [100] でも得られている.

8.7　超離散 Riemann テータ関数による明示式

与えられた作用・角変数 $\mathbf{J} \in \mathcal{J}(\mu)$ に対応するパス $p = \Phi^{-1}(\mathbf{J}) \in B_1^{\otimes L}$ を明示する式を作ろう (**Jacobi の逆問題**). アイデアは, $p^{\otimes M} \in B_1^{\otimes ML}$ の明示式を作り, $M \to \infty$ で境界に依らない部分を取り出す事である. その際, 超離散タウ関数は自然に超離散 Riemann テータ関数に移行する. 本節では簡単のため, ソリトンの振幅に多重度が無い場合 $\forall m_i = 1$ に話を限る.

先ず p は highest とし, 表示 (6.10) を今の設定 $(\widehat{sl}_2, B_1^{\otimes L})$ に特殊化すると, p の左から k 番目の箱の玉の数 $x_k (= x_{k,2} = 0, 1)$ は以下で与えられる.

$$x_k = \tau_{k,2} - \tau_{k-1,2} - \tau_{k,1} + \tau_{k-1,1}, \tag{8.42}$$

$$\tau_{k,2} = \max\Big\{\sum_{i \in \mathcal{I}}(k-J_i)N_i - \sum_{i,j \in \mathcal{I}}\min(i,j)N_i N_j\Big\}. \tag{8.43}$$

$J = (J_i)_{i \in \mathcal{I}}$ は p の rigged configuration $((1^L), (\mu, J))$ の rigging である[*1]. $\tau_{k,1}$ は $\tau_{k,2}$ で $J_i \to J_i + i$ と置き換えればよい. max は $N_i = 0, 1$ にわたる[*2].

ここで highest パス $p^{\otimes M} \in B_1^{\otimes ML}$ を考えると, その rigged configuration は補題 5.15 より $(\mu, J^1) \sqcup \cdots \sqcup (\mu, J^M)$ となる[*3]. 但し $J^s = (J_i + (s-1)p_i)_{i \in \mathcal{I}}$ とおいた. p_i は vacancy (8.9) である. これに付随する超離散タウ関数は, (8.43) に N_i のレプリカ $N_{i,s}$ $(s = 1, \ldots, M)$ を導入して, 次の様に表せる.

$$\max\Big\{\sum_{i \in \mathcal{I}}\sum_{s=1}^{M}(k - J_i - (s-1)p_i)N_{i,s} - \sum_{i,j \in \mathcal{I}}\sum_{s,t=1}^{M}\min(i,j)N_{i,s}N_{j,t}\Big\}.$$

レプリカ対称性を破るのは $(s-1)p_i N_{i,s}$ の項だけだが, $p_i \geq 0$ なので, $N_{i,s} = 1 \, (s \leq n_i), \, N_{i,s} = 0 \, (s > n_i)$ と限定して, $n_i \in \{0, 1, \ldots, M-1\}$ に

[*1]　$\forall m_i = 1$ なので $J_{i,\alpha}$ (8.10) を単に J_i と書く.
[*2]　(6.4) の $\nu \subseteq \mu$ で, 長さ i の string が選ばれる事が $N_i = 1$ に対応.
[*3]　型 (1^{ML}) を略した.

ついての max に変えてよい. このいわば「Fermi 準位」に相当する変数 n_i を用いると次の様に表される.

$$\max_{\mathbf{n}}\Big\{\sum_{i\in\mathcal{I}}\Big((k-J_i)n_i - \frac{n_i(n_i-1)p_i}{2}\Big) - \sum_{i,j\in\mathcal{I}}\min(i,j)n_i n_j\Big\}$$
$$= -\min_{\mathbf{n}}\Big\{\frac{1}{2}{}^t\mathbf{n}F\mathbf{n} + {}^t\mathbf{n}(\mathbf{J} - \frac{\mathbf{p}}{2} - k\mathbf{h}_1)\Big\}. \tag{8.44}$$

$\mathbf{h}_1$ は (8.25) で $l=1$ としたもの, F は (8.23) で与えられる $g\times g$ 正定値対称行列である[*1]. 更に

$$\mathbf{J} = (J_i)_{i\in\mathcal{I}}, \quad \mathbf{p} = (p_i)_{i\in\mathcal{I}}, \quad \mathbf{n} = (n_i)_{i\in\mathcal{I}} \tag{8.45}$$

とおいた. M を偶数にとり, $k\to k+\frac{ML}{2}$, $\mathbf{n}\to\mathbf{n}+\frac{M}{2}\mathbf{h}_1$ とすると, $F\mathbf{h}_1 = L\mathbf{h}_1$ から (8.44) は見かけ上, k の 1 次式ずれるだけである. 但し min の範囲は $-\frac{M}{2}\le n_i<\frac{M}{2}$ に変わる. $\tau_{k,1}$ は $J_i\to J_i+i$ に応じて $\mathbf{J}\to\mathbf{J}+\mathbf{h}_\infty$ とすれば得られる. k の 1 次式は (8.42) の 2 階差分で相殺するので, $p^{\otimes M}$ の $k+\frac{ML}{2}$ 番目の箱の玉の数は, (8.42) で $\tau_{k,1}, \tau_{k,2}$ を (8.44) 等で置き換えたものに等しい. これらは $M\to\infty$ で超離散 Riemann テータ関数[*2]

$$\Theta(\mathbf{z}) = -\min_{\mathbf{n}\in\mathbb{Z}^g}\Big\{\frac{1}{2}{}^t\mathbf{n}F\mathbf{n} + {}^t\mathbf{n}\mathbf{z}\Big\} \quad (\mathbf{z}\in\mathbb{R}^g) \tag{8.46}$$

に移行する. p が highest でない時も, 巡回シフトで highest 化して同様に扱える. 以上の議論に基づいて次の結果に至る.

定理 8.15 ([58]) 作用・角変数 $\mathbf{J}\in\mathcal{J}(\mu)$ に対応するパス $b_1\otimes\cdots\otimes b_L = \Phi^{-1}(\mathbf{J})$, $b_k = (1-x_k, x_k)\in B_1$ は次の表示を持つ.

$$\begin{aligned}x_k = &\Theta\Big(\mathbf{J}-\frac{\mathbf{p}}{2}-k\mathbf{h}_1\Big) - \Theta\Big(\mathbf{J}-\frac{\mathbf{p}}{2}-(k-1)\mathbf{h}_1\Big)\\ &-\Theta\Big(\mathbf{J}-\frac{\mathbf{p}}{2}-k\mathbf{h}_1+\mathbf{h}_\infty\Big) + \Theta\Big(\mathbf{J}-\frac{\mathbf{p}}{2}-(k-1)\mathbf{h}_1+\mathbf{h}_\infty\Big).\end{aligned} \tag{8.47}$$

準周期性 $\Theta(\mathbf{z}+\mathbf{v}) = \Theta(\mathbf{z}) + {}^t\mathbf{v}F^{-1}(\mathbf{z}+\frac{\mathbf{v}}{2})$ $(\mathbf{v}\in F\mathbb{Z}^g)$ により, x_k は $\mathbf{J}\to\sigma(\mathbf{J})$ $(\sigma\in\mathcal{A})$ (8.13) で不変である事が確認できる. また, $k\to k+L$ で

[*1] $\forall m_i=1$ に注意. このとき F は string 中心方程式 (1.18) の係数行列 A (1.19) に一致する.
[*2] 通常の Riemann テータ関数 [10, 90] $\sum_{\mathbf{n}\in\mathbb{Z}^g}\exp[\mathbf{n}$ の 2 次形式] を形式的に超離散化した形をしているという気持ちの仮称.

の不変性は $F\mathbf{h}_1 = L\mathbf{h}_1$ による．$\forall m_i = 1$ の状況では，可約度も $\forall d_i = 1$ なので $\mathcal{J}(\mu) = \mathbb{Z}^g / F\mathbb{Z}^g$ となる．F は Riemann テータ関数の**周期行列**の超離散類似である．勿論時間発展 T_l は 線形な流れ $\mathbf{J} \mapsto \mathbf{J} + \mathbf{h}_l$ で与えられる．

ソリトン方程式の準周期解を背景とした Jacobi の逆問題については [10, 90] の解説を参照されたい．本章との大雑把な類推を表にしておく．

組合せ Bethe 仮説		準周期解の理論
整形された KKR 全単射	$\Phi^{\pm 1}$	Abel-Jacobi 写像，Jacobi 反転
角変数	$\mathcal{J}(\mu)$	Jacobi 多様体
charge の極限	$\Theta(\mathbf{z})$	Riemann テータ関数
string 中心方程式の係数行列	F	周期行列

離散周期戸田格子方程式のスペクトル曲線の**トロピカル幾何**によりこれらを理解する試み [35] もある．第 7, 8 章の内容と併せた箱玉系のレヴューとしては [103] を参照されたい．本章では $\widehat{sl}_2$ のスピン $\frac{1}{2}$ に限定したが，7.9.2 項と同様に，周期箱玉系にもアフィン Lie 環に対応した一般化が考えられ，組合せ Bethe 仮説はそれらに対するアプローチとして汎用性を持つ．

アフィン Lie 環，量子展開環，結晶基底

アフィン Lie 環とその古典部分代数や量子展開環に関する記号，用語を本書で扱う A 型に限定して要約する．詳しくは [3, 38, 40, 87, 95] 等を参照されたい．

A.1 アフィン Lie 環

自然数 $n \geq 1$ に対して $I = \{0, 1, \ldots, n\}$ とし，行列 $A = (a_{ij})_{i,j \in I}$ を $a_{ij} = 2\delta_{ij} - \delta_{|i-j|,1} - \delta_{|i-j|,n}$ と定める．**アフィン Lie 環** $\widehat{sl}_{n+1}$ は，生成元 $e_i, f_i, h_i (i \in I), d$ から関係式

$$[e_i, f_j] = \delta_{ij} h_i, \ [h_i, e_j] = a_{ij} e_j, \ [h_i, f_j] = -a_{ij} f_j,$$
$$[d, e_i] = \delta_{i0} e_i, \ [d, f_i] = -\delta_{i0} f_i, \ [h_i, h_j] = 0, \qquad (\text{A.1})$$
$$(\mathrm{ad} e_i)^{1-a_{ij}} e_j = 0, \ (\mathrm{ad} f_i)^{1-a_{ij}} f_j = 0 \ (i \neq j)$$

により定義される．ここで $(\mathrm{ad} x)(y) = [x, y]$ である．d は**次数作用素**と呼ばれる．$[d, h_i] = [d, [e_i, f_i]]$ は Jacobi 律から 0 である．A を **Cartan 行列**という．A の余ランクが 1 である事を反映して e_i 達の多重交換子，f_i 達の多重交換子は一般に 0 にならず，次々と独立な元を生成し，無限次元 Lie 代数となる．実際，$\widehat{sl}_{n+1}$ は有限次元単純 Lie 環 sl_{n+1} (後述) に準拠した無限次元ループ代数の中心拡大としても実現される．

A.2 ルートデータ

$\widehat{sl}_{n+1}$ の可換な部分代数 $\mathfrak{h}$ とその双対空間 $\mathfrak{h}^*$

A.2 ルートデータ

$$\mathfrak{h} = \mathbb{C}h_0 \oplus \cdots \oplus \mathbb{C}h_n \oplus \mathbb{C}d, \quad \mathfrak{h}^* = \mathbb{C}\Lambda_0 \oplus \cdots \oplus \mathbb{C}\Lambda_n \oplus \mathbb{C}\delta \quad (A.2)$$

を考える．$\mathfrak{h}$ を **Cartan 部分代数**，h_i を**単純コルート**，Λ_i を**基本ウェイト**，δ を **null ルート**という．これらのペアリングは以下の様に指定される．

$$\langle h_i, \Lambda_j \rangle = \delta_{ij}, \quad \langle d, \delta \rangle = 1, \quad \text{その他} = 0. \quad (A.3)$$

ウェイト格子 P，**双対ウェイト格子** P^* を次の様に導入する．

$$P = \mathbb{Z}\Lambda_0 \oplus \cdots \oplus \mathbb{Z}\Lambda_n \oplus \mathbb{Z}\delta, \quad P^* = \mathbb{Z}h_0 \oplus \cdots \oplus \mathbb{Z}h_n \oplus \mathbb{Z}d. \quad (A.4)$$

$\langle h_i, \alpha_j \rangle = a_{ij}, \langle d, \alpha_j \rangle = \delta_{j0}$ を満たす $\mathfrak{h}^*$ の元 $\alpha_0, \ldots, \alpha_n$ を**単純ルート**という．定義から

$$\alpha_j = \sum_{i \in I} a_{ij} \Lambda_i + \delta_{j0} \delta, \quad \delta = \sum_{i \in I} \alpha_i \quad (A.5)$$

となり，$\mathfrak{h}^*$ の基底としては $\alpha_0, \ldots, \alpha_n, \Lambda_0$ をとる事もできる．また $c = \sum_{i \in I} h_i \in \mathfrak{h}$ は $\widehat{sl}_{n+1}$ の全ての生成元，従って全ての元と交換する事がわかる．アフィン Lie 環の中心は 1 次元であり，c は (自然な) **中心元**と呼ばれる．

$\mathfrak{h}^*$ の元 $\lambda = \sum_{i \in I} m_i \Lambda_i + a\delta \in P$ について $\langle c, \lambda \rangle = m_0 + \cdots + m_n$ を λ の**レベル**という．基本ウェイト Λ_i のレベルは 1 である．**支配的整ウェイト**の集合 P^+ と**レベル l 支配的整ウェイト**の集合 P_l^+ を

$$P^+ = \sum_{i \in I} \mathbb{Z}_{\geq 0} \Lambda_i, \quad P_l^+ = \{\lambda \in P^+ \mid \langle c, \lambda \rangle = l\} \quad (l \in \mathbb{Z}_{\geq 0}) \quad (A.6)$$

と定める．また，

$$\rho = \Lambda_0 + \Lambda_1 + \cdots + \Lambda_n \quad (A.7)$$

とおく．$\mathfrak{h}^*$ に非退化で対称な内積 $(\ |\ )$ を

$$(\Lambda_0 | \Lambda_0) = 0, \quad (\alpha_i | \Lambda_0) = \delta_{i0}, \quad (\alpha_i | \alpha_j) = a_{ij} \quad (i, j \in I) \quad (A.8)$$

により導入する．$\delta, \Lambda_i, \alpha_i$ の内積は以下の様になる．

$$(\delta|\delta) = (\delta|\alpha_i) = (\Lambda_0|\Lambda_i) = 0, \quad (\delta|\Lambda_i) = 1, \quad (\alpha_i|\Lambda_j) = \delta_{ij}. \quad (A.9)$$

ここで $i, j \in I$ は任意である．$(\Lambda_i | \Lambda_j)$ $(i, j \neq 0)$ については (A.15) を見よ．任意の $\lambda \in P$ について $(\delta | \lambda) = \langle c, \lambda \rangle$ が成り立つ．

アフィン Lie 環 $\widehat{sl}_{n+1}$ には d を除いて $e_i, f_i, h_i\,(i \in I)$ だけから生成される部分代数がある．定義関係式 (A.1) を見よ．これを $\widehat{sl}'_{n+1}$ と書く．対応するウェイト格子は $P_{cl} = P/\mathbb{Z}\delta$ である．本書では P_{cl} を P の部分集合 $\bigoplus_{i \in I} \mathbb{Z}\Lambda_i$ と，P_{cl}^* を P^* の部分集合 $\oplus_{i \in I} \mathbb{Z}h_i$ と自然に同一視する．詳しくは [42, sec. 3.1]．

$$P_{cl} = \bigoplus_{i \in I} \mathbb{Z}\Lambda_i. \tag{A.10}$$

P_{cl} は後述の $\bar{P}$ (A.16) と違って Λ_0 を含む．記号の氾濫を避けるため，単純ルート $\alpha_i \in P$ の P_{cl} への像も α_i と記す．(A.5) により，P_{cl} の中では

$$\alpha_j = \sum_{i \in I} a_{ij}\Lambda_i, \quad \sum_{i \in I} \alpha_i = 0 \tag{A.11}$$

が成り立つ．P と P_{cl} のどちらの文脈であるかは適宜指定する．

A.3 古典部分代数

I から 0 を除いた添え字集合を

$$\bar{I} = I \setminus \{0\} = \{1, 2, \ldots, n\} \tag{A.12}$$

とする．$\widehat{sl}_{n+1}$ において，生成元を $e_i, f_i, h_i\,(i \in \bar{I})$ に，関係式を (A.1) の該当部分に限定して得られる部分代数は有限次元単純 Lie 環である．これを sl_{n+1} と書く．sl_{n+1} の Cartan 行列は A の部分行列 $(a_{ij})_{i,j \in \bar{I}}$ であり，正定値である．本書ではこれを改めて $C = (C_{ij})_{i,j \in \bar{I}}$ と書く．$C_{ij} = 2\delta_{ij} - \delta_{|i-j|,1}$ である．一般に $\mathfrak{h}^*$ の元 $\lambda = \sum_{i \in I} m_i \Lambda_i + a\delta$ の**古典部分**を $\bar{\lambda} = \sum_{i \in \bar{I}} m_i \bar{\Lambda}_i$ と定める．ここで $\bar{\Lambda}_i = \Lambda_i - \Lambda_0$，特に $\bar{\Lambda}_0 = 0$ である．例えば ρ (A.7) の古典部分は

$$\bar{\rho} = \bar{\Lambda}_1 + \cdots + \bar{\Lambda}_n \tag{A.13}$$

である．sl_{n+1} の基本ウェイトを $\bar{\Lambda}_1, \ldots, \bar{\Lambda}_n$，単純ルートを $\alpha_1, \ldots, \alpha_n$ と同一視する．(A.5) と性質 $\sum_{i \in I} a_{ij} = 0$ により $\bar{\alpha}_i = \alpha_i$ となるので単純ルートにはバーをつけない．sl_{n+1} の Cartan 部分代数 $\bar{\mathfrak{h}}$ とその双対空間 $\bar{\mathfrak{h}}^*$ は

$$\bar{\mathfrak{h}} = \mathbb{C}h_1 \oplus \cdots \oplus \mathbb{C}h_n, \quad \bar{\mathfrak{h}}^* = \mathbb{C}\bar{\Lambda}_1 \oplus \cdots \oplus \mathbb{C}\bar{\Lambda}_n \tag{A.14}$$

で与えられる. (A.8) により $i, j \in I$ に対して $(\Lambda_i | \Lambda_j) = (\bar{\Lambda}_i | \bar{\Lambda}_j)$ であり, 特に

$$(\bar{\Lambda}_i | \bar{\Lambda}_j) = (C^{-1})_{ij} = \min(i, j) - \frac{ij}{n+1} \quad (i, j \in \bar{I}) \tag{A.15}$$

が成り立つ. sl_{n+1} のウェイト格子と支配的ウェイトの集合は

$$\bar{P} = \sum_{i=1}^{n} \mathbb{Z}\bar{\Lambda}_i, \quad \bar{P}^+ = \sum_{i=1}^{n} \mathbb{Z}_{\geq 0}\bar{\Lambda}_i. \tag{A.16}$$

$\bar{P}$ は P_{cl} のうちレベル 0 の元のなす部分集合と一致する. また $\bar{P}_l^+$ を P_l^+ (A.6) の古典部分とする.

$$\bar{P} = \{\lambda \in P_{cl} \mid \langle c, \lambda \rangle = 0\}, \quad \bar{P}_l^+ = \{\bar{\lambda} \mid \lambda \in P_l^+\} \ (\subset \bar{P}^+). \tag{A.17}$$

内積 (A.15) および $(\alpha_i | \alpha_j) = C_{ij}$ の標準的な実現は, $\mathbb{R}^{n+1}$ の正規直交基底 $\epsilon_1, \ldots, \epsilon_{n+1}, (\epsilon_i | \epsilon_j) = \delta_{ij}$ を用いて

$$\begin{aligned}
\alpha_i &= \epsilon_i - \epsilon_{i+1}, \\
\bar{\Lambda}_i &= \epsilon_1 + \cdots + \epsilon_i - i\epsilon, \quad (\epsilon = \frac{1}{n+1}(\epsilon_1 + \cdots + \epsilon_{n+1})).
\end{aligned} \tag{A.18}$$

と与えられる $(i \in \bar{I})$. 特に一般のルートは $\epsilon_i - \epsilon_j \ (i \neq j)$ と表される.

A.4 量子展開環

本書で用いるのは $\widehat{sl}'_{n+1}$ ((A.10) 辺り参照) の量子展開環と sl_{n+1} の量子展開環である. 前者を $U_q(\widehat{sl}_{n+1})^{*1)}$, 後者を $U_q(sl_{n+1})$ と書く. $U_q(\widehat{sl}_{n+1})$ は生成元 $e_i, f_i, q^{h_i}, q^{-h_i} \ (i \in I)$ と次の関係式で定義される [38, 46].

$$q^{h_i} q^{h_j} = q^{h_j} q^{h_i}, \quad q^{h_i} q^{-h_i} = q^{-h_i} q^{h_i} = 1, \tag{A.19}$$

$$q^{h_j} e_i q^{-h_j} = q^{a_{ij}} e_i, \quad q^{h_j} f_i q^{-h_j} = q^{-a_{ij}} f_i, \tag{A.20}$$

$$[e_i, f_j] = \delta_{ij} \frac{q^{h_i} - q^{-h_i}}{q - q^{-1}}, \tag{A.21}$$

[*1)] $U_q(\widehat{sl}'_{n+1})$ や $U'_q(\widehat{sl}_{n+1})$ と書く文献もある.

$$\sum_{k=0}^{1-a_{ij}} (-1)^k e_i^{(k)} e_j e_i^{(1-a_{ij}-k)} = 0, \quad \sum_{k=0}^{1-a_{ij}} (-1)^k f_i^{(k)} f_j f_i^{(1-a_{ij}-k)} = 0.$$
(A.22)

ここで $i,j \in I$ である. ただし (A.22) では $i \neq j$ とする. また $e_i^{(k)} = e_i^k/[k]!$, $f_i^{(k)} = f_i^k/[k]!$, $[k]! = [1][2]\cdots[k]$, $[k] = \frac{q^k-q^{-k}}{q-q^{-1}}$ とおいた. 形式的に $q \to 1$ とすれば $\widehat{sl}'_{n+1}$ に帰着する.

$U_q(sl_{n+1})$ は $U_q(\widehat{sl}_{n+1})$ の部分代数であり, 生成元を $e_i, f_i, q^{h_i}, q^{-h_i} (i \in \bar{I})$ に, 関係式を (A.19)–(A.22) の該当部分に制限したものである. $U_q(sl_{n+1})$ や $U_q(\widehat{sl}_{n+1})$ を単に U_q とも書く. これらは群ではないが慣用的に**量子群**とも呼ばれ[*1], **Hopf 代数**の構造を持つ [38, 87]. 特に**余積**と呼ばれる代数射 $\Delta : U_q \to U_q \otimes U_q$

$$e_i \mapsto e_i \otimes 1 + q^{h_i} \otimes e_i, \quad f_i \mapsto f_i \otimes q^{-h_i} + 1 \otimes f_i, \quad q^{\pm h_i} \mapsto q^{\pm h_i} \otimes q^{\pm h_i} \quad (A.23)$$

があり, これにより表現空間 V, W から**テンソル積表現** $V \otimes W$ がつくられる. 後者には $x \in U_q$ は $\Delta(x)$ として作用する.

A.5 結晶基底

$U_q(sl_{n+1})$ 加群 M が**可積分**とは, $M = \oplus_{\lambda \in P} M_\lambda$ と直和分解でき, $\dim M_\lambda < \infty$ かつ任意の $i \in I$ について M が $U_q(\mathfrak{g}_i)$ の有限次元表現の和となる事をいう. ここで $M_\lambda = \{v \in M \mid q^h v = q^{\langle h, \lambda \rangle} v, (h \in \bar{\mathfrak{h}})\}$ はウェイト空間であり, $\mathfrak{g}_i$ は e_i, f_i, h_i で生成される $\mathfrak{g} = sl_{n+1}$ の sl_2 部分代数である. M が可積分のとき, それを $U_q(\mathfrak{g}_i)$ 加群とみれば定義から任意の元 $u \in M_\lambda \subseteq M$ に対し $e_i^{(N)} u \neq 0$, $e_i^{(N+1)} u = 0$ となる $N \geq 0$ が存在する. このとき $u_N = c e_i^{(N)} u$ は $U_q(\mathfrak{g}_i)$ についての最高ウェイトベクトルである. この定数 c は $u' = u - f_i^{(N)} u_N$ が $e_i^{(N-1)} u' \neq 0$, $e_i^{(N)} u' = 0$ を満たす事を要請すると一意的に定まる. この操作を繰り返すと u は $u = f_i^{(N)} u_N + f_i^{(N-1)} u_{N-1} + \cdots + u_0$ と一意的に書き表される. ここで $u_k \in M_{\lambda + k\alpha_i} \cap \mathrm{Ker}\, e_i$ で, $u_k \neq 0$ であるのは $\langle h_i, \lambda \rangle + k \geq 0$

[*1] $U_q(\widehat{sl}_{n+1})$ はしばしば量子アフィン Lie 環とも呼ばれる.

A.5 結晶基底

の場合のみである. M の線形作用素 $\tilde{e}_i, \tilde{f}_i$ を

$$\tilde{e}_i u = \sum_{k=1}^N f_i^{(k-1)} u_k, \quad \tilde{f}_i u = \sum_{k=0}^N f_i^{(k+1)} u_k \tag{A.24}$$

と定義し, **柏原作用素**と呼ぶ. A を $q=0$ に極を持たない q の有理関数からなる $\mathbb{Q}(q)$ の部分環とする. 可積分な U_q 加群 M の**結晶基底**とは対 (L,B) で以下の 5 個の条件を満たすものである.

1) $L(\subset M)$ は自由 A 加群で $M \simeq \mathbb{Q}(q) \otimes_A L$.
2) B は $\mathbb{Q}$ ベクトル空間 L/qL の基底.
3) $\tilde{e}_i L \subset L, \tilde{f}_i L \subset L, \tilde{e}_i B \subset B \cup \{0\}, \tilde{f}_i B \subset B \cup \{0\}$.
4) $L = \oplus_{\lambda \in P} L_\lambda, B = \sqcup_{\lambda \in P} B_\lambda$. ここで $L_\lambda = L \cap M_\lambda, B_\lambda = B \cap (L_\lambda/qL_\lambda)$.
5) $b, b' \in B$ のとき $b' = \tilde{f}_i b$ と $b = \tilde{e}_i b'$ は同値.

1) の意味は, ある基底 $\{v_j\}$ を用いて $L = \oplus_j A v_j, M = \oplus_j \mathbb{Q}(q) v_j$ と書けるという事である. A の元は $q=0$ で有限なので L/qL は意味を持つ. B は「$q=0$ での基底」をラベルする集合となる. (L_i, B_i) が M_i の結晶基底ならば $(L_1 \oplus L_2, B_1 \sqcup B_2)$ は $M_1 \oplus M_2$ の結晶基底となる.

結晶基底 (L,B) のうち, B の部分のみを抽出し, その性質を公理化して定義されるのが 2.1 節の **crystal** である. 従って結晶基底があればそれに付随する crystal が存在する. 以上の事柄は $U_q(\widehat{sl}_{n+1})$ についても同様である. 2 章で扱う $U_q(sl_{n+1})$ の crystal $B(\lambda)$ ($\lambda \in \bar{P}^+$) はこの様な背景を持つ $\bar{P}$-ウェイト crystal である. 例えば $U_q(sl_2)$ の crystal $B(2\bar{\Lambda}_1)$ は既約表現 $V(2\bar{\Lambda}_1)$ の結晶基底 $(L(2\bar{\Lambda}_1), B(2\bar{\Lambda}_1))$ に由来する. 一方 2.4 節で導入される $B^{k,l}$ は $U_q(\widehat{sl}_{n+1})$ の既約表現[*1]に起源を持つ P_{cl}-ウェイト crystal である. 本書で扱う crystal は皆 weighted [42] で normal [46] と呼ばれるクラスに属す.

[*1] $U_q(sl_{n+1})$ 加群としては $V(l\bar{\Lambda}_k)$ に同型な表現で, **Kirillov-Reshetikhin 加群**と呼ばれる.

文　　献

[1] M. J. Ablowitz, H. Segur 著，薩摩順吉・及川正行訳,「ソリトンと逆散乱変換」, 日本評論社 (1991) (原著 1981 年).

[2] G. E. Andrews, R. J. Baxter, P. J. Forrester, Eight vertex SOS model and generalized Rogers-Ramanujan-type identities, J. Stat. Phys. **35**, 193–266 (1984).

[3] 有木　進,「$A_{r-1}^{(1)}$ 型量子群の表現論と組合せ論」, 上智大学数学講究録 **43** (2000).

[4] S. Ariki, Some remarks on $A_1^{(1)}$ soliton cellular automata, arXiv:math/0008091v1.

[5] V. I. Arnold, *Mathematical methods of classical mechanics, 2nd ed.* (*Graduate Texts in Mathematics 60*), Springer-Verlag (1989).

[6] R. J. Baxter, Solvable eight-vertex model on an arbitrary planar lattice, Phil. Trans. Royal. Soc. London, **289**, 315–346 (1978).

[7] R.J. Baxter, *Exactly solved models in statistical mechanics*, Dover (2007).

[8] A. A. Belavin, V. G. Drinfel'd, Solutions of the classical Yang-Baxter equation for simple Lie algebras, Funct. Anal. Appl. **16**, 159–180 (1982).

[9] H. A. Bethe, Zur Theorie der Metalle, I. Eigenwerte und Eigenfunktionen der linearen Atomkette, Z. Physik **71**, 205–231 (1931).

[10] 伊達悦朗・田中俊一,「KdV 方程式」, 紀伊国屋書店 (1979).

[11] E. Date, M. Jimbo, A. Kuniba, T. Miwa, M. Okado, One-dimensional configuration sums in vertex models and affine Lie algebra characters, Lett. Math. Phys. **17**, 69–77 (1989).

[12] 伊達悦朗・神保道夫・三輪哲二, 量子群 $U_q(\mathfrak{gl}(n,\mathbb{C}))$ の $q \to 0$ での表現と Robinson-Schensted 対応, 数研講究録 **705**「量子群と Robinson-Schensted 対応」(1989).

[13] P. Deift, L. C. Li, C. Tomei, Matrix factorizations and integrable systems, Commun. Pure and Appl. Math. **XLII**, 443–521 (1989).

[14] L. Deka, A. Schilling, New fermionic formula for unrestricted Kostka polynomials, J. Combinatorial Theory, Series A **113**, 1435–1461 (2006).

[15] V. Drinfel'd, Hopf algebras and the quantum Yang–Baxter equation, Soviet. Math. Dokl. **32**, 254–258 (1985).

[16] B. A. Dubrovin, V. A. Matveev, S. P. Novikov, Nonlinear equations of Korteweg–de Vries type, finite-band linear operators and Abelian varieties, Uspehi Mat. Nauk **31**, no. 1, 55–136 (1976).

[17] H. L. Eßler, V. E. Korepin, K. Schoutens, Fine structure of the Bethe ansatz equations for the isotropic spin-$\frac{1}{2}$ Heisenberg XXX model, J. Phys. A: Math. Gen. **25**, 4115–4126 (1992).

[18] L. D. Faddeev, Lectures on quantum inverse scattering method, in *Integrable systems. Nankai Lectures on Mathematical Physics*. X-C. Song ed., 23–70, World

Scientific (1990).

[19] L. D. Faddeev, L. A. Takhtajan, Spectrum and scattering of excitations in the one-dimensional isotropic Heisenberg model, J. Sov. Math. **24**, 241–246 (1984).

[20] K. Fukuda, Box-Ball Systems and Robinson-Schensted-Knuth Correspondence, J. Alg. Comb. **19**, 67–89 (2004).

[21] K. Fukuda, M. Okado, Y. Yamada, Energy functions in box ball systems, Int. J. Mod. Phys. A **15**, 1379–1392 (2000).

[22] W. Fulton, *Young tableaux: with applications to representation theory*, Cambridge Univ. Press (1997).

[23] C. S. Gardner, J. M. Greene, M. D. Kruskal, R. M. Miura, Method for solving the Korteweg-de Vries equation, Phys. Rev. Lett. **19**, 1095–1097 (1967).

[24] F. D. M. Haldane, "Fractional statistics" in arbitrary dimensions: a generalization of the Pauli principle, Phys. Rev. Lett. **67**, 937–940 (1991).

[25] G. Hatayama, K. Hikami, R. Inoue, A. Kuniba, T. Takagi, T. Tokihiro, The $A_M^{(1)}$ automata related to crystals of symmetric tensors, J. Math. Phys. **42**, 274–308 (2001).

[26] G. Hatayama, A. Kuniba, M. Okado, T. Takagi, Y. Yamada, Scattering rules in soliton cellular automata associated with crystal bases, Contemporary Math. **297**, AMS 151-182 (2002).

[27] G. Hatayama, A. Kuniba, M. Okado, T. Takagi, Z. Tsuboi, Paths, crystals and fermionic formulae, Prog. in Math. Phys. **23**, 205–272 (2002).

[28] G. Hatayama, A. Kuniba, T. Takagi, Soliton cellular automata associated with crystal bases, Nucl. Phys. B**577**[PM], 619–645 (2000).

[29] G. Hatayama, A. Kuniba, T. Takagi, Factorization of combinatorial R matrices and associated cellular automata, J. Stat. Phys. **102**, 843–863 (2001).

[30] K. Hikami, R. Inoue, Supersymmetric extension of the integrable box-ball system, J. Phys. A: Math. Gen. **33**, 4081–4094 (2000).

[31] 広田良吾, 「直接法によるソリトンの数理」, 岩波書店 (1992).

[32] 広田良吾・高橋大輔, 「差分と超離散」, 共立出版 (2003).

[33] J. Hong, S-J. Kang, Introduction to quantum groups and crystal bases, Graduate Studies in Math. **42** AMS (2002).

[34] R. Inoue, A. Kuniba, M. Okado, A quantization of box-ball systems, Rev. Math. Phys. **16**, 1227–1258 (2004).

[35] R. Inoue, T. Takenawa, Tropical spectral curves and integrable cellular automata, IMRN, no. 9, rnn019, 27 pp (2008).

[36] M. Jimbo, A q-difference analogue of $U(\hat{\mathfrak{g}})$ and the Yang–Baxter equation, Lett. Math. Phys. **10**, 63–69 (1985).

[37] M. Jimbo, eds. Yang-Baxter equation in integrable systems, Adv. Stud. in Math. Phys. **10**, World Scientific (1989).

[38] 神保道夫, 「量子群とヤン・バクスター方程式」, シュプリンガー (1992).

[39] M. Jimbo, T. Miwa, M. Okado, Local state probabilities of solvable lattice models: an $A_{n-1}^{(1)}$ family. Nucl. Phys. B**300** [FS]22, 74–108 (1988).

[40] V. G. Kac, *Infinite dimensional Lie algebras*, 3rd ed. Cambridge Univ. Press (1990).

[41] K. Kajiwara, M. Noumi, Y. Yamada, Discrete dynamical systems with $W(A_{m-1}^{(1)} \times A_{n-1}^{(1)})$ symmetry, Lett. Math. Phys. **60**, 211–219 (2002).

[42] S-J. Kang, M. Kashiwara, K. C. Misra, T. Miwa, T. Nakashima, A. Nakayashiki, Affine crystals and vertex models, Int. J. Mod. Phys. A **7** (suppl. 1A), 449–484 (1992).

[43] S-J. Kang, M. Kashiwara, K. C. Misra, T. Miwa, T. Nakashima, A. Nakayashiki, Perfect crystals of quantum affine Lie algebras, Duke Math. J. **68**, 499–607 (1992).

[44] M. Kashiwara, On crystal bases of q-analogue of universal enveloping algebras, Duke Math. J. **63**, 465–516 (1991).

[45] 柏原正樹，量子群の結晶化，数学 **44**, 330–342 (1992).

[46] M. Kashiwara, Crystal bases of modified quantized envoloping algebras, Duke Math. J. **73**, 383–413 (1994).

[47] M. Kashiwara, T. Nakashima, Crystal graphs for representations of the q-analogue of classical Lie algebras, J. Algebra **165**, 295–345 (1994).

[48] S. Kass, R. Moody, J. Patera, R. Slansky, *Affine Lie algebras, weight multiplicitirs, and branching rules, volume 2*, Univ. California Press (1990).

[49] A. E. Kennelly, The equivalence of triangles and three-pointed stars in conducting networks, Electrical World and Engineer **34**, 413–414 (1899).

[50] S.V. Kerov, A. N. Kirillov, N. Yu. Reshetikhin, Combinatorics, the Bethe ansatz and representations of the symmetric group, J. Soviet Math. **41**, 916–924 (1988) (ロシア語原著 1986 年).

[51] A. N. Kirillov, N. Yu. Reshetikhin, The Bethe ansatz and the combinatorics of Young tableaux, J. Soviet Math. **41**, 925–955 (1988).

[52] A. N. Kirillov, A. Schilling, M. Shimozono, A bijection between Littlewood-Richardson tableaux and rigged configurations. Selecta Math. **8**, 67–135 (2002).

[53] A. Kuniba, T. Nakanishi, The Bethe equation at $q = 0$, the Möbius inversion formula, and weight multiplicities: I. The $sl(2)$ case, Prog. in Math. **191**, 185–216 (2000).

[54] A. Kuniba, T. Nakanishi, J. Suzuki, T-systems and Y-systems in integrable systems, J. Phys. A. Math. Theor. **44**, 103001, 146 pages (2011).

[55] A. Kuniba, M. Okado, R. Sakamoto, T. Takagi, Y. Yamada, Crystal interpretation of Kerov-Kirillov-Reshetikhin bijection, Nucl. Phys. B**740** [PM], 299–327 (2006).

[56] 国場敦夫・尾角正人・高木太一郎・山田泰彦，箱玉系の頂点作用素と分配関数，数理解析研究所講究録 **1302**, 91–107 (2003).

[57] A. Kuniba, M. Okado, Y. Yamada, Box-ball system with reflecting end, J. Nonlin. Math. Phys. **12**, 475–507 (2005).

[58] A. Kuniba, R. Sakamoto, The Bethe ansatz in a periodic box-ball system and the ultradiscrete Riemann theta function, J. Stat. Mech. P09005, 12 pages (2006).

[59] A. Kuniba, R. Sakamoto, Y. Yamada, Tau functions in combinatorial Bethe

ansatz. Nucl. Phys. B**786** [PM], 207–266 (2007).

[60] A. Kuniba, T. Takagi, A. Takenouchi, Bethe ansatz and inverse scattering transform in a periodic box-ball system, Nucl. Phys. B**747** [PM], 354–397 (2006).

[61] I. G. Macdonald, *Symmetric functions and Hall polynomials*, 2nd ed. Oxford Univ. Press (1995).

[62] 三輪哲二・神保道夫・伊達悦朗,「ソリトンの数理」, 岩波書店 (2007).

[63] 中村佳正,「可積分系の機能数理」, 共立出版 (2006).

[64] A. Nakayashiki, Y. Yamada, Kostka polynomials and energy functions in solvable lattice models, Selecta Math., New Ser. **3**, 547–599 (1997).

[65] 野海正俊,「パンルヴェ方程式—対称性からの入門—」, 朝倉書店 (2000).

[66] 岡田聡一,「古典群の表現論と組合せ論」(上・下), 培風館 (2006).

[67] E. Ogievetsky, P. Wiegmann, Factorized S-matrix and the Bethe ansatz for simple Lie groups, Phys. Lett. B **168**, 360–366 (1986).

[68] M. Okado, $X = M$ conjecture, Combinatorial Aspect in Integrable Systems, MSJ Memoirs **17**, 43–73 (2007).

[69] M. Okado, A. Schilling, M. Shimozono, A crystal to rigged configuration bijection for nonexceptional affine algebras, in *Algebraic Combinatorics and Quantum Groups*, N. Jing ed., 85–124, World Scientific (2003).

[70] R. Sakamoto, Crystal interpretation of Kerov-Kirillov-Reshetikhin bijection II. Proof for $\mathfrak{sl}_n$ case, J. Alg. Comb. **27**, 55–98 (2008).

[71] A. Schilling, $X = M$ Theorem: Fermionic formulas and rigged configurations under review, *Combinatorial Aspect in Integrable Systems*, MSJ Memoirs **17**, 75–104 (2007).

[72] A. Schilling, M. Shimozono, Bosonic formula for level-restricted paths, Adv. Stud. in Pure Math. **28**, 305–325 (2000).

[73] A. Schilling, M. Shimozono, $X = M$ for symmetric powers, J. Alg. **295**, 562–610 (2006).

[74] M. Shimozono, Affine type A crystal structure on tensor products of rectangles, Demazure characters, and nilpotent varieties, J. Alg. Comb. **15**, 151–187 (2002).

[75] E. K. Sklyanin, Some algebraic structures connected with the Yang-Baxter equation, Funct. Anal. Appl. **16**, 263–270 (1982).

[76] E. K. Sklyanin, L. A. Takhtajan, L. D. Faddeev, Quantum inverse problem method I., Theor. Math. Phys. **40**, 688–706 (1980).

[77] R. P. Stanley, *Enumerative combinatorics vol.1,2*, Cambridge Univ. Press (1997, 1999).

[78] D. Takahashi, On some soliton systems defined by using boxes and balls, Proceedings of *International Symposium on Nonlinear Theory and Its Applications* (NOLTA '93), 555–558 (1993).

[79] D. Takahashi, J. Matsukidaira, Box and ball system with a carrier and ultradiscrete modified KdV equation, J. Phys. A **30**, L733–739 (1997).

[80] D. Takahashi, J. Satsuma, A soliton cellular automaton, J. Phys. Soc. Jpn. **59**, 3514–3519 (1990).

[81] M. Takahashi, *Thermodynamics of one-dimensional solvable models*, Cambridge Univ. Press (1999).

[82] T. Takagi, Inverse scattering method for a soliton cellular automaton, Nucl. Phys. B**707**, 577–601 (2005).

[83] T. Takagi, Level set structure of an integrable cellular automaton, SIGMA **6**, 027, 18 pages (2010).

[84] 高崎金久，「可積分系の世界，戸田格子とその仲間」，共立出版 (2001).

[85] 武部尚志，「可解格子模型と共形場理論の話題から」，上智大学数学講究録 **47** (2006).

[86] L. A. Takhtajan, Introduction to algebraic Bethe ansatz, Lect. Note. Phys. **242**, 175–219 (1985).

[87] 谷崎俊之，「リー代数と量子群」，共立出版 (2002).

[88] V. Tarasov, A. Varchenko, Completeness of Bethe vectors and difference equations with regular singular points, IMRN, no.13, 637–669 (1995).

[89] 寺田　至，「ヤング図形のはなし」，日本評論社 (2002).

[90] 戸田盛和，「非線形格子力学」，岩波書店 (1987).

[91] 時弘哲治，「箱玉系の数理」，朝倉書店 (2010).

[92] T. Tokihiro, D. Takahashi, J. Matsukidaira, J. Satsuma, From soliton equations to integrable cellular automata through a limitting procedure, Phys. Rev. Lett. **76**, 3247–3250 (1996).

[93] M. Torii, D. Takahashi, J. Satsuma, Combinatorial representation of invariants of a soliton cellular automaton, Physica D **92**, 209–220 (1996).

[94] 和達三樹，「非線形波動」，岩波書店 (2000).

[95] 脇本　実，「無限次元 Lie 環」，岩波書店 (1999).

[96] D. Yamada, Box ball system associated with antisymmetric tensor crystals, J. Phys. A **37**, 9975–9987 (2004).

[97] Y. Yamada, A birational representation of Weyl group, combinatorial R-matrix and discrete Toda equation, in *Physics and Combinatorics 2000*, A. N. Kirillov and N. Liskova eds., 305–319, World Scientific (2001).

[98] 山田泰彦，「共形場理論入門」，培風館 (2006).

[99] C. N. Yang, Some exact results for the many-body problem in one dimension with repulsive delta-function interaction, Phys. Rev. Lett. **19**, 1312–1314 (1967).

[100] D. Yoshihara, F. Yura, T. Tokihiro, Fundamental cycle of a periodic box-ball system, J. Phys. A: Math. Gen. **36**, 99–121 (2003).

[101] F. Yura, T. Tokihiro, On a periodic soliton cellular automaton, J. Phys. A: Math. Gen. **35**, 3787–3801 (2002).

[102] A. B. Zamolodchikov, Al. B. Zamolodchikov, Factorized S-matrices in two dimensions as the exact solutions of certain relativistic quantum field theory models, Annal. Phys. **120**, 253–291 (1979).

[103] R. Inoue, A. Kuniba, T. Takagi, Integrable structure of box-ball systems: crystal, Bethe ansatz, ultradiscretization and tropical geometry, J. Phys. A. Math. Theor. **45**, 073001, 64 pages (2012).

索　引

記　号

$\mathcal{A}$　181
$\mathrm{Aff}(B)$　51

$\mathbf{B}$　33
$B(\lambda)$　33
B'_k　149
B^k　45
$B^{k,l}$　48
B_l　45

c　195
$c(\mu, J)$　120, 125
$cc(m)$　8, 96
$cc(\mu, J)$　120
C_{ij}　24, 196

d　194

E　69, 87, 89
$\bar{E}(p)$　121
$\tilde{e}_i, \tilde{f}_i$　24
$\tilde{e}_i^{\max}$　61
E_l　145, 177

F　13, 185
$F_{\mathbf{d}}$　185
$F_{i,j}$　13, 185

g_L　70
$g_L(B, \lambda)$　91

$H(b \otimes b')$　52

h_i　195
$\mathbf{h}_l$　185

I　194
$\bar{I}$　196
$\widehat{i}$　63

$\mathcal{J}(\mu)$　181
$\mathcal{J}_{\mathbf{d}}(\mu)$　184

K_i　135

$L(\mu)$　79
$\mathcal{L}_i$　135

$m_j^{(a)}$　100
$M(\mathcal{L}, \lambda; q)$　120
$M(\mathcal{L}, \lambda; q^{-1})$　96, 120

P　30, 59, 195
P^+　195
P^*　195
P_l^+　195
$\bar{P}$　197
$\bar{P}^+$　197
$\bar{P}_l^+$　197
$\mathcal{P}$　62, 86
$\mathcal{P}_+$　64, 86
$\mathcal{P}(\mu)$　13, 179
$P(w)$　37
P_{cl}　196
$\mathcal{P}_{\mathbf{d}}(\mu)$　184
p_j　4
$p_j^{(a)}$　96, 100

$\mathcal{P}_+^{(r)}$　67
pr　48

$Q(\omega)$　39
$Q(w)$　40

$\mathrm{RC}(\mu^{(0)}, \lambda)$　103

S_i　29
$\widehat{sl}_{n+1}$　194
sl_{n+1}　196
$\mathrm{SST}(\lambda, \mu)$　42
$\mathrm{SST}_{n+1}(\lambda)$　31
$\mathrm{ST}(\lambda)$　31

$\mathbb{T}_{\mathbf{d}}$　187
T_l　139, 158

$\mathcal{U}(\mu)$　12
$u_{k,l}$　50
u_l　45
$U_q(\widehat{sl}_{n+1})$　197
$U_q(sl_{n+1})$　197

$V(\lambda)$　33

W　73
$\overline{W}$　73
$\widetilde{W}(\widehat{sl}_{n+1})$　59
wt　24, 31, 38, 102, 103

$X(B, \lambda)$　91
X_L　70
$X_L^{(r)}$　70

索 引

α_j 195

δ 195

ε_i, φ_i 24

$\theta(\mu, J)$ 120

ι_k 149

Λ_i 195
$\overline{\Lambda}_i$ 196
$\overline{\lambda}$ 196

$\mu_*(p)$ 178

$\overline{\rho}$ 196
ρ 195
$\rho_{k,d}(p)$ 166

$\Sigma(p)$ 187

$\tau_d(\lambda)$ 125

Φ 182
ϕ^* 105, 127
ϕ_* 111

欧 文

Abel-Jacobi 写像   183
admissible   34

Bäcklund 変換   147, 172
Bethe 根   2
Bethe 方程式   1, 99
bi-word   39

Cartan 行列   194, 196
Cartan 部分代数   195
central charge   84
charge   120, 124
Clebsch-Gordan 則   2

cocharge   8, 120
coenergy   121
column insertion   37
column word   38
configuration   6, 101
corigging   120
coset 構成法   84
crystal   24, 199
crystal グラフ   25

energy   69, 87
evacuation   42, 120

Fermi 型和   4, 96
Fermi 公式   4, 97
Fredholm 型行列式   127

Goddard-Kent-Olive 構成法   84

Hall-Littlewood 関数   94
Heisenberg 鎖   1
highest   7, 66, 86
highest パス   66, 86, 175
H-線   56

i-符号   28

Jacobi 多様体   183
Jacobi の逆問題   183, 191
jeu-de taquin   48

Kirillov-Reshetikhin 加群   199
KKR 全単射   8, 104, 117
Kostka-Foulkes 多項式   94
Kostka 数   93

Lax 形式   140
Liouville-Arnold の定理   188

Möbius 反転   189
multiset   103

nested Bethe 仮説   104
null ルート   195
n 色箱玉系   135
N ソリトン解   130, 164
N ソリトン状態   152

P-symbol   37, 147
Pauli 行列   1
Plücker 関係式   129
promotion   48

Q-symbol   39, 117, 148
q 多項係数   72
q 2 項係数   72
$q = 0$ での Bethe 根   12, 190

recording tableau   40
Restricted Solid-on-Solid 模型   85
rigged configuration   3, 6, 102, 124
rigging   6, 102
Robinson-Schensted-Knuth(RSK) 対応   40, 42, 117
Robinson-Schensted (RS) 対応   40
row insertion   36
row word   38
R 不変性   118, 158

Schur 関数   93
shape   31
sl_n 対称性   147
$\widehat{sl}_{n+1}$ ソリトン・セルオートマトン   140
$\widehat{sl}_{n+1}$ 箱玉系   140
string   3, 103, 124

string 仮説　4
string 中心方程式　11, 190
Sylvester の公式　128

𝒯-軌道　187

unwinding　56
unwinding 数　57

vacancy　4, 96, 100, 181
Virasoro 代数　84

Weyl-Kac の指標公式　80
Weyl 群作用　29
winding　56
winding 数　56
word　37

XXZ 鎖　11

Yang-Baxter 方程式　16, 53, 173

Z-不変性　58, 90

ア　行

アーク則　134
アフィン crystal　51
アフィン Lie 環　194
アフィン Weyl 群　73, 76
アフィン化　51

位相のずれ　134, 154
1 次元状態和　70, 91
因子化散乱　17, 157

ウェイト　25, 31, 38, 102, 175
ウェイト空間　80
ウェイト格子　195
埋め込み　34
運動方程式　167

運搬車　140

カ　行

拡大アフィン Weyl 群　59, 172
拡張 rigged configuration　121
角転送行列　21, 166
角変数　10, 159, 181
柏原作用素　25, 199
可積分最高ウェイト表現　79, 198
型　96, 100
可約度　184
カラー　99, 103
簡約 i-符号　28
簡約角変数　187

基本ウェイト　195, 196
基本周期　184
逆散乱法　10, 157, 159
行 energy　145, 177
境界 Yang-Baxter 方程式　171
鏡像法　75
局所 energy　52

組合せ Bethe 仮説　5, 8, 10
組合せ R　52
組合せ論的 Yang 系　173
組合せ論的完全性　5, 13

結晶化　22
結晶基底　199

古典 crystal　51
古典 Weyl 群　73
古典許容　63
古典制限条件　64
古典部分　196
古典分岐係数　82

サ　行

最高ウェイト　32, 79
最高ウェイト表現　32, 79
最高ウェイトベクトル　2, 32
最小公倍数　185
最接近距離　156
削除　105
さざ波　162
作用変数　9, 178
散乱規則　137
散乱データ　10, 153, 160

時間発展　127, 133, 139, 176, 182
辞書式順序　39
次数作用素　194
支配的整ウェイト　195
指標　80
周期行列　193
周期箱玉系　178
順散乱　159
準周期解　183
準周期列　181
準粒子描像　163
初期値問題　10, 159, 182
振幅　134, 150, 162

菅原構成法　84
ストリング関数　81
スペクトルパラメーター　14, 51

積 (半標準版の)　54
漸近状態　134, 161

双対ウェイト格子　195
ソリトン　9, 134, 149
ソリトン/string 対応　10, 162, 179

タ 行

対称テンソル表現　33
タウ関数　130
多重度　2, 80, 93, 188
多体散乱則　156
単項対称多項式　93
単純鏡映　29, 73
単純コルート　195
単純ルート　196

中間状態　155, 163
中心元　195
中心電荷　84
超離散 Riemann テータ関数　192
超離散化　130
超離散タウ関数　125
超離散広田・三輪方程式　127, 168

テータ関数　80
転送行列　15
テンソル積　26
テンソル積表現　198
転置　31

等位集合　179
同型　27
等速直線運動　159, 183
特異 string　103
トーラス　187
トーラス分解　190
トロピカル幾何　193

ナ 行

内部自由度　137, 162
内部対称性　184
長さ　31, 103

荷車　136
2 体散乱規則　154
日本語読み　33

ハ 行

排他統計　164
箱玉 CTM　168
箱玉系　9, 133
パス実現　85
反辞書式　41
反射方程式　171
反対称テンソル表現　33
反転関係式　16, 53, 173
半標準盤　31

非制限パス　62
標準盤　31
広田・三輪方程式　129

付加　105, 111
深さ　31
符号規則　28, 142, 144
フュージョン則　69
ブロック　100, 180
分割　31
分岐係数　2, 83
分配関数　162

平行移動　76, 172

マ 行

ベクトル表現　33
変数分離　10

ボゾン的明示式　78
保存量　144

マ 行

ミニマル・ユニタリー系列　84

モード　51

ヤ 行

ヤング図　30

容量　140, 169
余積　198

ラ 行

離散 Kadomtsev-Petviashvili (KP) 方程式　129
粒子・反粒子系　170
量子 R 行列　16
量子可積分性　16
量子逆散乱法　17, 160
量子群　198
量子展開環　197

レプリカ対称性　191
レベル　76, 79, 195
レベル r 制限パス　67
連結成分　187

6 頂点模型　14

著者略歴

国場 敦夫（くにば あつお）

1961年　鎌倉に生まれる
1989年　東京大学大学院理学系研究科 物理学専攻博士課程修了
　　　　九州大学理学部数学教室助手
1990年～1992年　Queen Elizabeth II Fellow（オーストラリア国立大学）
現　在　東京大学大学院総合文化研究科 広域科学専攻教授
　　　　理学博士

開かれた数学 5
ベーテ仮説と組合せ論　　　　　　　　　定価はカバーに表示

2011年 6 月 25 日　初版第 1 刷
2012年 7 月 30 日　　　第 2 刷

　　　　　　　　　著　者　国　場　敦　夫
　　　　　　　　　発行者　朝　倉　邦　造
　　　　　　　　　発行所　株式会社 朝　倉　書　店

　　　　　　　　　東京都新宿区新小川町6-29
　　　　　　　　　郵便番号　　162-8707
　　　　　　　　　電　話　03（3260）0141
　　　　　　　　　FAX　03（3260）0180
　　　　　　　　　http://www.asakura.co.jp

〈検印省略〉

Ⓒ 2011　〈無断複写・転載を禁ず〉　　　　中央印刷・渡辺製本

ISBN 978-4-254-11735-6　C 3341　　　Printed in Japan

JCOPY ＜(社)出版者著作権管理機構 委託出版物＞

本書の無断複写は著作権法上での例外を除き禁じられています。複写される場合は、そのつど事前に、(社) 出版者著作権管理機構（電話 03-3513-6969，FAX 03-3513-6979，e-mail: info@jcopy.or.jp）の許諾を得てください。

慶大 河添 健著
すうがくの風景 1

群上の調和解析

11551-2 C3341　　　　A5判 200頁 本体3500円

群の表現論とそれを用いたフーリエ変換とウェーブレット変換の、平易で愉快な入門書。元気な高校生なら十分チャレンジできる！〔内容〕調和解析の歩み／位相群の表現論／群上の調和解析／具体的な例／2乗可積分表現とウェーブレット変換

東北大 石田正典著
すうがくの風景 2

トーリック多様体入門
―扇の代数幾何―

11552-9 C3341　　　　A5判 164頁 本体3200円

本書は、この分野の第一人者が、代数幾何学の予備知識を仮定せずにトーリック多様体の基礎的内容を、何のあいまいさも含めず、丁寧に解説した貴重な書。〔内容〕錐体と双対錐体／扇の代数幾何／2次元の扇／代数的トーラス／扇の多様化

早大 村上 順著
すうがくの風景 3

結び目と量子群

11553-6 C3341　　　　A5判 200頁 本体3300円

結び目の量子不変量とその背後にある量子群についての入門書。量子不変量がどのように結び目を分類するか、そして量子群のもつ豊かな構造を平明に説く。〔内容〕結び目とその不変量／組紐群と結び目／リー群とリー環／量子群（量子展開環）

神戸大 野海正俊著
すうがくの風景 4

パンルヴェ方程式
―対称性からの入門―

11554-3 C3341　　　　A5判 216頁 本体3400円

1970年代に復活し、大きく進展しているパンルヴェ方程式の具体的・魅惑的紹介。〔内容〕ベックルント変換とは／対称形式／τ函数／格子上のτ函数／ヤコビ-トゥルーディ公式／行列式に強くなろう／ガウス分解と双有理変換／ラックス形式

東京女大 大阿久俊則著
すうがくの風景 5

D 加群と計算数学

11555-0 C3341　　　　A5判 208頁 本体3500円

線形常微分方程式の発展としてのD加群理論の初歩を計算数学の立場から平易に解説〔内容〕微分方程式を線形代数で考える／環と加群の言葉では？／微分作用素環とグレブナー基底／多項式の巾とb関数／D加群の制限と積分／数式処理システム

奈良女大 松澤淳一著
すうがくの風景 6

特異点とルート系

11556-7 C3341　　　　A5判 224頁 本体3700円

クライン特異点の解説から、正多面体の幾何、正多面体群の群構造、特異点解消及び特異点の変形とルート系、リー群・リー環の魅力的世界を活写〔内容〕正多面体／クライン特異点／ルート系／単純リー環とクライン特異点／マッカイ対応

熊本大 原岡喜重著
すうがくの風景 7

超幾何関数

11557-4 C3341　　　　A5判 208頁 本体3300円

本書前半ではテイラー展開から大域挙動をつかまえる話をし、後半では三つの顔を手がかりにして最終、微分方程式からの統一理論に進む物語〔内容〕雛形／超幾何関数の三つの顔／超幾何関数の仲間を求めて／積分表示／級数展開／微分方程式

阪大 日比孝之著
すうがくの風景 8

グレブナー基底

11558-1 C3341　　　　A5判 200頁 本体3300円

組合せ論あるいは可換代数におけるグレブナー基底の理論的有効性を簡潔に紹介。〔内容〕準備（可換環他）／多項式環／グレブナー基底／トーリック／正規配置と単模被覆／正則三角形分割／単模性と圧搾性／コスツル代数とグレブナー基底

学習院大 飯高　茂・東大 楠岡成雄・東大 室田一雄編

朝倉 数学ハンドブック ［基礎編］

11123-1 C3041　　　　A5判 816頁 本体20000円

数学は基礎理論だけにとどまらず、応用方面への広がりをもたらし、ますます重要になっている。本書は理工系、なかでも工学系全般の学生が知っていれば良いことを主眼として、専門のみならず専門外の内容をも理解できるように平易に解説した基礎編である。〔内容〕集合と論理／線形代数／微分積分学／代数学（群、環、体）／ベクトル解析／位相空間／位相幾何／曲線と曲面／多様体／常微分方程式／複素関数／積分論／偏微分方程式／関数解析／積分変換・積分方程式

前岡山理大 堀田良之著
すうがくぶっくす3
加 群 十 話 代数学入門
11463-8　C3341　　　　　A 5 変判 200頁 本体3200円

軽快な語りが誘う十話。〔内容〕加群と剰余／環づくし／行列の標準形／行列を楽しむ／加群ではない群の話／群を表現する／有限群の表現についてもう少し／ヤング図形と対称群の表現／微分方程式も加群と思う／常微分方程式の特異点

前京大 平井 武著
すうがくぶっくす20
線 形 代 数 と 群 の 表 現 I
11496-6　C3341　　　　　A 5 変判 248頁 本体3900円

本書は線形代数と群の表現論についてのワクワクする入門書である。元気な高校生以上の方々が独習で、あるいは勉強会で自習できるよう、具体例と応用例をふんだんに採り入れ、懇切丁寧かつゆったりとした大河小説風の仕立ての書である

前京大 平井 武著
すうがくぶっくす21
線 形 代 数 と 群 の 表 現 II
11497-3　C3341　　　　　A 5 変判 304頁 本体4700円

本書は、現代数学における「抽象化された群」にできるだけ自然に接近することを試みる。〔内容〕正多角形や正多面体の変換群／ユークリッド空間や非ユークリッド空間の運動群／ロバチェフスキーの双曲型非ユークリッド空間と運動群／他

戸田盛和著
物理学30講シリーズ3
波 動 と 非 線 形 問 題 30 講
13633-3　C3342　　　　　A 5 判 232頁 本体3700円

流体力学に続くシリーズ第3巻では、波と非線形問題を、著者自身の発見の戸田格子を中心に解説。〔内容〕ロトカ・ヴォルテラの方程式／逆散乱法／双対格子／格子のNソリトン解／2次元KdV方程式／非対称な剛体の運動／他

戸田盛和著
物理学30講シリーズ8
量 子 力 学 30 講
13638-8　C3342　　　　　A 5 判 208頁 本体3800円

〔内容〕量子／粒子と波動／シュレーディンガー方程式／古典的な極限／不確定性原理／トンネル効果／非線形振動／水素原子／角運動量／電磁場と局所ゲージ変換／散乱問題／ウリアル定理／量子条件とポアソン括弧／経路積分／調和振動子他

戸田盛和著
物理学30講シリーズ9
物 性 物 理 30 講
13639-5　C3342　　　　　A 5 判 240頁 本体3800円

〔内容〕水素分子／元素の周期律／分子性物質／ウィグナー分布関数／理想気体／自由電子気体／自由電子の磁性とホール効果／フォトン／スピン波／フェルミ振子とボース振子／低温の電気抵抗／近藤効果／超伝導／超伝導トンネル効果／他

駿台予備学校 山本義隆・前明大 中村孔一著
朝倉物理学大系1
解 析 力 学 I
13671-5　C3342　　　　　A 5 判 328頁 本体5600円

満を持して登場する本格的教科書。豊富な例題を通してリズミカルに説き明かす。本巻では数学的準備から正準変換までを収める。〔内容〕序章―数学的準備／ラグランジュ形式の力学／変分原理／ハミルトン形式の力学／正準変換

駿台予備学校 山本義隆・前明大 中村孔一著
朝倉物理学大系2
解 析 力 学 II
13672-2　C3342　　　　　A 5 判 296頁 本体5800円

満を持して登場する本格的教科書。豊富な例題を通してリズミカルに説き明かす。本巻にはポアソン力学から相対論力学までを収める。〔内容〕ポアソン括弧／ハミルトン-ヤコビの理論／可積分系／摂動論／拘束系の正準力学／相対論的力学

北大 新井朝雄・前学習院大 江沢 洋著
朝倉物理学大系7
量子力学の数学的構造 I
13677-7　C3342　　　　　A 5 判 328頁 本体6000円

量子力学のデリケートな部分に数学として光を当てた待望の解説書。本巻は数学的準備として、抽象ヒルベルト空間と線形演算子の理論の基礎を展開。〔内容〕ヒルベルト空間と線形演算子／スペクトル理論／付：測度と積分，フーリエ変換他

北大 新井朝雄・前学習院大 江沢 洋著
朝倉物理学大系8
量子力学の数学的構造 II
13678-4　C3342　　　　　A 5 判 320頁 本体5800円

本巻はIを引き継ぎ、量子力学の公理論的基礎を詳述。これは、基本的には、ヒルベルト空間に関わる諸々の数学的対象に物理的概念あるいは解釈を付与する手続きである。〔内容〕量子力学の一般原理／多粒子系／付：超関数論要項，等

開かれた数学

中村佳正・野海正俊 [編集]

進展めざましい分野の躍動を伝える.生き生きとした内容を明快に解説しつつ,専門的な細部も丁寧に記述.科学を学ぶすべての人に贈る【開かれた数学】.

1	リーマンのゼータ関数	松本耕二	本体 3800 円
2	数論アルゴリズム	中村 憲	本体 3200 円
3	箱玉系の数理	時弘哲治	本体 3200 円
4	曲線とソリトン	井ノ口順一	本体 3200 円
5	ベーテ仮説と組合せ論	国場敦夫	

(以下続刊)

上記価格(税別)は 2012 年 6 月現在